U0182544

芯片风云

戴瑾 刘志翔 著

中国科学技术出版社
·北京·

图书在版编目（CIP）数据

芯片风云 / 戴瑾，刘志翔著 . —北京：中国科学
技术出版社，2022.3
ISBN 978-7-5046-8955-9

I. ①芯… II. ①戴… ②刘… III. ①芯片—普及读
物 IV. ① TN43-49

中国版本图书馆 CIP 数据核字（2022）第 018894 号

策划编辑	王晓义	
责任编辑	王晓义	
封面设计	孙雪骊	
正文设计	中文天地	
责任校对	焦　宁	
责任印制	徐　飞	

出　　版	中国科学技术出版社	
发　　行	中国科学技术出版社有限公司发行部	
地　　址	北京市海淀区中关村南大街16号	
邮　　编	100081	
发行电话	010-62173865	
传　　真	010-62173081	
网　　址	http://www.cspbooks.com.cn	

开　　本	880mm×1230mm　1/32	
字　　数	298千字	
印　　张	13	
版　　次	2022年3月第1版	
印　　次	2022年3月第1次印刷	
印　　刷	北京中科印刷有限公司	
书　　号	ISBN 978-7-5046-8955-9 / TN·56	
定　　价	68.00元	

序　言

中美科技贸易战打响，美国开始对一些中国公司禁运芯片，举国震惊。半导体芯片行业一下子成了社会关注的焦点。有必要把这个行业对大众进行系统性的介绍。

对于现代工业，芯片是不可或缺的。如果把一个高科技产品比作一个生命体，芯片就是它的神经系统的硬件，负责感知、控制和决策。

中国是制造业大国，对半导体芯片的需求是非常高的。而中国的芯片产业目前还不是非常强大，很多芯片是需要进口的。这些年中国进口芯片的总值超过了石油。

为什么我国在这个产业上还需要依赖进口？读完这本书，读者应该可以了解到，半导体芯片是非常硬的高科技。这个产业犹如一座地基深厚、结构复杂的高层大厦，建成它绝非一日之功。

目 录
CONTENTS

引言

芯片和我们的生活

FOREWORD

今天的我们生活在信息时代，我们的生活里离不开芯片。我们身边的很多产品里面都有芯片，从计算机和手机到空调和冰箱，甚至你的银行卡和身份证，里面都有各色各样的芯片。只是你一般不会打开来看。

我们不妨打开你片刻都离不开的智能手机看看，下面是一款流行的高端智能手机由专业人员拆开以后的样子（图0.1）。你可以看到，现代智能手机极其精密，要使用很大的屏让你用起来舒服，要使用很大的电池以便有足够的续航时间，还要安装优质镜头的先进照相模组，还必须做得非常薄。设计者会为了节省0.1毫米的空间而绞尽脑汁。所以，它的装配是非常复杂的，没受过专业的训练，一旦拆开可能就装不回去了。

从外面看，大多数芯片是一个封装在塑料壳子里，有很多个管脚的电子器件。如果打开它，你会看见一片或几片磨得很薄的半导体，通过很多金灿灿的导线，连接到封装的壳体上。是的，这些导

图 0.1　某款手机拆机图

线常常是黄金制成的。那一小片半导体，是从加工好的大片晶圆上切割下来的。绝大部分芯片是在硅晶圆上加工出来的（图 0.2）。硅是沙子里的主要元素。至于最便宜的沙子，怎么变成高度复杂，有智慧、有速度还非常节能的电子器件（图 0.3），那就说来话长了，你需要继续看这本书。

图 0.2　各色芯片

图 0.3　芯片内部

这款手机的主要电路，被挤到了一个"L"形的电路板，叫做主板，以及一块小子板上（图 0.4）。现代智能手机功能繁多，要做电话、要做计算机、要做照相机、要做钱包，还要做具有卫星定位功能的导航仪，所有的这些功能需要芯片来支持。我们可以看到手机的电路板上密密麻麻布满了芯片。所有智能手机的架构都类似，里面的芯片大同小异。全世界每年销售超过 10 亿台智能手机。哪怕是一个价值不算很高的芯片，乘以 10 亿就是一个巨大的市场。所以，手机里的每一个芯片都是一个战场，参与竞争的高科技公司杀得头破血流，最终踩着别人尸骨活下来享受利润的，不过两三家公司而已。

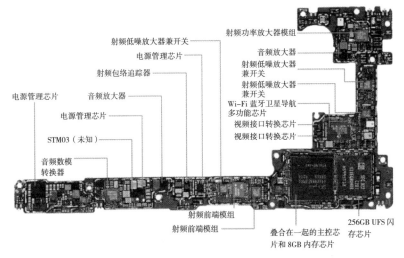

图 0.4　某款手机主板正面

主板右下角那个最大的芯片，就是手机的主控芯片。实际上，这里有两个芯片，即主控芯片和内存芯片，它们通过一种叫做 POP 的封装技术叠合在了一起。手机的主控芯片需要管理各种通信连接，从 3G/4G/5G 的移动通信网络，到无线网络通信技术（Wi-Fi）/蓝牙这样的近距离无线通信，手机常常需要主控芯片来执行各种不同的通信协议。它既要连接手机里的各种传感器和显示、发声、振动装置，还要运行安卓那样的操作系统，并在这个平台上运行用户的各种应用，从导航软件到聊天工具到移动支付。为此，主控芯片必须有很多的功能模块。中央处理器（CPU）是必不可少的，过去十几年的时间里，随着手机从简单的电话演变成随身智能工具，手机的中央处理器从简单的 40MHz 主频的 ARM 内核，发展成主频 2GHz 以上，4 核到 8 核的超强大脑。这个主芯片里面的 8 个内核，每一个内核每秒都可以执行 20 亿条指令。除了中央处理器，为了支持拍照摄像，所有手机的主芯片都含有图像处理模块，执行压缩解压等功能；还要有 3D 图像引擎让你玩游戏更爽；现在有的主芯片还有执行人工智能算法的加速器。手机主芯片上面集成了上百亿个晶体管，一般需要上千人的团队去开发，使用最先进的半导体工艺去制造。这是手机内部技术含量最高、价值也非常高的芯片，是芯片产业皇冠上的明珠。

和主芯片叠合在一起的内存芯片，和计算机中的内存一样，是用来存放计算所需要的数据的，它还需要支持快速读写。计算机中的许多内存芯片是贴在内存条上的，主板上会留有多个内存条的插槽。手机需要节省空间，因此把内存和主控芯片贴在一起。同时，内存靠近主控芯片，也有其他的好处。现代内存芯片使用的技术，叫动态随机存取存储器（DRAM），原理并不复杂。这样一个功能单一、原理也不复杂的芯片，听起来好像不难做（图 0.5）。但这样一块小小的芯片，拥有 8GB，也就是 68.7 亿个内存单元，每个单元存

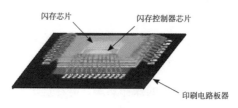

图 0.5　存储芯片内部结构示意图

储一个"0"或者"1"。在这么高的密度下，实现可靠性，达到高的产品良率，不是容易的事情。内存芯片的制造需要不同于主控芯片（通常称为逻辑芯片）工艺，世界上掌握这种工艺的厂家屈指可数。

主芯片右边的芯片是存储芯片。它和前面的内存芯片不同，内存芯片一旦关机断电，里面的数据就消失了；存储芯片的数据，可以在不通电的情况下保存。有了它，手机的操作系统和应用软件才可以存放，你拍摄的照片也可以一直留下来。但是，它读写的速度很慢，特别是写的速度慢，所以不能像之前的内存芯片那样直接用来支持计算。这两种不同性质的芯片，常常被称为"内存"和"存储"，也有的厂家叫它们"运行内存"和"机身内存"。主控芯片、内存芯片、存储芯片，一般是手机内部价值最高的3块芯片。

把存储芯片打开，内部有两种芯片。其中有一块或者几块闪存（NAND Flash）芯片是数据存放的介质。这样一个小小的封装里，有着256GB的惊人数据存储量。之所以能达到这么高的存储密度，是因为使用了被称为3D-NAND的立体芯片制造技术。在普通的芯片中，只有一层晶体管被刻画在晶圆的表面，3D-NAND技术可以把超过100层晶体管生成在晶圆上。这又是和逻辑芯片，以及内存芯片不一样的生产工艺。但与内存芯片一样，掌握这种生产技术的厂家，在世界上同样屈指可数。

如果说主控芯片像明珠，内存和存储芯片更像粮食，没有那么多闪耀的功能，但谁都不能没有它。

除此之外，这个存储芯片里还有一个叫闪存控制器的芯片，它和手机主控芯片一样使用逻辑工艺。为什么需要这样一个芯片？因为闪存是一种不完美的存储介质：出厂的时候里面就有很多坏块，使用的过程中还会产生坏块；即使没有坏块也会有一些错误，擦写速度特别慢，一旦写进去数据修改起来特别费事。经过这块芯片的纠错、坏块管理、读写管理，存储芯片对外就表现得像一个完美的存储介质。计算机上的固态硬盘虽然大得多，但拆开看里面的架构是类似的，有很多闪存芯片和一个闪存控制器芯片。此外还增加了一些普通的内存芯片来提高性能。这一个小小的闪存控制器芯片，目前仍然是许多创业公司的战场。

按所处理的信号类型，可以把芯片划分为数字芯片和模拟芯片两类。前者处理数字信号（0或1），后者处理模拟信号（具有连续的波形）。这两种芯片的设计方法完全不同，在芯片设计领域，数字设计工程师和模拟设计工程师是不同的职位。当然，现在更多的芯片内部同时有数字和模拟信号，成为混合信号芯片，需要数字和模拟工程师合作设计。手机的主控芯片与内存和存储芯片之间是交换数字信号的。但这款手机的主板上有很多模拟芯片。一类是音频放大器。拥有音响的朋友都知道得有一个好的放大器来驱动音箱。这些小芯片的功能和那个大盒子放大器一样，手机的小喇叭要在很小的空间里发出高质量的声音，需要芯片给它提供动力。手机里还有许多电源管理芯片（图0.6）。因为手机的各种芯片需要不同的、稳定的工作电压，而锂电池的电压并不稳定，充满电超过4伏，电量低时仅仅3伏出头。这些电源管理芯片就像一座座袖珍变电站，为各种芯片提供需要的电压。这款手机支持无线充电，需要一个芯片来控制。至于普通的充电，需要另一个电池管理芯片。锂电池的充电需要精准地控制，过度充电可能会引起爆炸。这款手机拥有超级快充功能，几十瓦的超大充电功率还需要精准地控制，因此这个芯片的制作难度不小。

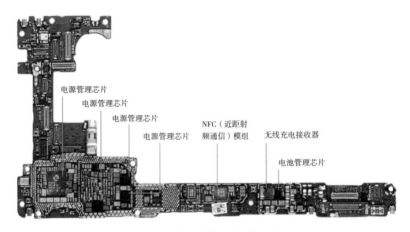

图 0.6　某款手机主板背面图

　　射频芯片是一类重要的模拟芯片，对半导体芯片而言，处理无线通信的高频信号是困难的事情，射频芯片设计是一门难学的手艺。这款手机的子板上有很多射频芯片，包括接收全球定位系统（GPS）或北斗等很弱的卫星信号的低噪音放大器（LNA）、发射用的功率放大器，以及各种开关滤波模组（图 0.7）。最左边的 5G 射频收发器，是一个混合信号芯片，负责射频信号和收发的数字信号之间的转换，是这些芯片中最复杂的一个。主控和存储芯片上方还有一个无线网络通信技术（Wi-Fi）/ 蓝牙芯片，也是一个很有制作难度的混合信号芯片。

　　在两块电路板以外，手机的各个部件里也藏着一些重要的芯片。

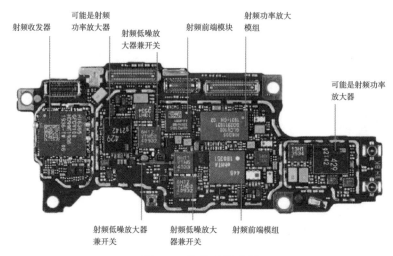

射频收发器　可能是射频功率放大器　射频低噪放大器兼开关　射频前端模块　射频功率放大模组　可能是射频功率放大器

射频低噪放大器兼开关　射频低噪放大器兼开关　射频前端模组

图 0.7　某款手机子板

手机显示屏的生产工艺，也有点儿像集成电路，只不过它们透明的电路不是刻在硅晶圆上，而是刻在玻璃上的。现在流行的显示屏技术有液晶（LCD）和有机发光二极管（OLED）两种。显示屏的正常工作离不开一个被称为显示驱动器的芯片，这个芯片一般会藏在显示模组里，它负责把主控芯片送来的图像转变为显示屏的扫描信号。

智能手机的显示屏上面还覆盖着一层触摸屏，这是智能手机上最基本的传感器了。触摸屏和显示屏粘在一起，成了智能手机标准的输入输出设备。触摸屏上用透明的导电层刻印了一些特殊的图案，能够感应到手指的触摸。同时，它也需要和一个触摸屏控制芯片一起工作。这个芯片负责扫描、处理所得到的微弱信号，排除干扰，计算出每一个手指的触摸位置，把结果传给手机的主控芯片。别小看这个芯片，良好的用户体验主要是靠它实现的。

因为今天的手机都要兼作钱包，另一个传感器也变得必不可少了：指纹检测芯片。在上一代手机中，这个芯片安装在手机背壳上。其原理跟触摸屏接近，只不过要精密得多。这一代手机，指纹检测器已经藏到了显示屏下方，获得信息的方式也从静电感应改成了光学扫描。指纹检测芯片包括光传感器功能，还要运行指纹识别算法。

正是借助光传感器，高端智能手机的照相效果直追单反相机。目前，手机上价值最高的光传感器就是照相模组了。这款高端智能手机，向前向后的摄像头足足有 7 个，有 4000 万像素的主摄像头，还有广角摄像头、长焦摄像头，以及辅助探测距离、检测手势的摄像头。每一个摄像头里，都有一个互补金属氧化物半导体（CMOS）光学传感器。CMOS 传感器利用光电效应工作，每一个像素点上都有一个光电二极管，以及电荷的收集和泄放电路。芯片需要控制快门，高速地把每一个像素点上的电荷转化成数字信号输出。高端的摄像头里不仅有 CMOS 传感器，还需要一个图像处理芯片来执行消噪声、调色平衡、纠正镜头畸变等任务，而这个图像处理芯片还需要工作内存，因此把传感器、图像处理、内存 3 个硅片叠合在一起封装在一个小小的模组里，这个技术也还是有些门槛的。

另外，大部分手机里都还有一个定向、定位组合传感器，包括陀螺仪、加速传感器、磁场传感器、气压计，等等。它可以帮助实现横屏竖屏显示的自动旋转，可以提供指南针、高度计等功能，甚至在室内收不到卫星信号时帮助导航。这些芯片往往需要微机电系统（MEMS）的技术，不光在硅晶圆上刻印电路，还要在上面雕刻一些微型的机械装置。

而今，手机里面的芯片已经是纷繁夺目了。在手机之前，计算机行业是芯片产业发展的重要推动力。今天，计算机仍然是芯片行业的大客户。计算机和手机的差别，就像火箭和小汽车。二者都是计算和信息管理的工具，计算机像火箭一样追求最大的速度和力量，手机需要像小汽车那样在满足速度要求的同时提供更多的功能，以及舒适的用户体验。

说到小汽车，你可能会认为这种一百年前就有的机器，应该不会用到芯片。恰恰相反，汽车芯片是一个正在蓬勃发展的市场。为了提高效率，汽油发动机早已开始采用电子控制，新兴的电动汽车的动力系统更离不开芯片的控制，甚至已经开始采用多核处理器。汽车里还会用到一般消费电子产品中不需要的大功率芯片。驾驶舱中那30年前的收音机，今天已经发展成了集娱乐、通信、导航、辅助驾驶为一体的中控系统。它的功能已经很像平板计算机了。从倒车显示开始，汽车开始使用光传感器，今天的各种辅助驾驶功能，需要更多的传感器。未来的自动驾驶，需要更强大的数据处理能力，需要在汽车里安装能执行人工智能算法的芯片。汽车芯片的门槛远比普通消费电子高，因为它们需要在严寒和高热的情况下工作，对可靠性的要求更高，毕竟行驶安全是人命关天的大事。

今天，进入物联网、人工智能的时代，社会对芯片的需求就更大了。15年前，你不会把笤帚和半导体芯片联系起来；今天，一个扫地机器人里也会有大量芯片。

读到这里，你应该会意识到，我们习以为常的现代生活，需要一个庞大的半导体芯片产业来支撑。

第 1 章 芯片起源

CHAPTER
ONE

19世纪，物理学家法拉第等人发现了电和磁的相互作用，揭开了现代科技的序幕。到了这个世纪的后半叶，电已经找到了两类应用。

第一类是用电做能源，比如电灯、电动机。托马斯·爱迪生（Thomas Alva Edison）在 1879 年发明了电灯泡，他的公司建成了商业电网，给千家万户带来了光明。第二类是用电来传递和存储信息，比如电话、电报、留声机，以及后来的收音机和电视机；电信号的行走速度可以达到光速，跟人类以往的通信手段相比，这是无与伦比的优势。电的这两类应用，俗称强电和弱电。

既然要用电来传送信息，就需要操纵电信号的技术。1904 年，英国物理学家约翰·弗莱明（John Ambrose Fleming）发明了电子管。它的结构和爱迪生的灯泡类似，也是一个抽真空的玻璃泡，里面还有灯丝，所以又叫真空管；因为有两个电极（涌出电子的灯丝为阴极，接收电子的金属片为阳极）而被称为电子二极管。接着在 1906

年，美国发明家李·德福雷斯特（Lee de Forest）在二极管的灯丝和金属片阴阳两极之间增加一个电极——一根波浪形的金属丝（后来金属丝被改成金属网），称为栅极（Grid）。加上原来的阴极、阳极，真空玻璃管内就有了三极，这就是电子三极管，它能够放大信号。

电子管特别是电子三极管赋予了人类处理电信号的能力，它的发明被看作电子工业的起点（图1.1）。从那以后，电子学作为一门新兴学科迅速发展起来。电子管也很快在无线电与长途电话行业找到了应用。

图1.1 电子管今天已不常见，但音响发烧友对它们应该不陌生

电子管的发明也使电子计算机的发明成为可能。1940年，第一台电子数字计算机由美国爱荷华州立大学数学和物理学教授约翰·阿塔纳索夫（John Vincent Atanasoff）和他的学生克利福德·贝里（Clifford Berry）共同设计建造完成。该机器命名为阿塔纳索夫-贝里计算机（Atanasoff–Berry computer），简称ABC机。计算机科学的理论奠基人则是英国数学家阿兰·图灵（Alan Turing），他在1936年发表了在计算机发展历史上影响深远的论文《论可计算数及其在判定问题中的应用》，提出了使其成为"计算机科学之父"的图灵机。

但是，电子管有着明显的缺点，体积大、能耗高、易碎、可靠性差，而且价格还很贵。首先，体积大就是个头痛的问题。在电子管时代，收音机像今天的微波炉那么大。收音机的个头大点儿，用户也许不介意；但计算机的器件数量则要多得多。ABC 机使用 300个电子管，像一个办公台那么大，每秒可以进行 15 次计算。计算能力仅为今天的手机主控芯片的十亿分之一。第二次世界大战期间，军事应用特别是原子弹的设计，对计算机提出了越来越高的要求。第二次世界大战后期，美国建成的 ENIAC 计算机使用了 18000 个电子管，计算能力提高到每秒 5000 次加法。这台计算机把大楼的地下室占满了，功耗大得需要专门安装一台空调为之降温，耗资 40 万美元，大约相当于今天的 3700 万元人民币。体积、能耗、成本的问题都不小，可靠性也成了问题。18000 个管子，坏了任何一个都可能产生计算错误。

晶体管的发明开辟了电子器件的新纪元，引发了一场电子技术的革命。电子管像灯泡一样大，晶体管体积可以小得多，早年就可以做到像一个小豆子那么大。更进一步，含大量晶体管的电路可以集成在一片半导体材料上，这就是集成电路。今天，经过 60 多年的努力，现代技术已经可以把上百亿颗晶体管，集成在指甲盖大小的一片硅晶圆上。

"芯片"这个词，对应的英文是"Chip"，和土豆片、墨西哥玉米片是一个词，原意是指一片硅，或者其他的半导体材料。芯片是集成电路（Integrated Circuit，简称 IC）的载体，是一片经过设计、制造、封装、测试后的集成电路。所以，"芯片"和"集成电路"这两个词经常混着使用，芯片组称为 Chipset。

本章将从晶体管的发明到今日的大规模集成电路，介绍这 70 多年的行业发展历程。

1.1 芯片的细胞——晶体管

最早发现半导体效应的也是法拉第，在 1833 年他发现硫化银的导电性随着温度提高迅速增强。今天常用的半导体材料，除了硅，还有锗、砷化镓、氮化镓、碳化硅，等等。

物理学家从 19 世纪开始就研究半导体，也发现了它们更多奇特的性质：比如某些矿石和金属接触时可以整流（把交流电变成直流电）；比如有些材料在光照下可以产生电流（光伏效应）。另外还有磁场中通电引起霍尔效应，显示某些半导体材料中的导电粒子是带正电的。但真正弄懂这类材料，是在 20 世纪初建立量子力学以后。英国的威尔逊（A. Wilson）等量子物理学家投身到了固体材料领域，依据量子力学发展出了能带理论，并用这个理论解释了半导体材料的诸多特性。

下面我们简要介绍一下半导体技术的理论基础——能带理论。在有限的篇幅里，我们只能就这个理论的主要结论进行科普，如果读者希望更深入地了解这个理论，还想多问几个为什么，可以阅读一些量子力学和固体物理的书籍。（可参考《从零开始读懂量子力学》戴瑾著）

我们都知道物质是由一个个的原子堆积出来的，每个原子都有一个原子核和许多电子。你可能会认为电子是束缚在原子核周围的，但量子力学告诉我们这种图像不正确，如果真是这样那物体内部就不可能有电流；物体内部的原子，对电子实行的是"公有制"。在晶体材料中，原子的位置呈周期性排列；一个非常接近现实的图像是：每一个原子核都固定在一个周期性的点阵上，电子可以在物体内部自由飘动。但由于原子核都带正电，带负电的电子受到吸引，表现得像被约束在物体表面的一个大盒子里。虽然电子和电子之间也有排斥力，但这种相互作用反而对物质结构和材料特性的影响没那么大。

电子被约束在一个大盒子里飘动，你可以把它们看作很多个小乒乓球在盒子里不断碰壁撞来撞去。但量子力学告诉我们，小球的能量大小不是随意的，只能处在一些能带里。每一个能带里有大量的能级，很密集但并不是无限多，两个能带之间没有任何能级。

能级是量子力学中特有的现象。在一个大盒子里不断碰壁的乒乓球，会越来越慢逐渐损失能量。但一个微小盒子里的粒子，能量只能处在一些特定的值上，不能渐变只能跳变。这些特定的能量值就叫做能级。束缚在物体内部的电子，由于能带内能级非常密集，能量是接近连续的，但能量在能带之间有着不连续性。能带之间的能量差叫做能隙。

每一个电子只能选择某个能带中一个固定的能级。此外，量子力学还有一条奇怪的规则对物质世界的构成起到了决定性的作用，这就是泡利不相容原理，它规定一个能级上最多只能存在两个电子。自然界有一个水往低处流的普遍规律，正常情况下，电子愿意选择能量最低的能级；当最低的能级被占满后就选择第二低的能级；物体中大量的电子，就这样一个个能级、一道道能带从低往高填。从空间的维度看，电子们像一个个在盒子里飘的小球；从能量的维度看，物体像多层的海洋，电子组成的水一层层地从低往高注入。

不同的材料，其原子的外层电子数目不一样，因而使有的材料最高的能带刚好处于填满的状态，有的则没有填满。虽然物体中的电子像在盒子里飘的小球，但并不是在任何场合下都能产生电流。量子力学告诉我们，只有在能带没有填满的情况下，外加电压才可能在物体内部产生电流；只有在这样的能带里，电子才是真正自由的。电流是一个方向上飘动的电子增加，相反方向上的电子减少的结果。能级需要有腾挪空间，一个填满的能带，就像一个装满水的箱子里无法产生波涛一样，不可能产生电流。金属材料的最高能带都是处于部分填充状态，而绝缘材料的最高能带都是填满的。物理学把没有填满的能带叫做导带，填满的能带叫做价带。

至于半导体材料，它们和绝缘材料一样，最高能带是填满的，在很低的温度下，它们基本上是不导电的。但价带上面的能隙比较小，一旦温度高些，少量电子就可以因为热运动跳到导带上，好像海洋里飞溅起一些水滴（图 1.2）。所以，半导体有一些导电性能，

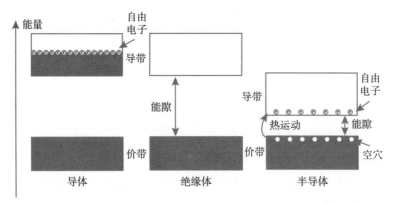

图 1.2　导体、绝缘体和半导体的能带

并且这个性能和温度高度相关。听起来半导体和绝缘体的区别不是质变而是量变，但实际上，获得自由电子的数量和能隙呈指数关系。能隙高一些低一些，导电性能差别非常大。

少部分电子跳上去获得了自由，在原来的价带上留下了一些空位，量子物理称之为空穴。空穴的存在使价带也获得了导电性，量子力学的研究表明，空穴表现得更像带正电的粒子。细想起来这很奇妙，虽然导电性都是由带负电的电子迁移造成的，半导体材料中却有两种导电粒子，分别是带负电的自由电子和带正电的空穴。

半导体内部可以通过添加杂质大幅度增加自由电子和空穴的数量，从而大幅度改进导电性能。添加一些五价元素比如磷、砷就会增加自由电子，这类半导体主要靠自由电子导电，叫做 N 型半导体；添加一些三价元素如硼、镓就会增加空穴的数量，这类半导体叫做 P 型半导体。极少量的掺杂，哪怕只有十亿分之一，都会带来显著的性能改变。这使半导体成为高度可塑的材料，同时也大幅度增加了半导体生产工艺的难度，因为极少量的杂质就可以毁掉产品。

当 P 型和 N 型半导体相遇，会有一些有趣的物理效应。如图 1.3 所示，当一块 P 型半导体紧贴一块 N 型半导体，二者的自由电子和空穴会有一部分渗透到对方那边，互相中和耗尽，形成一个叫 PN 结的结构。PN 结的第一特性就是只有一个方向容易导电，就是 P 侧电压更高的方向，此时两侧的空穴和自由电子都向 PN 结涌来；另一个方向很难导电。

利用这个原理，人们把 PN 结制成了二极管。它单向导电的特点不仅可以用来整流，还可以在电路中的很多地方派上用场。PN 结还有其他重要的特性：比如，受光照可以产生电流，因为一个足够

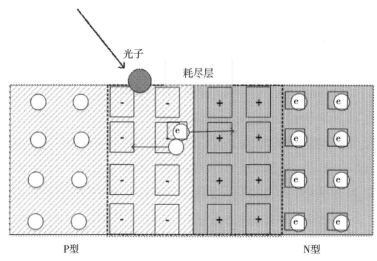

光子

耗尽层

P型   N型

图 1.3   PN 结

能量的光子可以再产生一对自由电子和空穴，在 PN 结中向两个方
向分开；某些半导体材料的 PN 结通电后还能发光，是因为自由电
子和空穴结合产生光子。在半导体晶体管替代了灯泡似的电子管之
后，今天发光二极管（LED）也替代了灯泡。半导体激光器、手机
里的摄像传感器、光伏发电，都是利用 PN 结来完成的。

　　电子行业最重要的需求是放大信号的器件，这就是三极管。从
20 世纪 20 年代开始，苏联、波兰、德国的多位科学家和工程师就
向晶体三极管发起了冲击，希望能用它来取代电子三极管，但都没
有获得成功。做出晶体管需要克服很多困难，材料的纯度就是其中
之一。

　　在电子管的时代，新科技的策源地是欧洲，美国还在消化吸
收与追赶之中。第二次世界大战以后，世界科技的中心转到了美
国。1945 年，美国电话电报公司（AT&T）旗下位于新泽西州的贝

尔实验室开始对包括硅和锗在内的几种新材料进行研究，探索其潜在的应用前景。一个专门的"半导体小组"成立了，威廉·肖克利（William Shockley）担任组长，成员包括约翰·巴丁（John Bardeen）和沃尔特·布拉顿（Walter Brattain）。

1947 年圣诞节前夕，37 岁的物理学家肖克利写了一张言辞有些羞怯的便笺，邀请实验室的几位同僚来参观他的研究小组的新成果：一个小器件，能够把音频信号放大 100 倍。布拉顿把它取名为 trans-resister（转换电阻），后来缩写为 transistor，中文翻译为晶体管（图 1.4）。尽管用今天的标准看，这个器件原始且笨拙，但它标志着半导体产业的诞生。

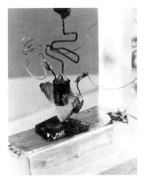

图 1.4　史上第一个晶体管

他们发明的晶体管，叫做点触式晶体管，是由两个靠得很近的黄金电极，贴在一块有着 P/N 双层结构的锗材料上形成的。这种晶体管并不容易做，是巴丁认识到半导体的表面缺陷有着非常不利的影响，找到了解决办法，这个研究小组才取得了突破。制造工艺的复杂性，致使许多产品出现故障，还存在噪声大、在功率大时难以控制、适用范围窄等缺点。

为了克服这些缺点，肖克利提出了用"整流结"来代替金属半导体接点的大胆设想；1951 年，他设计出实用价值更高的更先进的"双极结型晶体管"（Bipolar Junction Transistor，BJT）。如图 1.5 所示，这种三极管由两层 N 型半导体夹着一薄层 P 型半导体，或者两层 P 型夹着一薄层 N 型组成。中间层连着基极，两侧连着发射极和

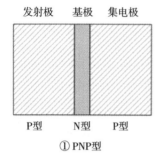
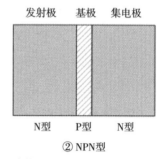

发射极　基极　集电极

P型　　N型　　P型

① PNP型

发射极　基极　集电极

N型　　P型　　N型

② NPN型

图 1.5　三极管的结构

集电极。它可以用来作信号放大器，基极很小的电压变化，可以造成集电极很大的电流变化。今天的三极管，基本上都是这种结构。

图 1.6　发明晶体管的三人小组：
巴丁（左）、布拉顿（右）和
肖克利（中）

晶体管被誉为"20 世纪最伟大的发明"，它的出现为集成电路、计算机和信息时代奠定了基础。巴丁、布拉顿和肖克利因为发明晶体管，共同获得了 1956 年的诺贝尔物理学奖。

跟电子管相比，晶体管有着无与伦比的优势。电子管需要一个抽真空的玻璃泡，体积

没有办法变小，成本也没有办法变得很便宜。今天的晶体管已经可以小到十几纳米，逼近量子力学的极限，集成电路的价格分摊到每一根管子上，简直是太便宜了。电子管易碎，晶体管抗冲击的性能好。电子管需要把一个灯丝烧到灼热才能开始工作，功耗非常大，使用过电子管设备的朋友知道开机后得等一些时间让管子热起来；晶体管在常温下就可以工作，并且尺寸越小功耗就越低。灯丝可能

烧断、玻璃可能破碎，都使电子管的可靠性成为问题，而在常温下工作的晶体管的可靠性要好得多。所以，在短短的 10 余年的时间里，晶体管迅速取代了电子管。还有一种电子管一直保留到新旧世纪交替的时候，就是电视机的 CRT 显像管，后来被工艺技术和半导体类似的液晶显示取代，于是我们拥有了平板电视。

贝尔实验室有着技术开放的传统，在电子管时代就开放了购自发明人德弗雷斯特的三极管专利，让更多厂商参与进来一起做大产业。1952 年，德州仪器（Texas Instrument，简称 TI）从西方电子公司（Western Electric Co.，AT&T 的制造部门）以 25000 美元的代价取得了生产晶体管的专利授权。这家脱胎于石油探测设备和军用电子设备的公司，开始在半导体行业发力。从贝尔实验室回到家乡得克萨斯州加盟的戈登·蒂尔（Gordon Teal）受到重用，被任命为中央研究实验室的负责人。德州仪器成了第一个把晶体管成功市场化的公司。在半导体行业有个规律，一项新技术，从发明到市场化往往需要几年时间，实现市场化的也未必是发明者。

另一边，肖克利由于与同事的分歧，于 1953 年离开了贝尔实验室，回到他获得本科学位的加州理工学院。1955 年，他受斯坦福大学副校长弗雷德里克·特曼（Frederick Emmons Terman）的邀请，又回到家乡——加利福尼亚州位于斯坦福大学旁边的帕洛阿托（Palo Alto），创办了"肖克利半导体实验室"，准备生产晶体管。因为他是受人仰慕的"晶体管之父"，所以一开始创业，求职信就像雪片般飞到办公桌上。第二年，8 位年轻的科学家从美国东部陆续到达硅谷，加盟肖克利实验室。他们是罗伯特·诺伊斯（Robert Noyce）、戈登·摩尔（Gordon Moore）、布兰克（J.Blank）、克莱纳（E.Kliner）、霍尔尼（J.Hoerni）、拉斯特（J.Last）、罗伯茨（S.Roberts）和格里尼克（V.Grinich）。他们的年龄都在 30 岁以下，风华正茂，学有所成，处在创造能力的巅峰。他们之中，有获得过双博士学位者，有来自大公司的工程师，有著名大学的研究员和教授，这是当年美国西部从未有过的英才百家乐大集合。

肖克利与蒂尔选择了相同的技术路线：生产硅晶体管，而当时实验室里的主流是锗晶体管。开发硅晶体管的理由很简单，硅是地壳中第二丰富的元素，占地壳总质量的 26.4%，而锗是一种稀有元素，含量少，分布不集中，导致锗的原材料成本居高不下。锗还有一个短板，就是难以提炼到足够的纯度，纯度不够就意味着晶体管性能低下。硅的熔点更高（超过 1400℃，锗的熔点约 938℃），化学活性更强，制造工艺需要克服更多的困难。

肖克利是天才的科学家，却缺乏经营能力；他雄心勃勃，但对管理一窍不通。特曼曾评论说："肖克利在才华横溢的年轻人眼里是非常有吸引力的人物，但他们又很难跟肖克利共事。"一年之中，实验室没有研制出任何像样的产品。而德州仪器早已抢得先机，于 1954 年研制出了第一个商用硅晶体管。德州仪器的晶体管，让收音机从需要双手搬运的大家伙，变成使用电池并且可以装进口袋里的小设备。1957 年，美国共制造了近 3000 万个晶体管，德州仪器凭借 20% 的市场份额，成为晶体管行业的第一任霸主。作为技术发源地的贝尔实验室在经历大量人才流失并错过技术升级机会之后，也逐渐沉默最终退出竞争。

肖克利手下的 8 位年轻的科学家，不愿再被他耽误下去，在风险资本的支持下离职创业，于 1957 年在距离肖克利实验室不远处建立了后来著名的仙童半导体（Fairchild Semiconductor）。肖克利怒不可遏地骂他们是"八叛逆"（The Traitorous Eight）。半导体发展史上著名的"八叛逆"，随后干出了一番大事业。刚刚开张就凭借来自国际商业机器公司的 100 个硅晶体管的订单在市场上站稳脚跟，到1958 年年底，仙童半导体已经拥有 50 万美元销售额和 100 名员工，依靠技术创新优势，一举成为硅谷成长最快的公司。后来，就连肖克利本人也改口称他们为"八个天才的叛逆"。

肖克利虽然不是成功的企业家，但他和他手下的这批年轻人，开创了今天的硅谷。"八叛逆"中，诺伊斯和摩尔后来创建了史上最成功的半导体公司——英特尔（Intel）。20 世纪 60 年代的仙童，不仅是一家炙手可热的公司，也是半导体行业的"黄埔军校"，一批批的精英人物纷纷涌进，又纷纷出走就近创业。从帕洛阿托到圣何塞（San Jose）的这一条山谷，逐渐兴旺起来。据统计，在硅谷有近 100家上市公司曾与仙童半导体有关，累计总市值超过 20 万亿美元。

在讨论集成电路之前，我们介绍另外一种晶体管——场效应管。今天的芯片上，绝大部分都是这种器件。

如图 1.7 所示，这种场效应管由 P 型半导体的衬底上的两个高浓度 N 型掺杂区分别连接源极和漏极，源极区和漏极区之间隔着一座桥，桥上面是栅极，栅极下面有一层不导电的二氧化硅。这种晶体管也有 3 个普通电极，但衬底也要参与操作。在正常使用模式下，衬底接零电位，源极和漏极都接正电压。此时，源极和漏极之间是不导通的，二者之间隔着两个 PN 结，PN 结只有当 P 侧的电压更高时才会导通。但如果栅极加上一个足够高的电压，虽然隔着绝缘层的栅极不会有电流出来，但它的电场会产生一种效应（场效应管名称的由来）：虽然 P 型衬底里空穴会比自由电子多得多，但加了正

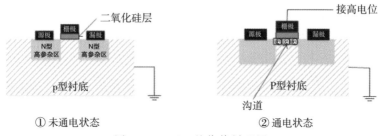

二氧化硅层

接高电位

源极　栅极　漏极

源极　栅极　漏极

N型
高参杂区

N型
高参杂区

P型衬底

p型衬底

沟道

① 未通电状态

② 通电状态

图 1.7　NMOS 晶体管剖面图

电压的栅极会把很多自由电子吸到它下面，在它下面的一薄层，把
P 型半导体反转成了 N 型；这个被称作沟道的反转层把源极和漏极
连接了起来，使二者导通了。

　　这类晶体管的英文名字是 Metal Oxide Semiconductor Field Effect
Transistor，意思是金属氧化物半导体场效应管，名字来源于栅极部
分的结构（栅极最早使用金属材料），简称 MOSFET，或者进一步简
称为 MOS 管。这种 MOS 管靠一个 N 型沟道导通，叫做 NMOS 晶体
管（图 1.8）。场效应管是一个用电控制的开关，当然它们也可用来
设计信号放大器。

栅极

源极　栅极　漏极

源极　　　　漏极

① NMOS管结构

② NMOS晶体管符号

图 1.8　NMOS 晶体管的俯视图以及符号

　　还有一种场效应管叫 PMOS 晶体管（图 1.9）。它由在一个 N
型衬底 / 阱里的两个 P 型源极和漏极区，以及栅极组成。但正常使
用模式下，N 型衬底要接到芯片上最高的电压（电路设计中称之为

① PMOS晶体管剖面

② PMOS晶体管符号

图 1.9　PMOS 晶体管的剖面图和符号

Vdd），这样源极区和漏极区外面的两个 PN 结都不导通。但当栅极的电压降低的时候，下面会吸附一层空穴，形成一个把源极和漏极导通的沟道。PMOS晶体管和NMOS晶体管一样，也是一个电控开关，只不过反过来，低电压导通高电压关闭。

虽然早在 20 世纪 20 年代，物理学家肖克利等人就从理论上预言了场效应管，有人还申请了专利；但 MOS 管的发明要更晚，最早在 1959 年由贝尔实验室的阿塔拉（Atalla）和卡恩（Kahng）制成并申报了专利。为什么今天 MOS 管在大部分场合取代了双极结型三极管？有两个原因：

第一，MOS 管更容易制成在芯片上，我们随后会解释。

第二，今天的芯片大部分处理数字信号。数字信号只有 0 和 1 两个状态，对应高、低电位，数字计算就是由大量的开关进行开与关的操作来完成的，特别适合用 MOS 管来设计。

1.2　芯片的起点——集成电路的发明

晶体管虽然是由 P 型和 N 型的半导体组成的，但它们的制造并不需要把这两种半导体切块再组装。P 型和 N 型的半导体，都是半导体掺杂极少量的杂质形成的。把少量的N型杂质涂在中性的硅上，加热到800℃以上，杂质就会渗透进去形成N型半导体；使用P型杂质进行同样的操作就会形成P型半导体，这就是扩散法。即使在P型的硅上添加更多的N型杂质也可以把它反转成N型。早在1954年，肖克利还提出过把掺杂物电离成离子，再用电场加速，把它们射进去。今天，这种离子注入法为各大晶圆厂采用，因为它可以精确地控制掺杂物的注入深度。

所以，晶体管的生产，更像是在半导体材料上画画，画错的部分还可以覆盖。理论上，在同样一块半导体材料上画出很多晶体管是完全可能的。科技进步总是由梦想推动的，集成电路也不例外。晶体管发明后不久，就有人提出了集成电路的概念，设想把大量的二极管、三极管、场效应管制作在同样一片半导体材料上，把整个电路做在一个小晶片上。换句话说，晶体管发明后，集成电路的出现是迟早的事。不过，光有想法是一回事，开发出生产工艺，让产品走向市场是另一回事，这不仅要解决大量的问题，还得克服许多困难。

集成电路的发明，是两家公司：德州仪器、仙童半导体，以及两个领头人杰克·基尔比（Jack Kilby）和罗伯特·诺伊斯之间的故事。

1958年5月，天才的工程师杰克·基尔比加盟了当时最大的硅晶体三极管的制造商德州仪器。基尔比认为他自己不是一位科学家，科学家是解释事物的，工程师是解决问题的；工程师必须创造工艺、制造产品，并让它们有用，同时还要赚钱。发明并非易事，没有学校能教发明，发明家必须尽快抓住问题核心，不能分散自己的注意力。基尔比曾经在贝尔实验室接受过晶体管技术的训练，当时贝尔实验室的晶体管技术已经授权给了多家企业。在加入德州仪器之前他在另一家公司使用锗晶体管做助听器，深知电路小型化的重要性。他认识到，自己需要加入一家更有实力的公司来追求电路小型化的梦想。

加入德州仪器不久，基尔比就有了新思路。他意识到，不仅二极管和三极管，电阻、电容也可以通过掺杂的方法集成在一块晶片上。用半导体做出来的电阻、电容，虽然性能比不上独立的电阻、电容器件，但可以凑合着用。他把这些想法记在了工作笔记上。同时，他还设想了利用贝尔实验室开发的扩散和物理气相沉积（Physical Vapor Deposition）技术来实现这样的设想。1958 年 9 月 12 日，加盟仅仅 4 个月的基尔比和助手一起给同事们演示了新成果：基尔比紧张地将 10 伏电压接在了输入端，再将一个示波器连在了输出端，接通的一刹那，示波器上出现了频率为 1.2 兆赫、振幅为 0.2 伏的震荡波形。这是一个邮票大小的移相振荡器，上面有一个晶体管，以及电阻、电容共 5 个器件，这是世界上第一个集成电路芯片。尽管样子非常难看，但它工作得非常好；它告诉人们，将各种电子器件集成在一个晶片上是可行的。之后，基尔比用同样的方法做了更多的电路。

1959 年年初，得知美国无线电公司（简称 RCA—Radio Corporation of America）也在开发集成电路并准备申报专利，基尔比和德州仪器将内容涉及广泛的"微型电子线路"的专利申请递交给了美国联邦专利局。该申请材料称："该发明是基于全新的、完全不同于以往任何微型电子线路的理念。根据这一全新的工艺来实现微型电子线路，只需要一种半导体材料就能将所有电子器件集成起来，并且其工艺步骤是有限的，易于生产的。"同年 3 月，在美国无线电工程学院（IEEE 的前身）的年会上，德州仪器向新闻界发布了他们的革命性发明——这项发明被命名为"集成电路"（Integrated Circuit，简称 IC）。当时，他们已经可以在 4 平方毫米的面积上，集成 20 余个元件。美国无线电公司随后放弃了争夺集成电路发明权的想法。

今天，除了电感和大容量的电容，其他的电路元器件都可以集成到芯片上。电容和电阻，既可以通过半导体材料实现，也可以在芯片上用其他的办法实现，比如，用多晶硅材料做电阻、用小金属片做电容等。今天，绝大部分集成了整个电路的半导体晶片会被封装在一个管壳内成为我们见到的芯片，再焊接到电路板上。有时候，一块芯片内封装了多个半导体晶片。和离散晶体管器件组成的电路对比，集成电路有两个主要优势：体积小和成本低。因为它可以把大量的器件同时制造出来，并且把它们放置在一个很小的空间里。集成电路的发明使电子设备向着微小型化、低功耗、智能化和高可靠性方面迈进了一大步。

得知德州仪器的进展，竞争对手仙童半导体非常震惊。仙童半导体"叛逆八人帮"领袖诺伊斯也已经开始研究集成电路了，他当即召唤手下的几个负责人商议对策。在了解了基尔比的技术后，诺伊斯发现仙童半导体的方法与德州仪器的并不相同，相比优势也非常明显。首先，基尔比用的是锗半导体，而仙童半导体用的是硅半导体，成本更低。更重要的，基尔比集成电路仅仅将元器件本身集成在一块半导体材料上，器件之间的连线却没有集成进去，需要另外用一些黄金做导线去连接（图 1.10）。这样的技术是很难大规模生产的，而仙童半导体对此已经有了更好的方案。

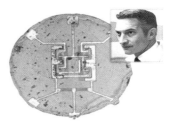

①基尔比的锗基集成电路　　②诺伊斯的硅基集成电路

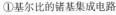

图 1.10　两种集成电路

　　仙童半导体能够开发出集成电路是因为他们有雄厚的技术积累。当"八叛逆"离开肖克利实验室，正不知去哪里时，遇到了仙童本尊——谢尔曼·费尔柴尔德先生（Sherman Fairchild，仙童是他的姓氏的意译）。他是一位工程师出身的大亨，拥有仙童照相机与仪器公司（Fairchild Camera & Instrument），仙童照相机决定投资仙童半导体。在照相技术方面的优势，是德州仪器所缺乏的。仙童半导体成立不久就开始使用照相设备生产品晶体管：把做胶卷的材料涂在晶圆表面，通过照相和类似洗照片的步骤，将精细的图案留了下来；上面有一些窗口，通过这些窗口进行掺杂扩散就可以制成 P 型和 N 型的区域。这样，可以大批量地生产小尺寸、高可靠性的晶体管，即现代光刻技术的前身。今天，基于半导体传感器的数码相机已经取代了使用化学胶卷的相机，年轻人可能不了解旧式照相方法的原理了。但今天的半导体芯片生产仍然完全依赖于旧式的照相技术，只不过精度已经提高到了匪夷所思的地步。

　　1958 年，"八叛逆"中的仙童半导体创始人之一的霍尔尼发明了一种新工艺，在晶体管硅片的表面覆盖一层绝缘的二氧化硅，起到了对晶体管的保护作用，但同时留出窗口以便引出管脚。在这个基础上，诺伊斯提出在晶圆的表面再沉积一层铝，把引出管脚的小洞填满的同时，把各个器件连接起来。仍然依靠照相，照相后经过清洗，光刻胶变成了导线的图案留在铝的表面，这部分的铝会被保护起来，然后加入酸液把其余的铝腐蚀掉。

今天的电路板，也是使用这样的方法印刷的。现代的芯片和电路板里面器件众多，一般需要在8～10层金属中间夹着绝缘层进行立体交叉连接。

怎样把铝沉积在晶圆表面呢？这些熔点很高的金属，总不能把它们烧化了再涂上去吧？贝尔实验室开发的物理气相沉积技术派上了用场。它使用惰性气体的离子加速后轰击金属靶材，很多金属原子就会被打出来沉积到晶圆表面。今天化学气相沉积的方法使用得更多：有些金属的化合物是气体，把这些气体导入后再加入另一些气体让它们发生化学反应，金属就会被析出到晶圆表面。芯片的生产过程用到很多有害、有毒的化学材料和气体，因此控制环境污染是需要特别注意的。

集成电路用到了贝尔实验室开发的很多技术。后来，诺伊斯说："即使我们没有这些想法，即使集成电路制造工艺专利不在仙童出现，那也一定会在别的地方出现，即使不在50年代末出现，那也会在后来的某一个时间出现。"

1959年7月，诺伊斯也提交了集成电路的专利申请。他事先知道德州仪器已经递交了专利申请，但不知道其专利的内容。诺伊斯的发明让比火柴头还小的固体电路能够制造出来。1961年，仙童半导体首先把集成电路推向了市场。基尔比的锗晶集成电路后来进了博物馆。

20世纪60年代初，仙童半导体与德州仪器开始了旷日持久的专利争夺战。最后，法院判决认为，双方集成电路是一项同时的发明，并不存在专利侵权的问题。两家公司最后互相授权了专利。但到底是谁发明了集成电路，基尔比和诺伊斯两人还是互不服气。

1990年诺伊斯去世。集成电路问世42年后，77岁的基尔比因"为信息时代奠定了基础"获得2000年诺贝尔物理学奖（图1.11）。他在获奖感言中大度地提到，要是诺伊斯还活着的话，肯定会和他分享诺贝尔奖（诺贝尔奖只能授予在世的

图1.11　基尔比从瑞典国王手中接过诺贝尔奖

人）。当然，作为英特尔公司的共同创始人，诺伊斯也是人生赢家。

仙童半导体因为先进的技术进入了黄金时期（图1.12）。到1967年，公司营业额已接近2亿美元，在当时是天文数字。但它的好景不长，大老板费尔柴尔德容不下当年求上门的那些年轻人有更大的野心，并且不断从公司抽血支持自己的其他业务。当时的硅谷，半导体行业像冉冉升起的朝阳，风险投资商蜂拥而

图1.12　仙童半导体早期的芯片产品

至。仙童半导体的骨干成员纷纷离职创业，公司人才不断流失。到1968年，"八叛逆"只剩下了诺伊斯和摩尔；当年7月，他们带着得意干将安迪·格鲁夫（Andy Grove）离开仙童半导体创立了英特尔。仙童雇员开的公司还包括大名鼎鼎的超威半导体公司（AMD）、国家半导体（National Semiconductor）、巨积公司（LSI Logic），等等。到了20世纪70年代，仙童半导体风光不再，已经竞争不过自己的孩子公司了。到1979年，被一家生产石油设备的公司收购。

反观德州仪器，虽然本来也有一个母公司：地球物理服务（Geophysical Service Incorporated），主要业务是为石油工业提供地质探测服务。而德州仪器因为发展迅猛，转过来收购了自己的母公司。孩子长大了就当家，合理的股权结构让美国无线电公司成了半导体行业的常青树。

基于场效应管的集成电路技术，也是在20世纪60年代发展起来的。1959年贝尔实验室发明MOS管后，第二年美国无线电公司的载宁格（Karl Zaininger）和穆勒（Charles Meuller）就完成了制作MOS管的光刻技术。

MOS管的结构非常适合集成电路，用它做出的芯片成本最有优势。如图1.7与图1.8中的NMOS管，似乎如何在栅极下面植入一层二氧化硅是个难题。但这个问题用光刻技术很好解决，只要把氧气输入，高温硅晶圆就会在上面形成一个氧化层。然后，通过照相的方法把需要进行掺杂的窗口蚀刻出来，把栅极的桥保留下来。制成栅极后，从裸露出来的窗口把N型的杂质注入进去，NMOS管就完成了。图1.9中的PMOS管需要多一道工序，因为进入晶圆厂的硅晶圆都是P型的，制造PMOS管需要先生成一个N型的阱，再在里面用类似的步骤制成 PMOS。反观图 1.5 中的双极三极管，制成在集成电路中没那么方便，也不容易做得很小。

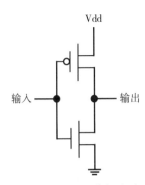

图 1.13　CMOS 非门电路

1963 年，仙童半导体的萨支唐（Chih-Tang Sah）和万拉斯（Frank Wanlass）通过论文和专利提出了一种新的电路：互补（complimentary）MOS，简 称 CMOS。今天的绝大多数芯片使用的是这种技术。

图 1.13 是一个 CMOS 的非门电路，负责把输入的 0（低电位）变成 1（高电位）输出，把 1 变成 0。它的工作原理也很简单：注意 NMOS 在栅极低电位时接通，PMOS 在栅极高电位时接通；输入 0，下面的 NMOS 管断开，上面的 PMOS 管接通，所以输出电压等于 Vdd（高电位），也就是输出 1。反之，NMOS 接通，PMOS 断开，输出 0。因此，无论输出的是 0 还是 1，PMOS 和 NMOS 总有一个是关断的，从 Vdd 到地的电流通路总是断开。这个电路平时基本不耗电（有一点点漏电难免），只是在翻转的一瞬间用一些电。

图 1.14 是 CMOS 与非门和或非门电路。左侧的与非门，在输入 A、B 中有一个是 0 的时候，上面两个并联的 PMOS 管接通输出 1，否则输出 0。右边的或非门，当两个输入有一个是 1 时，下面两个并联 NMOS 管接通输出 0，否则输出 1。无论输入什么样的组合，上面的 PMOS 通路和下面的 NMOS 通路总有一个断开，不会有从 Vdd 到地的电流。

任何数字计算、数字信号处理，都可以用这 3 种门电路组合起来实现。比如，一个与门计算就可以用与非门和非门串起来实

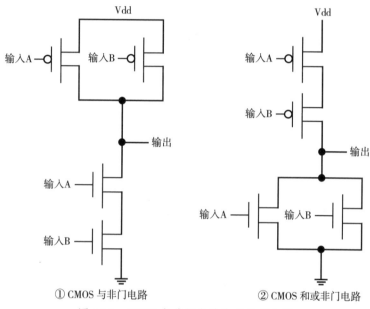

① CMOS 与非门电路　　　② CMOS 和或非门电路

图 1.14　CMOS 与非门电路和或非门电路

现。一个数字电路的计算的过程，就是在一个时钟信号下，输入新的值，电路中的 MOS 开关相应地翻转调整。CMOS 电路巧妙地利用 PMOS 和 NMOS 的互补性能，一边负责输出 1，一边负责输出 0，避免了静态电流。这样，只有在运算的过程中有功耗，避免了不必要的能耗。

　　美国无线电公司是第一个把 CMOS 技术商品化的公司。1965 年，该公司的 CMOS 芯片被美国空军采购用来做计算机。1968 年，该公司开发出了静态随机存取存储器（SRAM）内存芯片。静态随机存取存储器用一个 MOS 管的双稳态电路实现记忆功能，每个存储单元有 2 个 PMOS 管和 4 个 NMOS 管。

　　在 20 世纪 60—70 年代，美国无线电公司是半导体行业的领先企业。其成立于 1919 年，当时是一家巨型企业；从运营广播、电视，发行唱片，到生产收音机、电视机，是美国家电的第一品牌。美国无线电公司在半导体行业有过很多发明创造，它的晶圆清洗技术，今天仍在使用。中国台湾地区半导体行业的起步，也得益于美国无线电公司。1977 年，台湾工业研究院从美国无线电公司引进技术建立了生产线，孵化了日后芯片行业的巨头台积电。

然而，半导体芯片这样的新兴产业，似乎不适合在大公司做。美国电话电报公司（AT&T）当年垄断了美国的电话业务，躺着赚钱，丰厚的利润使旗下的贝尔实验室能够聘请到一批优秀的科学家。该实验室的众多发明开创了一个新时代，但 AT&T 没有能够把这些发明变现，反而让贝尔实验室逐渐落伍。美国无线电公司在半导体行业也后继乏力。拥有雄厚的研发资金并不能让这些大企业取得竞争优势。对那些有着成熟盈利业务的公司而言，在新兴产业上是否成功无关紧要；而对这个行业的创业公司来说，却是事关身家性命。没能在集成电路行业站稳脚跟的美国无线电公司，也逐渐衰落；到了 20 世纪 80 年代，包括半导体在内的各大业务板块不得不被分拆出售，那个曾经是美国骄傲的家电品牌，经过转手后现在属于中国的 TCL 公司。

基于 MOS 管和基于双极管的集成电路，曾经长期在市场上共存。双极管的速度最快，高性能模拟芯片离不开它，而最初的 CMOS 电路速度慢。早期，美国的 CPU 主要使用速度更快的、全部由 NMOS 晶体管组成的电路。20 世纪 70 年代初，日本人看中了 CMOS 晶体管功耗低的优势，用它来做计算器和电子手表的芯片。这造就了以东芝为代表的日本半导体公司的崛起。

CMOS 工艺不断地改进，成本、性能越做越好。到了 20 世纪 80 年代，主流 CPU 全部采用 CMOS 工艺。到了 90 年代，大部分高性能的模拟芯片也转向 CMOS 工艺了。今天的手机里，除了运动传感器需要使用 MEMS 工艺，内存和存储芯片采用变种的基于硅的 MOS 工艺，其他芯片基本是采用 CMOS 工艺制成的。

20 世纪 60 年以来，基尔比研发的那块简陋的芯片，演变成大规模、超大规模集成电路，发展成为总销售额高达 1900 亿美元的、全球最大的产业，由此支撑起的全球电子终端设备市场更是达到了数千亿美元的巨大规模。集成电路的发明，帮助人类进入了信息时代。

1.3 摩尔定律和芯片行业的发展

集成电路发明出来的时候，并不是所有人都看好它。当时，行业内对集成电路有不少似乎很有道理的反对意见，今天看来这些意见都很幼稚。其中最主要的一条就是：集成电路是定制化的电路设计，研发投入大，如果销量太小则根本无法盈利。哪里有那么大的市场？当时生产晶体管的厂家，也只有 10% 的能够盈利，还搞什么集成电路？

但这个行业里有坚定的信仰者。1965 年，时任仙童半导体研究与开发部主任的戈登·摩尔（图 1.15）在美国《电子》杂志发表了一篇文章《让集成电路填满更多元件》。该文章预言，集成电路上可容纳的元器件的数目，每隔 18—24 个月便会增加一倍，性能也将提升一倍。换言之，每一美元所能买到的芯片性能，将每隔 18—

24 个月翻番。这就是大家津津
乐道的摩尔定律，是人类科技
史上的伟大愿景。当然，摩尔
在这篇文章中并没有使用"定
律"这个词，"摩尔定律"是
加州理工学院的一位研究人员
卡弗·米德（Carver Mead）在
1970 年命名的。

图 1.15　戈登·摩尔提出摩尔定律

　　在同样一块硅材料上集成
更多的元器件，就意味着每个器件的尺寸更小。元器件的尺寸缩
小，意味着同样功能的芯片面积变小，会给产品带来体积方面的优
势。芯片的生产过程是在一块晶圆上对大量同样的芯片同时进行光
刻，然后再进行切割；每个芯片面积变小，就意味着一次能生产出
更多的芯片，成本降低。对集成电路公司而言，芯片面积是核心
竞争力。除了在生产工艺上努力缩小，芯片设计团队也要努力把
芯片的面积设计得更小、更经济。元器件尺寸的缩小，还会提高速
度、降低功耗。我们知道，数字信号的处理就是芯片中大量 MOS 开
关翻转的过程，MOS 管的尺寸越小，翻转就越快、耗能越低（图
1.16）。这和翻动一块小石头比翻动一块大石头更快、更省能量是一
个道理。

　　你经常看到媒体上说半导体工艺节点是 28 纳米、14 纳米、7
纳米，这些数字是什么意思？这个数字是半导体工艺的特征尺寸，
严格地说它是工艺水平的商标，但它大致就是 MOS 管栅极的宽度，
也就是导通时沟道的长度。它并不是整个 MOS 管的尺度。为什么用

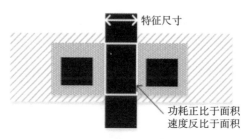

图 1.16 CMOS 工艺特征尺寸

栅极的宽度做特征尺寸，因为打开 / 关闭管子的时间正比于栅极下面的面积，消耗的能量也正比于这个面积，同时正比于操作电压的平方。随着特征尺寸缩小，MOS 管大致按比例缩小；每当特征尺寸缩小为原来的 $1/\sqrt{2}$，同样的芯片面积减半，完成同样任务的功耗减半，速度加倍。所以，芯片制造技术的换代，基本是按照 $1/\sqrt{2}$ 倍的节奏进行的，比如，从 55 纳米到 40 纳米再到 28 纳米。1968 年，美国无线电公司推出静态随机存取存储器和其他 CMOS 产品时，特征尺寸是 20 微米。这个尺寸是头发丝的一半，和灯泡一样大小的电子管相比，已经是翻天覆地的变化了。今天，特征尺寸又缩小为原来的三万分之一！

芯片行业的发展当然不是靠缩小芯片尺寸，而是靠在同样尺寸的芯片上提供更多的功能，在同样的时间内完成更多的任务。它的发展依赖于市场对功能和计算能力无止境的追求。但市场究竟在哪里？人们经常会对新技术的市场持悲观看法，因为你看不到新技术带来的新可能，想不到它能创造出新的市场。

军事似乎总是科技的第一推动力，半导体芯片的第一个市场就是军工产业。两个巨型军工工程——阿波罗登月计划和"民兵"

（Minuteman）导弹开发计划，大大促进了集成电路的发展。对火箭和导弹来说，一点点重量都是很大的负担。到 1969 年美国宇航员尼尔·奥尔登·阿姆斯特朗登上月球的时候，参与阿波罗计划的相关组织已经买走了 100 万颗芯片。尤其是头几年，这一个计划竟然占到了整个芯片市场的 60%。在空军分担了研发费用的情况下，本来就有军工业务的德州仪器如鱼得水，德州仪器那些比火柴头还小的集成电路产品，用到了"民兵"导弹上的小型计算机中。一直使用大量元器件的计算机当然最欢迎集成电路，但在那个时代，能用得起计算机的地方，也只有美国军队和国家航空航天局了。整个 20 世纪 60 年代，军工行业占到了集成电路市场的 80%—90%，直到 90 年代初，军用芯片仍然有 40% 的市场份额。

民用芯片的市场也慢慢被开发出来了。第一个民用芯片诞生于 1964 年，用于助听器，这是集成电路发明人基尔比曾经做过的行业。1967 年，基尔比又发明了便携式计算器。西方人不像中国人那样会用算盘，计算器自然非常受欢迎，它可以进入每一个办公室、每一个家庭，让德州仪器成了顶级的半导体公司。日本厂家把计算器发扬光大，到后来，功耗低得可以用太阳能电池，在灯光下就可以工作。20 世纪 70 年代，日本厂家还推广了电子表，这也是可以人手一个的、市场巨大的产品。传统的机械手表靠发条带动齿轮组转动来计量时间，为了达到自始至终均匀的转速要在机械设计上动不少脑筋。电子表靠压电效应把一块石英晶体的固有振动频率提取出来作为时间标准，这个时间标准是电信号，需要把它变成数字信号在液晶屏上显示出来，没有芯片电子表就做不出来。电子表进入中国稍晚，70 年代，大部分中国城市家庭最值钱的家产就是手表。改革开放初期，来自日本的电子表很受国人欢迎。人们发现它不用上发条，靠一块纽扣电池可以运行一两年，时间更准还更有科技感。今天，虽然电子表和照相机等个人电子产品一起，都被手机取代了，但大部分手机还是离不开一两个晶体振荡器。机械表依旧是奢侈品。

摩尔在发表那篇著名文章的时候，只是根据当时短短几年内有限的几个产品的数据做出这一预言的。比如，1959 年集成电路发明，1964 年单个芯片上发展到有 32 个元件，1965 年的数据是芯片上有 60 多个元件，但仍然在实验室研发过程中，预计年底才会发布。他做出了大胆的预言，预测 10 年后集成度要达到 65000 个。这条定律既是对当时集成电路经历的发展过程的总结，更是对芯片行业内所有公司的鞭策：在这个行业里，只有不断创新、不断追求技术进步才能在竞争中生存，也意味着必定有大量的企业倒在行业发展的道路上。

1968 年，摩尔和诺伊斯、格鲁夫共同创立了英特尔。在摩尔定律提出 10 年后的 1975 年，英特尔公司推出了集成度约为 65000 个元件的内存芯片！摩尔定律既不是物理学定律，也不是经济学定律。它不只是一个自我实现的预言（self-fulfilling prophecy），更是对英特尔公司的要求。

我们知道，从 20 世纪 80 年代开始，个人计算机（personal computer，简称 PC）是芯片行业的第一推动力。个人计算机行业的孕育有一个漫长的过程，首先依赖数据存取问题的解决。计算机首先需要存储软件代码和数据。这样的存储对速度要求不高，能按顺序读取就可以，但对容量的要求高，不但必须便宜，而且断电后必须能保存内容。计算机还需要内存，这是中央处理器做计算时用的，要求能够随机读取，就是任何时候可以读写任何地址的内容（所以内存叫做 RAM-Random Access Memory 的缩写），对速度的要求很高。计算机的存储，最早是靠在纸卡或者纸带上打洞，到了20 世纪 60 年代开始使用磁带。计算机的内存就更麻烦了，60 年代的内存设备是华裔企业家王安博士发明的磁芯，1 兆字节的磁芯需要一个库房来摆放。1966 年，国际商业机器公司（IBM）的登纳德（Robert Dennard）发明了动态随机存取存储器（DRAM）。这是一种完全基于半导体材料的内存技术，每一个存储单元有一个电容器，用存满和放空电荷来表示 0 和 1，以及一个 MOS 管做开关。1967 年，国际商业机器公司的舒加特（Alan Shugart）发明了磁盘存储，当时叫软盘（floppy disk），跟磁带必须从头开始转动找内容相比，磁盘可以在一个面上用磁头快速找到所需要的内容整块读取，这是更方便、性能强得多的存储技术。这两项技术，为未来的个人计算机铺平了道路。

嗅觉敏锐的英特尔创始团队从中看到了机会，从成立就开始研发内存芯片。在成立后第三年，即 1970 年，英特尔公司率先把动态随机存取存储器芯片推向了市场，开始推动用它来替代磁芯内存。今天，手机里一块小小的动态随机存取存储器芯片，容量是当年一库房磁芯的 8000 倍。在动态随机存取存储器取得成功后，英特尔公司意识到，计算机终于有机会走进千千万万普通人家了。1969年年底，一家日本的计算器公司找到了成立不久的英特尔公司，要求定制一套计算器芯片，一共 12 个。英特尔的研发团队经过研究后告诉客户：1 个芯片就可以把这 12 个芯片的活儿都干了，并在 9

个月后交付了产品！1971 年，意识到计算机市场的巨大潜力，英特尔公司用 6 万美金从客户回购了这个芯片的知识产权，把它命名为4004，开始自行销售。这是世界上第一个微处理器（我们也称之为CPU），一块花生米大小的芯片上，集成了 2300 个 MOS 管，计算能力和 25 年前那台占满整个地下室、有着 18000 个晶体管的埃尼阿克（ENIAC）计算机相当。此时的芯片产业，已经进入了大规模集成电路时代（超过 1000 个元器件，Large Scale Integrated Circuits，简称LSI）。

但市场的培育仍然需要时间，当时一定有人质疑：普通人家，不设计原子弹，不发射火箭，要计算机干什么？最早的计算机用户是硅谷的发烧友，自己装机自己玩编程。整个 20 世纪 70 年代，英特尔公司主要靠内存业务支撑，中间还不成功地介入过电子表业务，据传摩尔一直带着自家生产的电子表。直到 1981 年，英特尔公司的中央处理器芯片 8088 被国际商业机器公司的个人计算机项目选中；随着苹果公司和微软公司这些富有创造力的系统和软件公司的加入，个人计算机行业终于开始起飞。

英特尔公司成了芯片行业的旗手，以及摩尔定律最虔诚的守护者。在接近半个世纪的时间里，该公司一代又一代地革新半导体工艺，其内存芯片以及后来的微处理器总是采用当时最先进的半导体工艺制造，这赋予了其产品强大的竞争力。直至 2018 年，英特尔公司的时任首席执行官仍然表示：我的职责就是守护摩尔定律。

在英特尔公司的带动下，芯片行业在 20 世纪 70 年代底就进入了超大规模集成电路时代（超过 10 万个元器件，Very Large Scale Integrated Circuits，简称 VLSI）。今天，芯片的集成度又提高了万倍以上，大规模、超大规模已经成了古董词汇。1995 年，摩尔在国际光学工程年会上发表文章《光刻与摩尔定律的未来》。文中他分别对 1965 年和 1975 年的两次预言进行了总结与分析，他在 1975 年的预言又再次得到验证：芯片集成度按照他所预言的，大约两年翻一番的速度在增长。半个世纪的时间里，芯片行业就一直这样地按指数增长。

今天，一块针尖大小硅片上就可以容纳几千万个晶体管，高端芯片（如英特尔、华为海思的处理器）上集成的晶体管数量已达到百亿个的水平。如果计算单个晶体管的价格，仅仅是 1968 年晶体管价格的百万分之一。

一种技术在半个世纪的时间里按指数增长，这是一个奇迹。奇迹的背后，是整个行业的共同努力，解决一个又一个难题，推出一项又一项技术革新（图 1.17、图 1.18）。

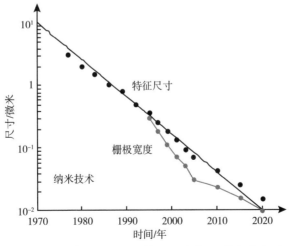

图 1.17　50 年间，半导体工艺的特征尺寸从 20 微米缩小到 7 纳米

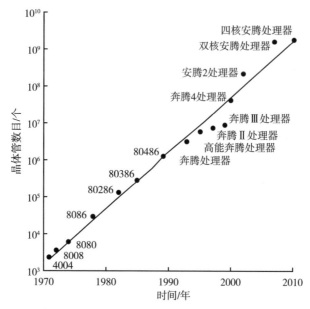

图 1.18　英特尔公司 CPU 的晶体管数目，从起步时的 2000 多个
增加到 2010 年的几十亿个

　　首先，集成电路是通过照相技术生产的，要把特征尺寸做小，
光刻技术是关键。照相机需要把一个图像准确地复现在一个 35 毫米
的底片或者光传感器上，这对镜头的精度要求也是很高的。最好的
单反相机镜头，可以达到每毫米再现 100 条线的分辨率，也就是显
示 10 微米的线宽。然而，最新的 MOS 管的栅极，只是这个尺寸的
1/1000。怎样才能达到这么高的分辨率？

　　物理学告诉我们，限制分辨率因素有两条：光源颜色的纯度、
光源的波长。第一，不同波长的光的折射率不一样，镜头会把不同
颜色的影像投射在略微不同的位置上，这叫色差。光源颜色不纯，
也就是里面含有不同波长的光，照相的分辨率就上不去。这是限制

风景摄影清晰度的主要原因。第二，光只在比波长大得多的尺度上
按直线传播，任何镜头的分辨率很难比光源的波长更短。可见光中
波长最短的紫光的波长约 400 纳米，比现代半导体工艺的特征尺寸
大太多了。所以，集成电路的光刻很早就开始采用波长更短但人眼
看不见的紫外光。到了 20 世纪 80 年代，由国际商业机器公司首创，
开始使用颜色绝对纯的紫外激光器作为光刻工艺的光源。但使用紫
外光也有它的困难：我们熟知的镜头对可见光透明，对紫外光并不
那么透明，所以要解决很多技术问题。光刻技术随着波长的缩短一
代一代地进化，从 400 纳米到 300 纳米的近紫外，到 248 纳米的深
紫外，进一步到 193 纳米。人们用 193 纳米的光刻技术实现了 16 纳
米到 14 纳米节点的工艺，MOS 管栅极的宽度只有波长的 1/14，这
是相当不容易的。但目前最先进的 7 纳米工艺，还需要波长 13.5 纳
米的极紫外（Extreme Ultra Violet，简称 EUV）光刻技术。

　　用于集成电路制造的光刻机已经发展成了一个庞大的产业。一
条生产线上最昂贵的设备，一般就是光刻机。一台 193 纳米的光刻
机，需要好几个集装箱来运输，其价格为数亿人民币。

　　晶体管的尺寸在缩小，晶圆的尺寸却在变大。这是因为生产工
艺越来越贵，对于一个芯片，计入项目费用的光罩也越来越贵，晶
圆大一些，一次就能切出更多的芯片。这样不但产量增大，分摊到
每个芯片上的成本也会降低。英特尔起步的时候晶圆是 3 英寸（1
英寸 =2.54 厘米）的直径，后来的增加到 6 英寸、8 英寸；当工艺
节点缩短到 90 纳米时，晶圆就变成 12 英寸了。目前，18 英寸晶圆
的技术正在研发中。这对生产硅材料的厂家是一个挑战。半导体工
艺需要纯度极高的单晶硅，是把硅融化后让它以一个柱子的形状慢

慢生长出来的。柱子长成后再切片，晶圆更大就意味着柱子必须更粗。近看一片 12 英寸（300 毫米）的晶圆是很有意思的体验，像一个闪亮的大比萨饼，但厚度还不到 1 毫米。

当特征尺寸一步步地缩小，芯片上需要解决的问题更多。比如集成电路从一开始，器件之间的导线就用铝，一直用了 30 多年；随着技术节点一步步地前进，导线就必须越来越细，电阻就会越来越大，到了一定程度就会影响芯片的正常工作。别小看这些导线，一个指甲盖大小的芯片上有上亿个器件，它们之间的导线接到一起有几十千米长。到 20 世纪末，工艺节点进化到 130 纳米时，铝导线的电阻已经无法接受了，必须使用电阻率更低的铜导线。但当年不用铜导线自有它的道理，因为铜没有办法蚀刻，它在加工的过程中还会在晶圆中渗透。国际商业机器公司和摩托罗拉公司发明了集成电路的铜连接工艺：必须先铺上一层绝缘的电介质材料，再在上面通过蚀刻挖槽，在槽内涂上一层阻挡材料，再通过电镀的办法把铜填进去。这个工艺又用了 20 年，当工艺节点进化到 10 纳米以内的时候，铜导线阻挡层本身的厚度又成了问题，还需要找新的解决办法。

缩小晶体管的尺寸，会遇到更多的问题。如图 1.7、图 1.9 所示，MOS 管的栅极下面有一个绝缘层，原来是用二氧化硅制成的。MOS 管的尺寸一步步缩小，这个绝缘层的厚度也必须随之降低。当工艺节点进化到 45 纳米到 28 纳米时，新的问题出现了：绝缘层太薄了，栅极加上电压后会漏电。我们知道 CMOS 电路在静态时是不耗电的，只有一点点漏电，但这一点点漏电却是现代集成电路的大问题。哪怕每个 MOS 管只有十亿分之一安培的漏电，芯片上几十亿个管子加起来漏电很大，从而会造成严重的功耗、发热问题，甚至让芯片无法工作。2007 年，英特尔率先推出了 High-K 技术：使用高电介质的材料（例如氧化铪）取代二氧化硅做 MOS 管的绝缘层，国际商业机器公司随后跟进。高电介质的材料可以让绝缘层做得更厚，同时产生足够的电场强度来控制 MOS 管的开关。

当工艺节点进化到 22 纳米到 14 纳米时，新的问题又来了：栅极太窄了，当把 MOS 管关断时，源极到漏极之间的漏电太大；要控制住漏电，打开的时候就不能提供足够的电流。传统的 MOS 管总有一天会走不下去，这是业界早已存在的共识。从 20 世纪末，美国、日本、中国台湾地区的众多科学家和工程师就开始研究一种新的场效应管：鳍式场效应晶体管（简称 FinFET）。如图 1.19 所示，这种晶体管把从源极到漏极的导电的通道刻成鳍形的，栅极隔着绝缘层骑在上面，从三面夹住这个通道，从而实现更好的控制。

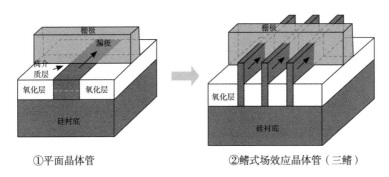

①平面晶体管　　　　　　　②鳍式场效应晶体管（三鳍）

图 1.19　传统 MOS 管（左）和 FinFET（鳍式场效应晶体管，右）对比图

这是一项跨度非常大的技术革新，需要在晶圆上刻出三维的结构。在台积电工作的胡正明对鳍式场效应晶体管的研制做出了突出的贡献。英特尔公司率先在 22 纳米的节点上实现了鳍式场效应晶体

管的产品化。随后，台积电，以及韩国的现代和三星集团相继在 16 纳米到 10 纳米的节点上推出了鳍式场效应晶体管产品。

再向前走到 5 纳米，预计鳍式场效应晶体管也会有问题，领先的晶圆厂已经开始研究栅极从四面包围导电通路的 GAA 技术。这项技术更难，需要把 MOS 管竖起来。

过去 50 年芯片制造行业虽然过关斩将每两年推出一代新技术，但每一次技术升级都要付出巨大的努力，越新的技术投入越大。这不仅是因为在工程技术领域，任何一个新想法的实施都需要克服很多困难、解决很多新问题，更是因为芯片制造这个行业，对质量和可靠性有着极其苛刻的要求。一个芯片上可能有 100 亿个晶体管，任何一个做坏了，这个芯片很可能就是废品。芯片进入到设备产品后，可能按每秒 10 亿次的时钟频率运行，这就意味着大部分 MOS 管每秒会打开关闭 10 亿次，要这样运行很多年，任何一个 MOS 管提前损坏，产品就会出质量问题。生产线上废品多了，晶圆厂就会赔钱，所以晶圆厂最头疼的问题就是良率。芯片制造的设备非常昂贵，在尖端的技术节点，投资一条生产线需要花费以百亿人民币计算的资金购买设备和建厂房。设备安装到位以后，工作才刚刚开始，数百名博士组成的研发团队夜以继日地实验产品、调试工艺，把良率提高到可盈利的水平，这个过程可能很漫长，花费不比买设备低。

摩尔定律给芯片制造行业设置了一道道难关，也给芯片设计不断带来新的挑战。芯片设计，就是把想要的功能用电路来实现，设计的成果首先是一张把大量晶体管、电阻、电容等器件连接起来的原理图。然后需要布板，把这些元器件摆放在晶圆上，把它们之间的导线连接好。连线是一件很麻烦的事情，密密麻麻的器件之间的走线不能有不该发生的触碰，可能需要多达十层的立体交叉系统。这些工作完成后，就形成了版图。集成电路是通过拍照制造的，可能需要多达 50 道的拍照——掺杂 / 蚀刻的工序，版图需要转换成一套模板，对应每一道工序需要拍摄的影像。这套模板叫光罩，是芯片设计的最终成果。芯片设计完成后，下面就需要到晶圆厂流片，也就是用版图数据库去制作光罩，用光罩去生产芯片；流片以后还需要把芯片送到封装厂去封装。

芯片设计公司的噩梦就是设计有问题，需要修改。修改设计首先要重新制作光罩，高技术节点的光罩非常昂贵。28 纳米节点的一整套光罩超过百万美金，虽有省钱的办法也需要几十万美金，最新的节点还要贵很多倍。不只是经济损失，从重新制作光罩到经过 50 道工序把芯片生产出来又需要两三个月，之前还要重新验证设计，耽误进度就可能输给竞争对手。问题是，上百万个、上亿个器件的原理图和版图，是人力可以画出来的吗？怎样才能保证不出错？人，即使态度再认真，也不可能不犯错误。

集成电路促进了计算机技术的进步，计算机又反过来帮助了集成电路的设计。在电子工业初期，原理图和版图都是由工程师们手工设计的；但现代集成电路的设计，离不开工具软件。计算机辅助设计（Computer Aided Design，简称 CAD）的概念其实很早就有，20 世纪 50 年代末，国际商业机器公司就开发了一些计算机软件用于辅助计算机设计，可以检查错误，加快进度。1966 年，国际商业机器公司的工程师柯福德（James Koford）跳槽到仙童半导体，认为芯片设计可以使用同样的手段；一年以后，他和其他几位工程师一起完成了一个仿真和布板的软件。但直到20世纪70年代末的大规模集成电路出现后，计算机辅助设计（CAD）技术才真正发展了起来。1979年，美国加州大学伯克利分校的一组研究人员推出了通用模拟电路仿真器（SPICE）软件；同一年，施乐（Xerox，当时最大的复印机公司）的康威（Lynn Conway）和加州理工学院的米德（Carver Mead，也是摩尔定律的命名者）提出使用编程语言来进行数字电路设计。到了80年代，两种芯片设计的编程语言：超高速集成电路硬件描述语言（VHDL）和硬件描述语言（Verilog HDL）得到制定和推广，前者是美国国防部的标准。一个新的EDA（Electronic Design Automation，电子设计自动化）软件行业发展起来。电子设计自动化软件公司为大量新成立的芯片设计公司提供软件工具和服务。

现在，数字芯片设计更像软件编程。工程师们用上述两种语言把自己的设计描述出来，软件工具就会把这个设计编辑成一张由与非门、或非门、非门等基本电路组成的原理图。怎样确定设计没有问题呢？设计公司通常有另外一组专门负责验证的工程师，他们为芯片设计不同的输入信号进行验证。软件工具会根据原理图模仿芯片在给定输入下的行为产生输出，验证工程师检查输出是否和预期一样（这一步工作也常常是通过自己编写的软件自动化进行的），如果发现问题，会通知设计工程师检查修改。这一步完成后，设计工具会自动产生版图，但版图设计的过程还是需要大量的人工干预，尤其是对有着几亿、上百亿晶体管的电路，工作量仍然很大。版图完成后，还需要另外的电路仿真软件检查芯片在真实物理环境下的行为：每一个环节的信号到达时间是否符合要求、每一个模块的电压是否足够、总体速度是否能达到设计要求、功耗多少，等等；

054

如果发现问题，仍然要回过头来调整设计，再重新验证、仿真。一个大型（这里大型不是指面积大，而是指晶体管的数量大）芯片，验证、仿真的时间往往比设计的时间长得多。

模拟芯片设计，仍然需要工程师手工制作原理图和版图。所以，在芯片设计公司中，数字设计工程师和模拟设计工程师是完全不同的岗位。模拟芯片的电路，也不可能太复杂。但模拟芯片的设计也必须通过 SPICE 之类的电路仿真软件来检查在硅晶圆上的真实物理环境下的行为，对设计进行验证修改。

现代芯片设计的计算机辅助设计或电子设计自动化软件，技术门槛已经相当高。既需要物理、数学和算法，还需要大型软件系统的开发能力，以及一个庞大的有很多博士带头的开发团队。所以，一套电子设计自动化软件价格不菲，动辄上百万美金。大型芯片仿真的计算量相当大，芯片公司在购买电子设计自动化软件后，还需要投入一笔费用来购买运行 EDA 软件的计算机。

集成电路的核心问题仍然是"集成"。大型的芯片早已走入 SOC 时代。SOC（System On Chip 的缩写）是把一个系统集成在一个芯片上，包括中央处理器、内存，以及各种功能模块。一个 SOC 芯片，除了数字电路，常常还包括模拟电路组成的功能模块。除了手机里的主控芯片，蓝牙耳机芯片也是你可能使用过的 SOC 芯片。蓝牙耳机非常小，必须由一个芯片来完成所有功能：有中央处理器、内存、存储；有信号处理模块，其中模拟电路的模块包括射频信号的收发、音频信号的产生和放大用于连接麦克和播放。

一个大型芯片设计的工作量是如此之大，没有任何一家设计公司可以完全自主开发。晶圆厂会向设计公司提供器件的数学模型用于电子设计自动化软件的仿真，还会向客户提供常用的功能模块，这些常用功能模块被称为 IP（知识产权）。SOC 芯片（集成了系统的芯片）的兴起催生了芯片 IP 行业，这些公司向芯片设计公司提供知识产权产品。最有名的知识产权公司是 ARM，他们做中央处理器设计却从不销售中央处理器芯片，只把自己的中央处理器内核卖给芯片设计公司。英特尔公司在计算机行业一统天下后，ARM 找到了自己的市场定位，在手机、蓝牙耳机、电视、机顶盒等很多领域里也实现了一统天下。

经过半个世纪的发展，半导体行业已经形成了多层的产业链：

最基础的一层是材料和生产设备；

再往上是晶圆代工厂；

再上面是电子设计自动化软件和知识产权公司；

最上层是芯片设计公司，它们销售芯片用到各类电子产品中。

一项技术不可能永远指数发展，近十几年，摩尔定律前进的脚步逐渐放慢，早已有人谈论后摩尔时代了。首先，时钟频率的提升早已停止，我们的个人计算机在接近 3 千兆赫这个频率后，就再也没有前进了。这是因为摩尔定律虽然可以把电路变得更小，但单位面积上的功耗是不变的。时钟每过一个周期，这块区域里的 MOS 管翻动一次，单位面积的功耗只和时钟频率有关。频率太高，热量散不出去，芯片发热后就不能正常工作了。另外，先进的工艺越来越昂贵，在一定程度上抵消了摩尔定律带来的成本降低。大型芯片的复杂度，使研发成本越来越高。一款典型的 7 纳米芯片的研发费用达到数亿美元，从各种报道看，从 3 亿美元到 10 亿美元的都有。只有最强的芯片公司才用得起最先进的制造工艺，只有最大的市场才能回收这样的研发投入。

量子物理学给摩尔定律设置的极限在哪里，也有过争论。后摩尔时代的集成电路会用到什么新技术，各国及各大公司已经做了不少研究。但摩尔定律还没有终结，当人们觉得 10 纳米是极限的时候，7 纳米的工艺推出了，5 纳米、3 纳米工艺的研发已经开始。

只是在硅晶圆上添加杂质，就这样引发了一场技术革命。这场技术革命又引发了更多的技术革命：计算机和信息技术的革命、互联网和移动互联网及物联网的革命、社交软件和自媒体的革命、正在进行的人工智能革命……很多学者认为集成电路带来的技术革命是人类历史中最重要的事件。集成电路带来的技术革命和技术革新，又反过来促进了集成电路的发展。21 世纪，在计算机之后，手机行业成了集成电路的新增长点；在第二个 10 年，智能手机的核心芯片开始使用最先进的半导体制造工艺，同时，物联网又增加了对集成电路的需求。未来，人工智能很可能是芯片行业的新增长点。

这一系列技术革命，彻底地改变了我们的世界。在人们可以自由地、低成本地获得大量的信息的同时，虚假信息也更容易传播。人们连接得更紧密，但有时也更加分裂。劳动生产率得到了极大的提高，信息技术成为一个国家的核心竞争力。我们需要牢记，这一切技术革命的基础，是半导体芯片。

第 2 章

芯片制造

CHAPTER

TWO

如本书在第一章中所介绍的，半导体芯片有一套庞大的产业链，可以简单划分为 5 个环节：设备、材料、制造、封装测试、设计（图 2.1）。最终把芯片产品交付给客户，用于电子产品生产的，是芯片设计公司，或者少数集设计生产为一体的设计生产一体（Integrated Device Manufacturer，IDM）公司。

在本章中，我们将对半导体产业链的各个环节做进一步的介绍。

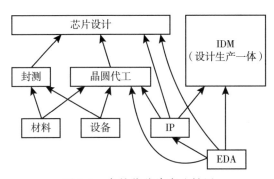

图 2.1 半导体芯片产业链图

2.1 纳米尺度上的设计

芯片设计是一个知识密集、资本密集的行业。因此，大部分企业不敢涉足半导体领域，也有些企业进入这个领域后因为对困难准备不足而折戟沉沙。

芯片设计公司的工程师，大多是一流大学的毕业生，大部分有硕士或者博士学位，待遇优厚。他们既需要受过严格的集成电路设计训练，熟练掌握各种设计和仿真的电子设计自动化（EDA）工具，还需要具备所在领域的知识，比如要懂相关的工业协议、通信协议，或者要懂算法。在国内，芯片设计人才尤其紧缺。小型的芯片可以由少数几个工程师完成，大型的芯片，比如手机主控芯片、计算机中央处理器，则需要上百人甚至更大的团队。除了芯片工程师，芯片设计公司一般还必须有硬件和软件工程师，从电路板设计到软件调试支持客户开发产品。有些芯片，比如手机主控芯片，产品形式虽然看起来只是一个芯片，但软件是其真正价值中更重要的部分。4G/5G 通信协议栈、智能手机的全套应用的设计，需要上千人的软件团队。

一个芯片设计项目的开始，是制订芯片规格，包括对芯片需要具有的功能和需要达到的性能的要求。这是公司管理层和市场部门绞尽脑汁的工作。芯片开发周期长、耗资大，特别是大型芯片的设计验证非常复杂。如果产品规格被半途修改，会严重地影响进度；如果芯片完成后发现规格错误影响在产品中使用，就会错过市场机会。芯片的功能要求太多，会增加成本延长开发周期；功能太少，又怕影响到很多应用场景的开发，导致市场太小无法收回高昂的开发成本。大型芯片的开发往往需要 2—3 年，高科技行业的发展日新月异，芯片公司制定芯片规格时必须对市场有前瞻性。这个行业的过来人会说：芯片公司的市场工作比销售更重要，销售只负责卖现有的产品，手上有好产品客户会追着你，市场工作则需要看到未来的需求。

大型芯片项目开始的时候，管理团队还有一件重要的工作，就是购买知识产权。今天，许多芯片都是 SOC 芯片，SOC 是 System on Chip 的缩写，就是把一个系统集成到一个芯片上的意思。比如，一个小小的手机触摸屏控制芯片，不但有感知电路，而且要运行算法来排除噪音和各种干扰，计算每一个手指的位置。这就要求它有一个微处理器，还要有固件代码的存储，有内存用于支持计算，就像一个微型计算机。大型 SOC 芯片有很多子单元，一个设计公司不可能会设计所有的单元；毕竟术业有专攻，充分利用产业分工才能取得最好的经济效益。IP 是 Intellectual Property（知识产权）的简称，芯片行业的知识产权公司把常用的芯片模块设计好并进行验证，出售给设计公司。晶圆厂也会把与制造工艺联系紧密的芯片模块设计成 IP，要么自行设计，要么和外部的知识产权公司联合开发。对设计公司而言，购买知识产权是研发费用的一个重要组成部分。

紧接着，架构师和项目组成员进行芯片的总体架构设计，把一个大芯片划分成不同的子系统，然后大家分工对每个子系统进行设计，完成架构设计后模拟设计团队和数字设计团队分头开发。

很多芯片上既有模拟电路也有数字电路。例如，手机触摸屏控制芯片感知手指触摸引起电容变化的电路是模拟电路，产生的信号经过放大后由模数转换器变成数字信号，之后的处理就交给数字电路。手机内的闪存芯片虽然输入输出都是数字信号，但内部也必须有模拟电路，比如闪存编程需要 20 伏以上的电压，而手机只能提供 3 伏多的电压，芯片内部必须有电荷泵来进行电压转换。存储的读取过程，也是模拟信号转变为数字信号的过程。模拟集成电路设计和数字集成电路设计是完全不同的技艺，绝大部分工程师只能选修其中一门。

在模拟集成电路设计中，工程师把电路原理图输入到电子设计自动化工具中。电子设计自动化仿真工具会给出这个电路在各种输入下的输出。由于不同晶圆厂的生产工艺有差别，晶体管的特性会略有不同，晶圆厂必须提供其器件的参数用于仿真软件。工程师需要花很长的时间调试电路，让它在各种输入下、在不同的温度下及在生产工艺漂移的范围内，都能严格符合产品规格。

数字集成电路设计则更像写程序，工程师需要使用硬件描述语言（如 Verilog HDL、VHDL），将实际的硬件电路设计描述出来。数字设计工程师最常使用的硬件描述语言，被称为 RTL——寄存器传输级语言。这类语言通过并行信号的赋值语句描述电路中的寄存器结构，以及寄存器之间的数据流的传输与控制。

研发团队的带头人最害怕的是设计出错。如果从晶圆厂拿回的芯片，测试发现有严重问题导致流片失败，由于半导体芯片的制造周期长，就算很快完成修改，也需要再花几百万元，等几个月时间，才能拿到新的芯片。不光经济损失大，付出的时间成本、造成的市场损失更高。数字芯片动辄上千万门的电路、成百上千个功能的设计要求，许多工程师参与设计，而人总是难免犯错误的，那么怎样才能避免设计出错呢? 芯片公司制定了严格的验证与仿真流程。

在数字设计工程师开始写寄存器转换级电路代码的时候, 另外一组负责验证和仿真的工程师也开始工作, 负责编写验证设计用的硬件描述语言代码和软件程序。他们要阅读理解芯片的规格要求, 设计各种给芯片的输入信号, 同时给出正常工作的芯片预期的输出。等设计工程师完成了代码, 两组工程师将一起工作, 进入验证仿真—找错—改错的流程。对于一个大型芯片, 耗在验证仿真的时间, 往往比完成设计代码的时间长得多。

当寄存器转换级电路代码完成后, 首先就要进行功能验证。电子设计自动化工具会取得验证组设计的输入, 用设计组的寄存器转换级电路代码进行模拟计算, 检查输出是否符合预期, 一切都自动按程序进行。如果发现错误, 两个组的工程师要一起检查, 是设计组的代码错了, 还是验证组的代码错了? 然后, 着手修改, 循环往复, 直至确认设计精确地满足了规格中的所有要求。

除了可以在高性能计算机上完成芯片的功能性能验证, 还可以用硬件对芯片进行仿真。现场可编程逻辑门阵列 (FPGA) 是一类可通过下载程序控制逻辑的芯片。电子设计自动化工具把寄存器转换级电路编译后下载到现场可编程逻辑门阵列中, 它的行为就表现得和所设计的芯片完全一样。对有上亿门电路的芯片, 在计算机上进行仿真计算预测芯片的行为是非常耗时的, 现场可编程逻辑门阵列则运行得很快, 甚至可以和真实的芯片一样快。只不过, 它是用一块甚至几块电路板取代了这个芯片。如果设计一个中央处理器, 现场可编程逻辑门阵列就可以和真的中央处理器一样运行软件, 和外围的存储及其他外挂设备一起工作，这是检查芯片功能的非常好的办法。

功能验证完成后，就可以进行逻辑综合：电子设计自动化工具将对寄存器转换级电路代码进行编译，把它变成一个由大量逻辑门组成的电路网。这个电路网已经比较接近芯片了，电子设计自动化软件会把晶圆厂提供的每一个逻辑门的反应时间都考虑进去。下面就要开始又一轮的验证和修改，确认电路的反应时间不会影响信号处理的结构，确认芯片可以达到规格中要求的运行速度。

逻辑综合后的仿真验证完成后，就可以开始布板了。

对器件不是很多的模拟电路，业界普遍采用手工布板。由工程师根据原理图把器件排列好并进行连接。这是一件细活，纷繁的导线，常常需要 6—10 层的立体交叉。手工布板也离不开电子设计自动化工具，它会帮助布板工程师检查所有连接，确保和原理图一致。电子设计自动化工具还会自动地检查工程师的布板是否符合晶圆厂的设计规则。对每个器件至少多大、相隔多远、连接点周边需要留足多少空间这类问题，晶圆厂有明确的规定。只有严格地满足这些设计规则，才能保证上亿个纳米级晶体管组成的芯片能够按照要求被制造出来。刚开始，工程师们还可以记住这些规则，随着半导体工艺节点越来越高级，当设计规则超过了 500 条，就只能一边布板一边靠电子设计自动化工具帮助检查。

至于上千万逻辑门的数字电路，手工布板完全不可能，只能由工程师操作电子设计自动化工具进行自动布板。首先要做布局规划，确定每个子系统在芯片中的位置，布局规划完成后一般还需要进行一轮仿真验证。然后对时钟信号单独布线，再把所有信号布线连接好，包括晶圆厂提供的基本逻辑门电路（称为标准单元）之间的走线。

布线之后，还需要一轮仿真验证，这称为后仿。这之后完成的芯片，和之前纸上谈兵的芯片还是有差别的：导线本身存在的电阻；相邻导线之间的互感电容在芯片内部会产生信号噪声，串扰和反射。这些效应如果严重就会导致信号失真甚至错误。电子设计自动化工具根据晶圆厂提供的器件和导线的模型，把各种由布线产生的额外的电阻、电容等寄生参数提取出来，用于后仿，帮助分析信号的完整性。这样的仿真计算量非常大，即使在大型的服务器系统上运行，也非常耗时。如果发现问题，布板工程师需要修改版图，甚至设计工程师也不得不返回去修改设计。

这最后一轮验证仿真做完后，芯片就算最后完成了。送到芯片厂的是一套版图。这套版图分为很多层，比如，有一层画出晶圆上哪些位置需要做 N 型掺杂用于制作 NMOS 管，另一层画出哪些地方需要 P 型掺杂，一个金属层画出该层的导线，一个过孔层画出每一个连接不同层导线的孔，等等。

现代半导体芯片设计，需要工程师团队的集体智慧，需要研发管理团队对流程和关键技术环节的把控，但离开电子设计自动化工具则寸步难行。

2.2 化黄砂为芯基

芯片制造厂也叫晶圆代工厂，它们的基本材料是一片片亮闪闪的裸晶圆。这些晶圆通常是纯度 99.9999%（俗称 6 个 9）的单晶硅，切成直径 300 毫米、厚度不到 1 毫米的又大又薄的圆片。

1）原材料

地壳中储量最丰富的两种元素是氧和硅，二氧化硅（石英，化学式为 SiO_2）是最常见的物质。沙子以及很多石头的主要成分就是二氧化硅。因此，你常听说芯片是从沙子里来的，不过这种说法不是很准确。

工业生产要尽量降低成本，需要找到高纯度的二氧化硅来源，而一般沙子的二氧化硅纯度在 85% 以下。生产硅晶圆的基本原料，是二氧化硅纯度在 95% 以上的工业硅砂。除了芯片行业的硅晶圆，硅砂还可以用来制造玻璃和太阳能行业的多晶硅。

硅砂是用硅石或石英砂粉碎得来的，它们来自有开采价值的矿藏，而中国和世界各地有很多这样的矿藏。半导体芯片虽然是非常尖端的高科技产品，但它最主要的材料是地球上取之不尽用之不竭的硅元素，一旦完成设计开发，就可以成百万颗、上亿颗地被生产出来。大规模的生产分摊了高昂的研发投入，让我们能用可承受的价格享受高科技的成果。

（1）冶金级硅的生产

把硅砂变成晶圆，第一步需要从沙子里面提炼出硅，就是把二氧化硅中的氧元素拿走。这需要通过化学反应来实现。把硅砂和焦炭、煤与木屑之类的含碳物质混合起来，放在电弧炉中加热到1500—2000℃，碳元素会把二氧化硅中的氧元素抢去，变成二氧化碳气体飘走，剩下的就是纯度 98% 的冶金级硅。

（2）提纯

这样的纯度和半导体工艺"6个9"的要求相去甚远，下一步对冶金级硅进行提纯。提纯仍然依靠化学反应，但不是把各种杂质一一拿走，而是提取硅元素，把杂质留下来。提纯的步骤是这样的：

第一步是让硅和盐酸进行化学反应，产生一种叫做三氯甲硅烷（$SiHCl_3$）的物质。这个化学反应产生的氢气（H_2）会飘走，而 $SiHCl_3$ 是一种沸点很低的液体。

第二步就是把反应物放到蒸馏塔中，利用 $SiHCl_3$ 的低沸点特性，得到高纯度的 $SiHCl_3$。

第三步是把 $SiHCl_3$ 与氢气再放在一起，在化学气相沉积反应炉中，还原成高纯度的硅。在炉中，会发生上面那个化学反应的逆反应，硅元素会在事先放进去的细长纯硅棒表面析出，变成一大块超级纯净的硅。

这种最常使用的提纯方法是德国西门子公司发明的，所以叫西门子方法。

（3）拉晶

提纯后还有一步重要的工序：用上述方法生产出来的纯硅是多晶硅，半导体工艺需要单晶硅，需要把多晶硅进一步转变为单晶硅。

在固体材料中，如果内部的原子成规则性的周期排列，那它就是晶体。如果整块材料都是按同样规则排列的，就是单晶（monocrystalline）。多晶体是由大量单晶的晶粒杂乱堆积组成的。大部分金属材料就是多晶体。多晶硅里面的晶粒的尺寸从 0.1 毫米到超过 1 毫米，像粘在一起的一堆沙子。

你见过的单晶体的例子是钻石。但钻石是有缺陷的，购买钻石时可以用放大镜看到，缺陷少的钻石价格高很多。半导体晶圆必须是几乎无缺陷的完美单晶体。一块芯片数十亿个 NMOS 晶体管和

PMOS 晶体管，数十亿个同一种管子，都必须有相同的性能；否则，芯片就会是废品。跨越在两个晶粒之间的晶体管，会有非常不同的性能，一个微小得连放大镜都看不到的缺陷，却可以毁坏一大片晶体管。

这样的完美单晶体，可以通过把多晶硅熔化后再慢慢地生长出来。

生长单晶最常用的方法是提拉法，如图 2.2 所示。

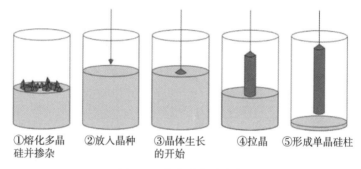

①熔化多晶　　②放入晶种　　③晶体生长　　④拉晶　　⑤形成单晶硅柱
硅并掺杂　　　　　　　　　的开始

图 2.2　单晶硅棒的生长

首先，把高纯度多晶硅在石英（熔点比硅高）坩埚中加热到1420℃后熔化。其次，以一小粒单晶的硅种和液体硅表面接触，一边旋转一边缓慢地向上拉起。被带出来的液体硅遇冷就会在硅种的表面凝结，并且顺着原来的晶格方向生长。这个过程有点儿像做棉花糖。最后，会拉出一个排列完美的单晶硅柱。在这个过程中需要控制硅种的方向，让晶柱中的晶格排在所需要的方向。

（4）切片

最后一道工序是把圆柱形的硅锭横切割成晶圆，然后抛光。

晶圆是直径达 300 毫米、厚度不到 1 毫米的大薄片。这可不是手工操作切得出来的，需要用到钻石刀或钻石丝锯。切的方向要和晶格的方向符合，所以还需要 X 光机的帮助。

新闻报道中常常提到的晶圆尺寸，就是以英寸为单位的晶圆直径。8 英寸晶圆直径约为 200 毫米，12 英寸晶圆直径大约是 300 毫米。显然，晶圆越大，制造的难度就越高。但大晶圆完成生产后一次能切割出更多的芯片，从而使生产成本提高得有限。所以，集成电路发展了 50 年，已经从使用 1 英寸的晶圆演变到今天先进工艺普遍使用的 12 英寸晶圆，18 英寸晶圆也在研发中。

除了普通的硅晶圆，还有一种半导体技术需要特殊的裸晶圆，这就是绝缘体上硅（SOI，Silicon On Insulator）技术。这种晶圆覆盖了一层绝缘体，通常是二氧化硅或蓝宝石，绝缘体上又覆盖了很薄的一层硅（可能只有几个微米）。晶体管就在这一薄层硅上制作，这样避免了晶体管和体积很大的衬底的相互感应，提高了速度。并且隔着绝缘层的衬底还可以施加电压对晶体管进行调节，进一步改善性能，如图 2.3 所示。

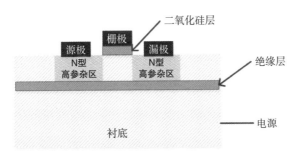

图 2.3　一个 SOI 上 NMOS 管的剖面图

SOI裸晶圆有多种制作方法，各厂家都有自己的特殊技术。可以把一片晶圆表面氧化，再把另一片晶圆贴上去，再磨薄；也可以把氧离子注入特定的深度。

2）其他晶圆材料

除了硅，还有其他的半导体材料用于芯片行业。你可能在媒体上读到过"第三代半导体"，不过，这个词有些误导。一般来讲，新一代技术是用来取代旧技术的，比如在无线通信领域，4G取代3G，5G取代4G；但这些新半导体材料并不是用来取代硅的，而是用于特殊领域。

第一代半导体是锗和硅。其中，硅得到了更广泛的应用。第二代半导体的代表是砷化镓。砷化镓具有比硅高5—6倍的电子迁移率，砷化镓晶体管不但速度快而且高低温性能好。所以，砷化镓一般用来做射频器件，特别是军用雷达。不过，硅的工艺和设计技术也在不断改进，有些领域，比如手机的射频功放芯片，CMOS硅技术又把阵地抢了回来。另外，硅不能用于制作发光二极管（LED），必须用砷化镓等其他材料。

第三代半导体的代表是氮化镓和碳化硅。它们共同的特点是耐高压、耐热。电动汽车这样的应用，催生了强电和弱电的融合，用芯片或计算机来控制动力。在弱电领域，芯片的功耗越小越好，这个领域则需要能够传递大功率的芯片，第三代半导体有很好的前景。

作为半导体材料，硅是不可取代的。因为没有一种材料可以像硅一样低成本，且取之不尽用之不竭。

3）其他材料

除了基础晶圆，后面的每一道工序还需要不同的材料，从各种气体和化学用品，到各种金属材料。其中，金属和稀有金属的靶材虽然消耗量不大，但也必不可少。常用的靶材有铝、铜、镍、钨、钽、钛、钴等金属，以及铝铜、钨硅、镍铂等合金材料。它们也大都要求 6 个 9 以上的纯度，对晶体和晶粒结构、平整度等指标也有苛刻的要求。其制造技术也掌握在为数不多的公司里。

2.3 微空间的雕刻

在本节中，我们将简要地介绍集成电路的生产工艺。

1）清洁

集成电路的生产高度精密，最怕的就是灰尘、污染、杂质。当大气污染成为公共话题时，人们已经熟悉了 PM10、PM2.5 这样的术语，那是指对空气中直径小于 10 微米、2.5 微米颗粒数目的测量。芯片对灰尘比人体敏感得多，一粒直径大约为 2.5 微米的灰尘落在晶圆上进入生产设备，可以毁掉很多个晶体管，自然会毁掉一个芯片。比这小 200 倍，10 纳米的灰尘就会影响到芯片的生产。极少量的灰尘就可以造成很多废品，大幅度降低良率。

良率是晶圆厂的生命线。因此，晶圆厂开发了复杂的清洗技术、制定了严格的管理流程。即便如此，调查表明，仍然一半的废品来自灰尘和污染。

首先，集成电路生产车间是超净车间。它必须与外界完全封闭，有特殊的空调和通风设备，把外部的灰尘和污染去掉，把内部产生的污染及时排出去。晶圆厂的车间从外面望去，是巨大的没有窗户的建筑。超净间的规格按每立方米中的灰尘计算，数字越低越高级。我们城市中的空气，每立方米至少有几十万个 PM10 颗粒和更多的 PM2.5 颗粒，集成电路的核心车间需要最高的 1 级：每立方米中直径超过 0.2 微米的灰尘不到 1 颗！

当然，净化车间的净化能力也是有限度的。据有关报道，沙尘暴曾经影响了韩国晶圆厂的生产。

其次，进入车间的人员要严格管理。所有人进入车间前必须换上净化服、净化鞋、口罩、手套。换装后还必须通过风淋，把身上可能携带的灰尘吹干净。因为人体会有大量的毛发和皮屑脱落，呼吸会产生大量含钠的小水滴和其他污染物。

最后，清洗非常关键。晶圆进入代工厂后要清洗，很多工序之前之后都要求清洗，把加工过程的残留物清除干净。晶圆的清洗需要在专用的机台上进行，化学方法和物理方法兼用，就像我们洗衣服，用了洗衣粉以后还要揉搓。

化学清洗既有使用氨水和双氧水混合的标准清洗液，也有用腐蚀性较强的氢氟酸。物理方法既有使用特制的滚动刷子，也有喷射清洗液。还有一种方法是把惰性气体冷冻成微小的冰粒，高速喷射在晶圆表面上，除了把附着的污染颗粒直接打掉，表面冷却时硅基底和粘在表面的污染颗粒不同的收缩也会造成二者分离。不同阶段的清洗操作程序也不相同，美国无线电公司当年发明的清洗方法，今天在某些环节中仍然在使用；而先进制程的清洗，需要一两百个步骤。晶圆刻有集成电路的那一面固然要非常认真地清洗，背面和边缘也同样需要清洗，因为背面黏附的污染物可能会和生产设备交叉污染；并且晶圆是半透明的，背面的杂质会影响到光刻。

要检查清洗的结果是否合格，还需要用到一些专门的测试设备，比如用激光、X光扫描表面，来检查表面的颗粒和杂质。

2）光罩

集成电路的生产过程需要很多次的光刻。每一次光刻把一个图案印在晶圆上，然后使用各种工艺手段对晶圆进行加工：蚀刻、沉积、注入或掺杂；然后，再通过光刻加工上面一层；如此一层层地把整个芯片完成。

光罩（Mask）就是每一次光刻用的图像模板。

设计公司把版图交给晶圆代工厂后，代工厂首先就要根据每一层的版图数据制作光罩，有时候通过外包公司制作光罩。每一层版图至少需要一层光罩，有时候一层版图需要多层光罩；每一层光罩对应加工过程中的至少一次光刻，有的光罩层还需要多次曝光。随着半导体工艺越来越先进，芯片的光罩层数是越来越多的：从28纳米节点的40—50层到7纳米节点的80—85层，未来可能超过100层。

一层光罩，是一层特殊玻璃或其他透明材料的基底，附上一层刻画的成版图样式的金属。现代光罩常用金属铬，这种金属对光刻机用的紫外光阻隔最好。光罩的最早使用方法是直接盖在晶圆上，让透明的部分受到曝光。光罩和晶圆直接接触造成了很多问题，现

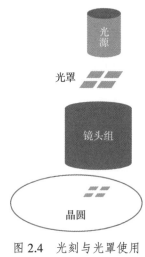

图 2.4 光刻与光罩使用示意图

在的方法是用镜头把图像投影在晶圆上，如图 2.4 所示。光罩和芯片的比例由光学镜头进行缩小后，也从原来的 1∶1 变成了常见的 4∶1。

光罩虽然比芯片大一些，但仍然需要纳米级的雕刻精度。需要在专用的设备上制作，能够制作高精度光罩的地方并不多。高精度的光罩非常昂贵，一套 28 纳米的光罩，常常超过百万美元，更高级的技术节点上就更贵了。这是芯片公司研发投入的重要组成部分。光罩将用于以后芯片的大批量生产，一旦芯片在市场上获得成功，这套光罩就成为公司的重要资产。

3）CMOS 生产工艺

市场上的大部分芯片是使用硅基的 CMOS 工艺生产出来的。自 20 世纪 90 年代，CMOS 技术由于成本最低，得到了最广泛的应用，成功的市场带来了更大的研发投入，继而让这项技术取得了高度的发展。目前，CMOS 技术已经突破 7 纳米节点向 5 纳米挺进。其他的半导体技术，就加工精度和技术节点而言，都远远落后于 CMOS 技术。

CMOS 芯片是由本书第 1 章所介绍的 NMOS 和 PMOS 两种场效应管组成，如图 1.7、图 1.8、图 1.9 所示。CMOS 工艺的核心就是要把这两种 MOS 管用最大的密度在晶圆上制造出来。高级技术节点的工序有 600—1000 道，从一片裸晶圆到芯片的生产周期也不短，通常超过一个月。

虽然生产周期长，晶圆厂还是能够通过大量设备的流水线实现很高的产能。晶圆通常以 25 片一个批次进入产线，从生产线出来后，每片晶圆可以切出来大量的芯片，可以从上千个到超过 1 万个。一条生产线每月可以完成数万片晶圆的加工。

下面，我们粗略地介绍一下 CMOS 生产流程，包括这个流程中用到的各种加工技术。

生产流程的第一次光刻是制作把 MOS 管隔离的浅槽（STI），整个过程如图 2.5 所示。首先在晶圆表面涂上光刻胶；曝光时，第一层光罩把所有用于制作 MOS 管的区域（称为有源区）保护起来；隔离区内的光刻胶见光后发生化学变化，变得可溶，随后被显影剂冲洗掉，留下了覆盖着有源区的光刻胶，这就是光刻的原理。光刻过程也可能反过来，选用不同的光刻胶，没有曝光的部分被清洗掉。

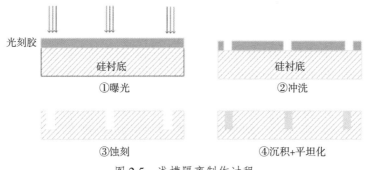

图 2.5　浅槽隔离制作过程

光刻完成后就要进行蚀刻。最早的蚀刻是加入具有腐蚀性的液体，光刻以后裸露出来的部分被腐蚀，被光刻胶保护起来的有源区不会被腐蚀。现在的先进工艺节点，普遍采用干法蚀刻。经过蚀刻，MOS 之间的隔离区形成了一些沟槽。

清除残余的光刻胶之后，还需要把这些沟槽用电绝缘的氧化物填满。这时需要另一种技术：化学气相沉积（CVD, Chemical Vapor Deposition）。沟槽被沉积物填满以后，晶圆表面难免不平，需要对晶圆进行平坦化，又需要一种技术：化学机械研磨（CMP, Chemical Mechanical Planarization）。这样，浅槽隔离带完成，有源区的硅重新裸露出来。

浅槽隔离完成后，下面需要制作 N–阱和 P–阱。图 1.9 所示的 PMOS 晶体管，源极和漏极都坐落在一个 N–阱里。实际上，为了制作性能有差异的几种 NMOS 管，它们也需要坐落在 P–阱中。MOS 管下方的 N–阱和 P–阱都需要首先制作。N–阱和 P–阱需要分别制作，各需要若干层光罩、若干次光刻。

从第 1 章的讨论中，我们知道 N 型和 P 型半导体是通过在纯硅中添加不同的杂质得到的，不同的杂质注入硅衬底，就可以得到 N–阱和 P–阱。这时需要离子注入技术，这种技术可以把杂质的离子经过电加速后注入特定的深度。如果制作 N–阱，需要通过光刻，把 N–阱以外的区域都保护起来，再把 N 型杂质的离子注入进去。

MOS 管需要建造在完美的晶格上，强行注入很多原子后，难免产生一些晶格缺陷。此时需要一道工艺：退火（RTA），把晶圆加热到很高的温度，再让它缓慢地冷却，高温产生原子的热运动可以让晶格自行梳理修复（图 2.6）。集成电路的很多加工工艺完成之后都需要退火。

完成 N–阱和 P–阱后，就可以从栅极开始制作 MOS 管了，整个过程如图 2.6 所示。从第 1 章的讨论中我们了解到，栅极和硅衬

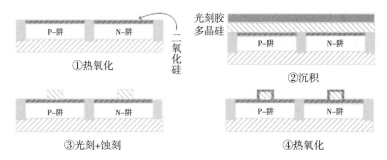

图 2.6 MOS 管栅极的制作过程

底之间需要隔着一层薄薄的绝缘层。对于硅，绝缘层并不难做，使用高温氧化法：把晶圆加热到高温，氧气注入进去，表面就会生成一层绝缘的二氧化硅。绝缘层长成后，就沉积一层做栅极用的、导电的多晶硅。然后，覆盖光刻胶进行光刻再蚀刻，栅极和连接它的导线就制作成功了。之后，再注入氧气进行热氧化，让栅极线表面生成一层二氧化硅，对它进行保护防止短路，这是使用多晶硅做栅极的好处。

更高级的工艺节点还需要有更多的栅极工序以改进 MOS 管的性能。比如，用氧化铪、氧化锆之类的材料改进绝缘层，把多晶硅替换成电阻更小的金属材料，等等。

栅极完成后，就可以制作 MOS 管的源极和漏极了（图 2.7）。NMOS 管和 PMOS 管需要分别制作。当制作 NMOS 管时，先进行一次光刻，把所有 NMOS 管区域裸露出来，其他部分掩盖，然后用 N- 型离子进行注入。离子注入法用电场把杂质的离子加到很高的速度，足以穿越表面的绝缘层进入所需要的深度。制作 PMOS 管时，再进行一次光刻，裸露 PMOS 管区域并遮盖其他区域，用 P- 型离子进行注入。

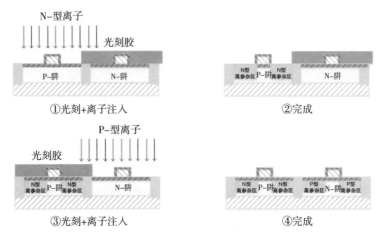

图 2.7 源极和漏极的制作

在这之后，还需要清除掉部分氧化层，用金属（钴最常用）处理源极、漏极、栅极线的表面，减小电阻。这个过程中需要用到物理气相沉积——溅射技术。

最后，需要为 MOS 管打上接触孔，以便连接成电路。首先沉积一层绝缘的电介质覆盖整个 MOS 管，再使用化学机械研磨技术进行平坦化。紧接着，涂上光刻胶进行一次光刻，把需要打孔的位置暴露出来。然后，进行蚀刻打孔，一直到源极、漏极和栅极线（图2.8）。打孔完成后需要用化学气相沉积的方法把金属钨填到接触孔里，之前还需要用金属钛对接触孔进行溅射。

图 2.8 接触孔的制造

至于 16 纳米节点以下的鳍式 MOS 管，生产工艺就更复杂了。本书作为一个普及性读物，就不在此讨论了。

至此，MOS 管的制造全部完成。在集成电路行业，MOS 的制造被称为前道工艺。后道工艺是指制造金属互联，把 MOS 管连接成完整的电路。

芯片中的金属互联是一个通常有 8—10 层导线的立体结构，由一层导线，上接一层过孔，再上接新的一层导线，再过孔，如此叠加而成（图 2.9）。

现代高级技术节点的金属互联，大都使用铜。作为一种

图 2.9　芯片中的金属立体互联示意

电阻很低的金属，铜有其特殊的属性，很难蚀刻，很容易渗透到电介质材料中产生灾难性的后果。业界经过了长期的努力，发明了镶嵌式铜互联工艺。

整个流程如图 2.10 所示，首先用化学气相沉积法填充一层绝缘的电介质材料，平坦化，然后通过光刻和蚀刻挖出铺设导线的槽。下一步是在槽壁内侧涂上一个阻挡层，用于防止铜原子向电介质扩散。在使用钨制作接触点时，也需要用钛或氮化钛做阻挡层，铜需要更好的阻挡层，常用钽或者氮化钽（氮化钛和氮化钽都是导电的）。仍然需要使用物理气相沉积的技术，把阻挡层涂上去。完成了阻挡层后，还需要在上面生长一薄层铜，作为下一步工序的种子，仍然使用物理气相沉积技术。最后，使用电镀技术把导线槽填满。然后，清洗、退火、平坦化。

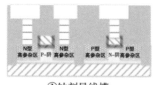

①蚀刻导线槽

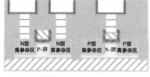

②物理气相沉积

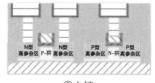

③电镀

图 2.10　制作铜导线流程

至于连接两层导线的过孔，需要和上面一层金属导线一起制作。如图 2.11 所示，沉积电介质，先后通过光刻和蚀刻打孔、挖槽。然后，通过物理气相沉积在槽孔内侧涂阻挡层和铜种子层，最后进行电镀。

除了 MOS 管，集成电路一般还需要制造其他器件，如电阻和电容。电阻可以用制作栅极的多晶硅线来构造，小容量的电容可以用金属导线层来实现。

把所有的金属互联完成，最上方加上保护层，把需要接芯片管脚的焊盘露出来，芯片就算完成了。

众多的加工工序，虽然每一道都有专用的设备，工艺研发团队为了摸索工艺参数和配方，仍然需要艰苦的实验和探索。有时候还需要想办法突破设备的极限，比如，为了突破光刻机的分辨率极限，要开发多次曝光技术。晶圆厂在购买设备后，仍然需要投入大量的资金和时间开发新的工艺。

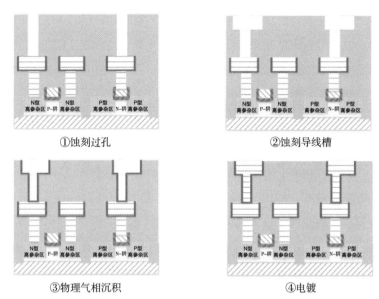

①蚀刻过孔　　　　　　　　　②蚀刻导线槽

③物理气相沉积　　　　　　　④电镀

图 2.11　制作铜导线和过孔的双镶嵌流程

4）其他形形色色的半导体工艺

CMOS 是应用最广泛的加工工艺，但仍然有很多特殊的芯片需要不同的加工工艺。当然，各种集成电路加工的基本原理是一样的，所用的技术手段也是大同小异。

（1）CMOS 传感器

手机摄像头中的感光芯片，被称为 CMOS 传感器。顾名思义，它的生产工艺是 CMOS 工艺，但在普通的 CMOS 工艺上略有修改。

CMOS 传感器的基本感光单元，是一个由图 1.3 展示原理的光电二极管。高级传感器有几千万像素，每一个像素点都有一个这样的二极管，再加上收集电荷和输送信号的电路。利用离子注入技术，这样的二极管很容易制造。但是，光传感器还需要其他的步骤。

首先是要滤色片，因为光电效应分不清颜色，超过一定频率的光，包括所有可见光和红外线，都会产生电子空穴对。CMOS 传感器的每一个像素点，实际上是 3 个小像素，各自贴上红绿蓝 3 种颜色的滤色片。当 CMOS 生产流程完成后，还必须把上亿个 3 种颜色的滤色片生长出来。滤色片完成后，还要在每个小像素上面雕刻出一个聚光的微镜头。

集成电路的上面有很多层立体交叉的金属连接线，会阻挡光线影响曝光效率。BSI 工艺应运而生。BSI 是 Back Side Illumination 的缩写；也就是说，让光线从背面射进来。这种工艺，首先要求在 CMOS 生产流程完成后，把晶圆进一步磨薄。像比萨一样大的直径 12 英寸晶圆，本来只有不到 1 毫米，已经很薄了；还需要进一步磨到微米量级，还必须厚度均匀，工艺难度可想而知。在这样的厚度下，背面来的光线可以直达光电二极管，把滤色片和微镜头生长到晶圆的背面。

（2）动态随机存取存储器

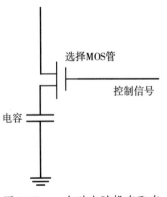

选择MOS管

控制信号

电容

图 2.12　一个动态随机存取存储器存储单元

制作内存芯片需要不同于 CMOS 的工艺。内存芯片最主流的技术称为动态随机存取存储器，也是基于 MOS 管发展起来的芯片技术。它的基本原理很简单，如图 2.12 所示，每一个存储单元由一个作为选择开关的 MOS 管和一个电容器组成。电容器储满电或空，代表所储存的比特是'1'还是'0'。当选择 MOS 管的控制信号打开这个管子时，就可以从外部读取存储内容了。读取的过程中，存在电容器上的电荷当然会跑掉。所以读完以后，还必须根据读出的结果，把结果写回去，即把电容器充满或放空。选择 MOS 管在关断时不可避免地会漏电，所有的存储单元，每隔一小段时间（若干毫秒），就需要进行被读取再写回的刷新。DRAM 是英文 "Dynamic Random Access Memory" 的缩写，因为它在使用过程中需要不断地被刷新。

这种技术听起来比较粗糙，但是因为它成本低，几十年来得到了广泛的应用，发展成一个巨大的产业。对于电子产品，无论计算机还是手机，内存芯片像粮食一样必不可少。经过长期的竞争，世界上只剩下少数几家巨头公司，掌握着动态随机存取存储器的制造技术。

制作动态随机存取存储器，首先也要制作 MOS 管。但动态随机存取存储器芯片对 MOS 管的要求和 CMOS 工艺中的还是有所不同。第一，它要求关断时的漏电越小越好。第二，由于它的面积决定了存储单元的大小，所以动态随机存取存储器逐渐发展出了一些可以把 MOS 管做得更小的技术，制作工艺和 CMOS 渐行渐远。至于电容器，可以通过在漏极打一个深洞来实现，或者在 MOS 管上层建一个堆叠结构。

动态随机存取存储器技术的发展可能已经接近终点，主要是因为电容器的电容量正比于面积，超过一定水平后，进一步小型化就会非常困难。动态随机存取存储器的工艺节点在进入 20 纳米以内后，就举步维艰，摩尔定律在动态随机存取存储器领域早已终止。

（3）NAND 闪存

和内存芯片一样，存储芯片也像粮食一样必不可少，也是一个巨大的产业。存储芯片的主流技术是 NAND 闪存。

闪存的基本存储单元是一个特殊的 MOS 管，它能够在栅极下面密封一些电荷，以此来存储信息。如图 2.13 所示，闪存有两种常用的方式。一种是用绝缘材料包裹一块容纳电荷的导电材料，称为浮栅；另一种是添加一层能够吸收电荷的氮化硅（不导电），称为SONOS。这个名称来自它的 5 层结构：多晶硅（semiconductor）—氧化硅（silicon oxide）—氮化硅（silicon nitride）—氧化硅（silicon oxide）—硅（silicon）。

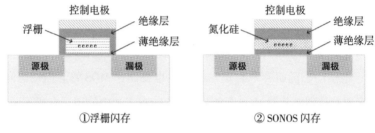

图 2.13　闪存的两种结构

栅极下的电荷改变了 MOS 管的开关性能，可以被检测出来，甚至每个单元能够存储不止一个比特的信息。因为这些电荷被绝缘材料包围，断电以后内容不会丢失。如果要改写存储内容，可以施加高电压并借助量子效应，从基底穿透薄绝缘层注入或抽出电荷。只不过速度很慢，所以这种技术不能用作内存。

NAND 闪存是指一种电路，就是把上述特殊 MOS 管串接起来形成存储阵列。它是一种不太可靠的存储介质，并且擦写次数达到一定程度后就会失效，必须和一个存储控制器芯片一起使用。控制器芯片负责纠错，管理损坏的存储块等工作。正是因为成本低，

NAND 闪存在市场上取得了非常大的成功。

和动态随机存取存储器一样，闪存在突破 20 纳米的节点后摩尔定律就终止了。因为电荷是量子化的，电荷是由一个个的电子组成，彼此之间还有排斥力，进一步小型化，密封在里面的电子数目变少，可靠性会越来越差。不过，NAND 在另一个维度上找到了发展方向：这就是 3D-NAND。

3D-NAND 技术可以把 SONOS 管垂直于晶圆竖起来。通过很多层的沉积、一次刻蚀以及随后的加工，可以在纵向制造出一串 SONOS 管。3D-NAND 已经突破了百层，极大地增加了存储容量，让闪存成了主流存储技术。

把闪存晶体管竖起来的一项关键技术，就是把它建造在多晶硅而不是单晶硅上面。多晶硅可以向上发展，单晶硅的管子只能平铺在地面。其加工工艺的难点在于深洞的蚀刻。可能需要挖深度和直径比高达 100∶1 的深洞，这样的洞必须打得很直，内壁完美；同时，还需要在内壁上生长薄膜。

和动态随机存取存储器技术一样，NAND 闪存和 3D 闪存的制造技术，全世界也只有少数几家大公司掌握。

对于一台计算机、手机或任何计算系统，CPU、内存、存储是三大件，这三大件必须使用不同的工艺制造，不可能集成在同一块芯片上（动态随机存取存储器和另外一种 NOR 闪存有时候可以集成在 CMOS 芯片中，但性价比和独立式的内存与闪存芯片差距巨大），这对现代计算机的架构产生了深刻的影响。

（4）新兴存储技术

由于动态随机存取存储器和 NAND 闪存的固有缺陷，特别是动态随机存取存储器容量很难进一步提高，业界长期以来都在寻找新的存储技术。本书简要地介绍4种新的存储技术：磁存储（MRAM）、阻变存储（RRAM）、相变存储（PCRAM）、铁电存储（FRAM）。这4种新兴存储技术都有一个共同点：像闪存那样可以在断电后保持内容（非易失），但有快得多的读写速度。存储技术，从实验室到市场，开发周期非常长。虽然被称为新兴存储器，它们大都已经有20年的研发历史了。尽管它们都已经少量地进入了市场，但目前还不确定，它们中间是否有一种能够像动态随机存取存储器和NAND那样成为主流存储介质。

在这几种新兴存储器中，磁存储、阻变存储、相变存储都是以材料的不同电阻值来记忆内容的。其中，磁存储和阻变存储的存储单元也和动态随机存取存储器一样，由一个选择MOS管和一个存储器件组成。生产方法是先制作MOS管，在后道工艺中，把存储器件制作在金属互联之间。因此，它们可以比较方便地集成到CMOS工艺中，集成到SOC芯片中去。这种动态随机存取存储器和NAND都没有的优势，非常重要。

图2.14是磁存储的存储器件示意图（实际结构要复杂得多）。这种器件被称为磁隧道结，由两层铁磁材料（通常是钴铁硼合金）夹着一薄层绝缘材料（氧化镁，厚度小于1纳米）组成。量子力学告诉我们，通过隧道效应，电流可以穿透薄薄的绝缘层；两层铁磁材料的磁化方向一致，电阻更小；磁化方向相反，电阻较大。如果想改变记忆层的磁化方向（写入数据），在两个不同的方向通电就可以达到目的；如果要读出数据，用小一些的电流（不足以改变器件状态）去测量器件的电阻。

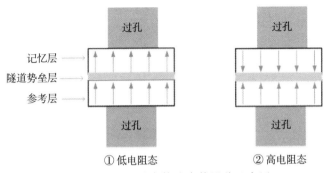

记忆层 →
隧道势垒层 →
参考层 →

① 低电阻态　　　　　② 高电阻态

图 2.14　磁存储的存储器件示意图

　　在前 3 种存储介质中，磁存储的读写速度和擦写次数最高。目前，在市场上推出的第一代产品可以替代嵌入式的 NOR 闪存，下一代产品有望在一些场合替代嵌入式静态随机存取存储器。静态随机存取存储器是用来做计算机中央处理器缓存（Cache）的存储介质，成本比较高，并且随着 CMOS 工艺节点的发展，漏电问题越来越严重。磁存储可以有更低的成本，并且消除漏电问题。

　　磁存储的制作，是通过物理气相沉积法，把制作磁隧道结的材料一层层地沉积上去，然后再通过一道光罩进行光刻和蚀刻，像切三明治那样把所有的磁隧道结做好。

　　阻变存储的存储器件是由一层特殊合金（例如铪硒合金）和一薄层二氧化硅组成（图 2.15）。合金仍然沉积在两层金属过孔之间。不需要蚀刻，完成芯片后第一次在两个过孔之间施加较高的正向电压，原子置换效应可以在二氧化硅中建立一个导电通道。之后，这个通道可以通过反向电压抹去，比第一次更低的正向电压在原位置再次建立。

　　阻变存储器具有成本比较低的优势。

　　相变存储器的存储器件是利用硫系化合物制作的，这类材料具有两种不同的形态（相态）：结晶态和非晶态。前者的电阻小，后

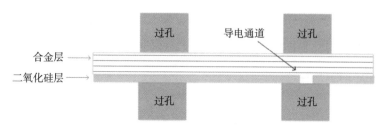

图 2.15　阻变存储存储器件示意图

者是类似于玻璃那样的物质状态，电阻大得多。把这种化合物的薄膜蚀刻成小器件制作在金属互联之间，通过电流可以因为材料而快速相变。一个高而短的电脉冲引起发热把材料变成非晶态，一个低而长的电脉冲让材料自我梳理成结晶态。

　　和之前两种存储介质不同，相变存储器的读写操作只需要从一个方向通电，这种特点使英特尔公司率先抛开了 MOS 管开发了新的选通器件。这种选择材料有类似于二极管那样的单向导电特性，选通器件可以和相变存储器件一层层地堆叠上去形成三维结构。英特尔公司把它称之为 3DXPoint 技术。

　　3D 技术，使相变存储器一开始进入市场，就比动态随机存取存储器成本更低。动态随机存取存储器苦于无法建成 3D 结构而很难进一步缩小，容量已经很难再提高了。只是目前的相变存储器产品功耗过高，擦写次数不够多，还无法取代动态随机存取存储器。

　　铁电存储（FRAM）有时也称 FeRAM，是基于铁电材料的存储技术。铁电是一种类似于铁磁性的物理现象，铁磁材料会自发地形成磁场，铁电材料会自发形成电场，这个电场的方向也可以被外部电场拧过来，成为可控的记忆体。铁电效应在半导体芯片中的应用有两种方式。

一种是类似于动态随机存取存储器、磁存储、相变存储的存储器，存储单元是一个 MOS 管和铁电存储器件。铁电存储器件就是一个用两块金属材料夹着一层铁电材料的小电容，通过蚀刻制成。在两个方向施加电压可以改变铁电方向。读操作则比较麻烦，施加电压读的时候有可能会改变存储状态，根据探测翻转铁电方向带来的电流脉冲确定存储状态，再把读出的结果写回去，像动态随机存取存储器一样。

另一种方式是像闪存那样，把铁电材料做到 MOS 管的栅极下面，改变 MOS 管的导通特性。

铁电存储器在 20 世纪 90 年代就开始进入市场，后来由于无法进一步小型化，所以市场一直很小。近年来，随着新的铁电材料二氧化铪的出现，小型化有了新的希望，重新成为研发热点。

（5）微电子机械系统

微电子机械系统简称 MEMS，MEMS 是 Micro Electro-Mechanical System 的缩写。它不仅在硅晶圆上刻蚀电路，还雕刻机械——能够动起来的微型机器。手机里的重力探测器和陀螺仪芯片，以及很多的传感器，都需要这种工艺生产。

这些微型机械的零部件，尺寸可以从亚微米一直到 100 微米，用集成电路的光刻、蚀刻等手段可以加工出来。单晶硅是一种非常理想的机械材料，弹性好，非常不易形变，振动上亿次也不会老化。

重力探测器就是刻出一个重锤连着一根细杆，靠细杆的弯曲测量重力加速度的方向。陀螺仪的探测装置是几个振动的簧片，如果手机有转动，振动片会受到一种物理学称之为科里奥利力的作用。微机械的受力或形变能够通过压电效应、压阻效应、电容感应等物理机制转化为电信号输出到芯片外。

（6）MOS 管以外的器件

基于硅的 CMOS 工艺以及内存、存储工艺，市场需求非常大。因此得到了大量的研发投入，取得了高度的发展，已经达到或接近摩尔定律的终点。其他工艺发展则远远落后，大多仍在使用直径 8 英寸或者更小的晶圆。

在 CMOS 工艺兴起之前，双极晶体管（Bipolar，又称为三极管）是主流的半导体工艺，用图 1.5 所示的三极管来组成集成电路芯片。CMOS 芯片只引导电流在逻辑门之间转换，比双极芯片消耗的电流少很多。但 MOS（场效应）管只能通过一条窄窄的沟道导电，双极管可以通过更大的电流。在 CMOS 成为主流工艺后，双极型（Bipolar）工艺仍然在一些高性能大功率芯片中继续使用。双极型工艺进一步发展成了 Bi-CMOS，双极管和场效应管一起使用。

BCD 工艺则是在 Bi-CMOS 的基础上，增加了横向扩散金属氧化物半导体（LDMOS）器件。横向扩散金属氧化物半导体是一种 MOS 管的改进型，能够承受上百伏的电压，普通的 MOS 管在低得多的电压下就会击穿烧掉。手机基站的射频放大器就用得上这种工艺。

如果电压再高，就需要绝缘栅双极型晶体管（IGBT）工艺了。绝缘栅双极型晶体管是绝缘栅极双极晶体管，它像是双极管和场效应管的组合体，通过场效应做开关，通过双极管来传导电流。绝缘栅双极型晶体管器件，可以承受上千伏的电压，通过很大的电流。绝缘栅双极型晶体管在空调、高铁、电动汽车里有很多应用。

（7）非硅工艺

除了硅，砷化镓、氮化镓、碳化硅等材料也在一些特殊领域中找到了应用。它们和硅一样都是半导体材料，可以在上面制造 MOS 管、双极管，甚至绝缘栅双极型晶体管等器件。它们的加工工艺的基本原理和硅很类似，只是具体的操作步骤不同。

碳化硅能够承受上万伏的高压和很高的温度。它加工时退火温度也比硅高很多。市场上的很多碳化硅 MOS 管产品，虽然是一个器件，但实际上是用集成电路生产工艺制造的。它是由大量的微型 MOS 管组合而成的，需要用光刻蚀刻这样的技术制造。

在硅材料面临摩尔定律终结的时候，有两种仍在实验室阶段的新芯片材料值得关注。

一种是石墨烯。石墨烯是一种奇妙的物质：它是一种碳；只有一层原子的二维物质；从导电性能看，它是最好的导体，比金属铜的导电性能还好；但从物理分类来看，它却是半导体。这就意味着它可以通过掺杂变成 P 型或 N 型的半导体，进而用来制作晶体管和集成电路。可以把这个单层原子的材料贴在一个衬底上进行光刻、蚀刻和离子注入。石墨烯芯片可以比硅芯片速度快 10 倍。

另一种是超导芯片。超导芯片的原理和半导体芯片完全不同，它是基于量子力学的约瑟夫森效应来构建的。超导芯片的功耗是最先进的硅芯片功耗的 1/1000。硅芯片的运行频率无法跨越 3—5GHz 的极限，超导芯片可以运行到 700GHz！超导芯片的运行需要超低温来保持超导状态，冷却系统虽然需要耗电，但在大型计算系统中，和运算节省的电能比，是非常划算的。最常使用的超导材料是稀有金属铌，它易于蚀刻，也很容易做成 3D 结构。只不过目前的加工精度尚在微米量级，有待大幅度提高。

在 CMOS 硅工艺领域，仍然有无数顶尖科研人员、大批顶级

科技公司在继续推进摩尔定律。虽然我们还不知道摩尔定律的终点在哪里，但总有一天，更先进的技术会把集成电路芯片带上新的高峰。

2.4 封装与测试

晶圆加工完成后，下一个步骤是把晶圆切成一个个的小硅片（die，或者叫晶粒、裸片），再把这一小片硅装到一个有管脚的壳子里。这个步骤叫封装（图 2.16）。封装的同时还需要对芯片进行测试，确定它是个良品。封装和测试通常在晶圆厂以外的工厂进行，它们有专门的设备。设计公司需要把加工好的晶圆取出，交给封测厂。

图 2.16　芯片封装

1）封装

大部分的芯片设计，把需要连接外部管脚的焊盘放在裸片的边缘排成一圈。封装工作需要把导线从这些焊盘连接到芯片管脚上，这些导线最早都是用黄金做的。裸片上焊盘的宽度常常为 60—80 微米，焊盘之间的缝隙也一样，中等复杂度的芯片也有 100 个左右的管脚，大型芯片的管脚数目可能上千。这样的宽度和一根头发丝的直径差不多，芯片的封装虽然复杂度远比不上晶圆制造，但仍然是一项非常精密的加工工作；肯定不能靠人力，需要特殊的设备。传统的封装工序大致是这样的：

第一步：减薄。晶圆的厚度只有不到 1 毫米，如果再薄，那么多的工序，需要从一台设备转移到另一台，容易破碎。但这个厚度还是太大，很多的应用，比如手机，整个产品需要做得很薄，为零点几毫米的空间都要花很大的力气去争取。所以，很多芯片的厚度规定在 1 毫米左右，这是包括管脚、底板、保护外壳的总厚度。硅片的厚度必须研磨到 1/3—1/4 毫米。研磨过程分为粗磨和细磨，同时用纯净水冲洗走磨下来的粉末。最后，裸片的厚度相当于两三层纸，在磨到这么薄的同时还不能破坏这宝贵的芯片。

第二步：晶圆划片。大量同样的芯片是放在一个晶圆上同时生产出来的，需要把晶圆分割成一个个的裸片。划片前需要把整个晶圆用胶水粘在一个被称作蓝膜的基底，再固定在金属框架上。划片是用一个旋转的锯子，在晶圆上划开一条很窄的切缝，甚至窄到 40 微米。切得太宽会损失宝贵的晶圆，整个行业对晶圆上每平方毫米的空间，都是锱铢必较。切缝必须很浅，不能划破下面的蓝膜。这样完成划片后裸片不会散落得到处都是，仍然粘在蓝膜上进下一道工序。

第三步：贴片。由机器把裸片从蓝膜上一片一片地摘下来，用胶水粘在芯片的支架上。支架下面有芯片的管脚，但仍然像一块晶圆一样，把大量的芯片连接在一起。完成贴片后还需要烘烤，烤箱里要充入氮气，防止芯片和管脚氧化。

第四步：打线。是时候把裸片和管脚连接在一起了，这道工序要用到打线机。打线机从金线卷上抓住金线，通过放电把金线的一头熔化成一个微小的液体球，把它压到芯片的一个焊盘上，再通过超声波把它固定住。然后，把金线的另一个点，用同样的方法连接在支架上对应管脚的焊点上。之后切断金线，连接下一个管脚。整个机器用程序控制，做得非常快。

第五步：塑封。把保护芯片的塑料壳压上去，再经过几道工序处理，最后把芯片的支架切开变成一个一个的芯片。

芯片有很多不同的封装形式。图 2.17 左是简单的小外形晶体管（SOT）封装，只需要把裸片的焊盘打线和管脚连接在一起就可以。但对于几百个管脚的复杂芯片，就需要更高级的封装技术，如图 2.17 右的球栅阵列封装（BGA）。它需要把裸片的焊盘和底板的焊盘一一打线连接起来，底板则要有很多层的立体走线，把焊盘连接到下面的大量管脚上，再为每一个管脚植一个小金属球。像这样的高级封装，有时候成本直追裸片。

①小外形晶体管封装　　　　②球栅阵列封装

图 2.17　不同的芯片封装形式

黄金毕竟是很昂贵的金属，后来又发展了用铜线取代金线的封装技术。铜的问题是表面容易氧化，影响接触质量。所以铜线的打线机需要充满氮氢混合的还原气体。

2）测试

读者也许会认为，测试并不是一个复杂问题，但并非如此。如果一颗有质量问题的芯片交付出去，那么很可能最终问题是在芯片做到产品中去，交付给终端用户时才被发现。此时造成的损失是非常大的，如果芯片是用在手机里，整个手机可能要被退货，芯片厂家需要赔偿的损失，远远大于一颗芯片。如果芯片用在汽车里，还可能会发生不堪设想的后果。所以，芯片厂家必须确保极高的质量，有故障的芯片要控制在百万分之几以内。

然而，芯片的生产需要经过几百道工序，虽然每一道工序都有严格的质量控制，但仍然难免有少量次品。一般产线上的次品率在百分之几的水平，测试最重要的任务，就是把这部分次品全部挑出来，确保交付给客户的几乎全部是良品。大型芯片可能有上千种功能，一个故障，比如一个 MOS 管没有做好，可能只会影响到一个小模块，没有使用到这个功能时，芯片表现得完全正常。所以，把每一颗故障芯片挑出来，绝不是一件容易的事情，既需要进行大量的测试，也需要能够进行高速测试的设备。这些设备非常昂贵，是按使用的时间收费的。测试时间过长，芯片的成本就会上升。所以，设计公司还必须想办法减少测试时间；但即便如此，测试费用还是占整个芯片成本的约 10%。

芯片设计公司需要做的工作，是在芯片中增加自我测试的电路。这当然会增加一些芯片的裸片成本，但跟节省的测试成本比，还是划算的。常见的测试电路有两类。第一类是扫描测试，把芯片内部所有的寄存器都扫描出来存下，检查芯片的工作状态是否符合预期。如果芯片本身有设计错误而不是生产质量问题，也可以用这种方法检查。第二类就是自测试。如果全部由外部的测试设备输入数据检查输出，测试效率太低。由内部电路自行产生输入信号并进行检查，效率将提高很多。大型芯片的每个单元都带自测试电路，在测试线上，由外部设备发出指令，所有的单元并行进行自测试，速度会快很多倍。

设计工作完成，在芯片送晶圆厂后，设计团队的工作还没有完成。他们还必须编写测试程序，只有芯片的设计人员才知道这款芯片应该怎样测试。他们还必须设计这块芯片专用的负载板和针测板，将来在产线上测试芯片时，用这些板卡把芯片接到测试设备上，测试程序将在测试设备上运行。

芯片的测试可以在封装前或封装后进行。封装前芯片没有管脚，需要用一组特制的细针插到晶圆上的焊盘，这组细针安装在针测板上，针测板再连接到测试设备进行测试。这种测试方法成本更高，也不容易进行高速的数据输入输出，所以有时候也不使用该方法。但这种测试方法可以节省次品芯片被封装的成本，尤其在使用高级封装技术时就更必不可少了。

封装后的测试使用负载板连接被测芯片和测试设备。封装后的测试更全面，而且是必不可少的，因为封装过程也可能造成芯片故障。

除了检查芯片的输入输出，测试设备还要监测芯片的电流，耗电过大的芯片也会被作为不合格芯片筛选掉。同时，还可能需要在高温和低温下做测试，确保芯片在标定的温度范围内都可以正确工作。

即使在整个温度范围内都能正常工作的芯片也不一定就是合格的芯片。有些芯片会在使用中会过早损坏，所以有时还需要进行老化测试。内存和存储芯片几乎都需要老化测试。老化测试让芯片在更高的温度，比标定值更高的电压下工作一段时间，对芯片进行极限施压。耐久性不合格的芯片会在这个过程中发生损坏而被筛选掉。

测试工作除了筛选掉废品和次品芯片，还可以用来对芯片进行分级。我们购买计算机的中央处理器，有不同的标定频率。实际上，这些不同频率的芯片是按同样的设计，同时生产出来的。毕竟生产工艺中每个器件多少会有些微小的差别，造成每个芯片的工作极限有所不同。有的芯片可以跑更快的频率，有的芯片可以在极端的温度下工作。正确的芯片设计能够保证芯片的最低性能，测试则可以筛选出性能更好的芯片，让芯片厂家能够卖出更高的价钱。

3）立体封装技术

当摩尔定律接近终点，在同样的芯片面积上增加更多的电路越来越困难的时候，使用芯片的产品厂家仍然需要在同样的主板上增加更多的功能，因此只能借助于更高级的封装技术，把多块裸片封装在一个芯片壳体内；向三维方向发展，把裸片堆叠起来封装。立体封装可以使用比较传统的堆叠式封装方法，如图 2.16 所示，把几块裸片堆叠起来，再用打线机把它们之间，以及它们和芯片管脚连接起来。当芯片之间的链接比较复杂时，封装是很麻烦的。

晶圆级封装（WLP）是一种新的技术，它的裸片焊盘不再排在边缘的一圈，而是排在表面的一个阵列。在划片之前，每个焊盘被植上了一个小锡球成了管脚。这样的技术基本不再需要打线机了。首先裸片经过简单处理就可以成为一个芯片直接贴在主板上。在主板上，要求管脚之间保持一定的距离，通常至少距离0.5毫米，比芯片焊盘之间的距离120微米大得多，所以管脚特别多时还需要再想办法。于是，扇出型（Fan Out）晶圆级封装发展了起来，它把晶圆划片，把裸片散开贴到一块基底晶圆上，基底晶圆提供金属连接层，帮助把管脚散开到更大的距离以便帖子主板上。这样的技术可以进一步地构造更多的连接，让多块裸片在一个壳体中彼此连接起来。

另一种重要的技术就是硅通孔（TSV）技术，它可以在芯片含电路的表面和背面之间建立导电连接。这样的技术，能够让多块芯片叠合在一起，并进行大量的互连，让最纯粹的立体封装成为可能。

一些晶圆代工厂已经开始以更强的技术实力，介入封测行业。封装技术的发展将是未来几年的热点。

2.5 集成电路制造设备

制造设备是半导体芯片产业链中最基础的一环。从2.3节和2.4节的讨论，我们知道芯片的生产离不开设备。一条晶圆产线，至少有40—50种、200—300台设备。一条先进工艺节点的产线，投资以百亿元计，主要因为需要大批昂贵的设备。这样的门槛，使拥有先进生产工艺的国家和企业屈指可数。

纷繁的制造设备，难以全面介绍。我们选择几个之前谈到的关键工艺，介绍一下相关的设备，以及它们的工作原理。

1）离子注入

离子注入是制造半导体集成电路的基本工艺。它将杂质的离子射向晶圆，在没有被光刻胶覆盖的地方，视杂质的种类，分别形成 P 型或 N 型半导体区域。

一台离子注入机首先要有个离子源，离子源要能够选择不同的材料，把它电离，形成束流引出来。其次，束流必须纯，不含其他杂质，它有一个巧妙的质量分析系统，借助不同的离子在磁场下转弯半径的不同，把其他杂质去掉。最后，要把离子束加速、聚焦并且在晶圆上均匀扫描。整个设备必须抽真空。

把很多杂质打到一块单晶硅里，一定会形成很多晶格的缺陷，甚至局域地变成非晶态。此时，晶圆表面变成烟雾状或乳白色。必须进行退火——加热到高温再慢慢冷却，才能使材料重新梳理成单晶态；同时，注入的杂质也得到活化而起作用。退火最早用石英炉，现在更多地用强光源照射。

先进的工艺节点，要求离子注入的深度越来越浅，还需要在设备和掺杂材料上做文章。

2）化学气相沉积

集成电路是靠一层层地沉积蚀刻制作上去的。在晶圆表面生长一层薄膜是最基本的技术。这并不像刷一层油漆那样容易，集成电路需要沉积的，大多是熔点很高的固体物质。比如，钨是熔点最高的金属，3400 摄氏度才熔化；把液态的钨浇上去，晶圆马上就熔化了。必须想其他的办法。况且，每一层薄膜的厚度大多在 100 纳米的量级，一张纸的 1/1000；要生成这么薄的膜，要非常均匀，还要能精确地控制厚度，这才是难点。

化学气相沉积和物理气相沉积这两种技术在集成电路生产中不可或缺，我们先介绍化学气相沉积。

这两种技术中，化学气相沉积（CVD）出现的时间更早一些，今天它最常被应用生长、填充电介质——在金属导线之间、在 MOS 管栅极和硅衬底之间隔离的绝缘物质。

化学气相沉积的基本原理，是让需要沉积的物质，在化学反应中产生，而反应物又都是气体。化学反应产生的固体物质，会在晶圆的表面析出，会非常均匀，通过对反应时间的控制可以精确地控制膜的厚度。

比如，如果需要在表面沉积一层氮化硅（Si_3N_4），可以使用硅烷（SiH_4，是一种气体）和氨气（NH_3），这两种气体相遇会发生化学反应，生成氮化硅和氢气。

或者使用二氯二氢硅（SiH_2Cl_2）气体与氢气发生化学反应，生成氮化硅。

金属钨非常不容易熔化，但遇到腐蚀性极强的气体氟，则会生成六氟化钨（WF_6）气体，这种气体和另一些气体，比如硅烷相遇，就可以把金属钨还原到晶圆的表面上，用于制作 MOS 管的触点。

化学气相沉积设备，需要把各种反应气体从气体柜中有控制地释放到反应室里。反应室内有许多片晶圆，反应室的结构和气流设计必须保证所有的晶圆均匀地与气体接触。反应室必须加热，因为很多化学反应都需要高温。另外，还要有一个抽气系统把化学反应的生成物抽走。因为化学气相沉积使用的和生成的气体大多是对人体和环境有害的，所以化学气相沉积设备还必须有一个废气处理系统，排出的气体需要经过处理才能排放。

化学气相沉积有很多不同的改进，应用于不同的场合，比如等离子体增强化学气相沉积法（PEVCVD），金属有机物化合物气相沉积（MOCVD），等等。

3）物理气相沉积

跟需要借助化学反应的化学气相沉积不同，物理气相沉积（PVD，Physical Vapor Deposition）直接把需要沉积的固体材料变成蒸气，让它沉积在晶圆表面。其中，最主要的手段就是溅射，用射线轰击需要沉积的材料，把它的原子敲下来直接变成气体。

物理气相沉积需要在真空室内进行，常用来沉积金属材料，比如在 MOS 管源极漏极上涂一层金属钴降低接触电阻，在挖好的导线槽内侧沉积阻挡层，制作磁存储的存储器件。把需要沉积的靶材放在真空室内，用氩离子加速后轰击靶材。氩气是惰性气体，不会与任何材料发生化学反应。靶材的原子被敲下来后，直接地溅射到晶圆上。

物理气相沉积可以用来制作微米级的薄膜，也可以用来生成只有几层原子的超薄膜。

4）化学机械研磨

化学机械研磨（CMP）技术用于把晶圆表面平坦化。集成电路是一层层地制作出来的，基本上每一层完成后，都需要重新平坦化。这样，下一层材料才能够均匀地生长上去。集成电路需要的不是一般的平坦，12 英寸晶圆的平坦度至少要到 0.1 微米以内，晶圆尺寸的三百万分之一！

化学机械研磨设备有一个很大的转动研磨台，上面覆盖了一层研磨垫。很多晶圆可以压在上面同时研磨，每个晶圆还有自转。使用机械研磨的同时还要使用研磨剂。研磨剂以化学药品为基底，内含微小（100 纳米级别）的固体颗粒。这种方法是 20 世纪 90 年代得到推广的，因为用机械手段和化学手段双管齐下，所以得来了这个名字。

5）蚀刻

蚀刻是集成电路生产工艺中最常用的步骤。最早制作集成电路时，把晶圆浸泡在具有腐蚀性的液体里，没有被光刻胶覆盖的地方就会被腐蚀掉。这就是传统的湿法蚀刻。

随着集成电路工艺的发展，传统工艺越来越不能满足要求。比如，要挖一个深洞，深度远远超过直径，侧壁必须非常直；在高级节点上这是普遍的要求。如果使用液体蚀刻，一定会同时腐蚀侧壁，最后形成一个球形的大空腔，而不是一个深洞。于是，干法蚀刻工艺就发展起来。

干法蚀刻可以定向腐蚀，比如，用氩离子加速轰击晶圆，控制离子垂直向下入射，就可以一直向下腐蚀。

特别值得一提的是反应离子蚀刻法（Reactive Ion Etching，RIE；图 2.18）。这种方法使用腐蚀性的气体进行蚀刻，可以使用强射频电场之类的方法把气体电离，气体离子更具腐蚀性。反应室仍然要抽真空，从而使等离子体的压强很低。让这个射频电场的振动方向

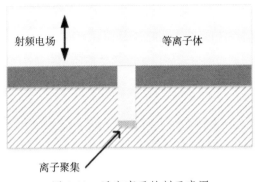

图 2.18　反应离子蚀刻示意图

垂直于晶圆。气体电离后形成的等离子体中，电子很轻，气体离子很重。电子会在交变电场的带动下上下振动，会被吸附在沟槽或者深井的底部，不会粘在侧壁上，聚集在底部的电子会进一步把带正电的气体离子吸附过来。这样，蚀刻就会一直向下，不向两侧扩展。

6）电镀

制作铜互联的电镀工艺，早在集成电路兴起之前就被发明，它是利用电化学原理。把需要镀铜的物体，比如晶圆浸泡在硫酸铜溶液中，连接阴极；用一块铜做阳极，通电以后，铜就会从阳极变成离子进入溶液，再从阴极析出沉积在晶圆的表面上。电镀设备需要旋转晶圆保持均匀接触，溶液中还需要有别的添加剂让沟槽和深井底部的铜生长得更快。

7）光刻机

光刻机的精度是决定集成电路技术节点最关键的因素。晶圆厂里最贵的设备就是光刻机。了解顶级光刻机需要克服的困难，有助于我们理解它数千万美金甚至上亿美金的高昂价格。

光刻机需要拍摄纳米级精度的照片，以相邻线条的最短距离计算，顶级光刻机的分辨率比最好的单反照相机镜头高几百到上千倍。这样的分辨率挑战了物理和工程的极限。

先谈物理极限，物理学告诉我们，即使镜头是完美无缺陷的，它的分辨率仍然有极限。分辨率正比于光线的波长，反比于光圈。光圈是镜头的半径和到晶圆的聚焦距离的比。

所以，要想分辨率高，要注意以下几方面。

首先，镜头要大。对于一个极其精密的镜头，还要做得非常大，加工难度和成本是指数级上升的。喜欢单反相机的朋友，对镜头价格随着光圈变大而急剧升高，肯定有过体验。

其次，介质的折射率要高。分辨率和物体与镜头间介质的折射率成反比。空气对光的折射率是 1.0，而纯水的折射率是 1.33。也就是说，如果镜头和晶圆都泡在水里，分辨率可以提高 30% 多。说起来容易，做起来则需要解决大量的技术困难。为了利用这条物理规律，业界进行了长期的努力，终于在 21 世纪初推出了浸没式光刻技术，让整个曝光系统都浸没在超级纯的水中进行。

最后，光的波长要短。人们很早就知道，要想把照片拍得清楚，必须使用单色光。因为不同波长的光在玻璃中的折射率不一样，不同颜色的成像位置略有差异；颜色不纯的光照出来的照片，边缘一定是模糊的，有时还能看到边缘的彩虹色。使用单色光拍照，波长是极限分辨率的决定性因素。在空气或真空中拍照，单次曝光的分辨率不可能超越波长的 1/4。波动现象的物理特点，是在传播中会绕过比波长小很多的障碍物，对它们视而不见。可见光中的紫光波长最短，为 400 纳米；跟现代半导体的技术节点比，差得太远了。所以，光刻机早已开始使用波长更短、肉眼看不见的紫外光。

使用紫外光需要解决很多问题。首先就是要寻找合适的光源，必须是很好的单色光，但大部分激光器颜色过于单纯也会有问题。最终，顶级光刻机的光源落到了深紫外（DUV）波长 193 纳米的氟化氩（ArF）准分子激光器，和极紫外（EUV）波长 13.5 纳米的由激光激励的等离子光源上。

光源找到了，还会遇到其他的物理问题。普通的玻璃对可见光透明但对紫外光并不透明，还需要寻找制作光线透镜的新材料，最终找到了氟化钙（CaF_2）作为深紫外线光源的透镜材料。新材料的生产加工又需要投入研发。

极紫外线更麻烦，根本找不到对它透明的材料，连空气都吸收它。因此，极紫外线光源和整个光刻系统必须抽真空，也不能浸在水里了。极紫外线的成像镜头，里面再也没有透镜，全部使用凹凸的反射镜面。能找到高效率反射极紫外线的材料也不容易，需要特殊的镀膜，即便如此反射率也只有 60%—70%，光线被完美地聚焦需要经过很多镜头的反射，能量的损失也很惊人。光罩也不能像深紫外之前那样使用透射式的，必需改成反射式，这里又有很多材料开发工作。

说完了物理困难再谈工程挑战。深紫外光刻机的核心——成像镜头，直径为 0.5 米，质量达 1 吨，能拍多大的一张照片呢？几乎和旧式单反相机的底片一样大！范围再大就保证不了清晰度了。深紫外线的镜头加工难度比可见光的要大，因为波长更短，会对尺寸更小的材料缺陷敏感。这个镜头的加工难度可想而知，它的制造者就是以制造单反相机镜头出名的德国蔡司公司。习惯于磨玻璃的蔡司公司，还学会了制造全反射式的极紫外成像镜头。他们声称直径100毫米的镜面的加工精度为0.2纳米，相当于把德国国土平整到误差在2毫米以内！

照相面积比晶圆小得多，一个晶圆必须通过连续移位多次拍照，把图片像砌墙一样铺满。深紫外线和极紫外线还要麻烦，一次还只能曝光这一小块中的一个窄条，需要通过扫描完成整块面积，这样能让镜头的制作容易一些。扫描的过程需要保持光路不变，把晶圆和光罩同时、同步地向相反的方向移动。所以，晶圆和光罩都要固定在移位系统上。位置的控制必须极其精密，毕竟芯片上元器件的尺寸已经到了14纳米甚至7纳米。位置的调整还必须很快，这是非常昂贵的机器，必须有很高的产能才能尽快回收成本。光刻机还需要解决层与层之间的对准问题，集成电路逐层制造，上一层的过孔和触点必须准确地落在下面的金属导线和MOS管的源极漏极上面；否则，电路就不通。要抓住下一层打印的一个对准记号去锁定。光刻机除了这两个精确移位系统，还有一个测控系统，用很多束激光才能准确测量每个移动平台的位置。

一次只能曝光很小的一块面积，产能又要高，曝光的时间必须短，这就要求光源的强度高。深紫外激光器的输出功率是90瓦左右，极紫外由于镜头损耗高，光源需要250瓦。这两个数字听起来不像很大，但对于这些特殊光源是很高的功率。因为这些光源的效率都是很低的，要产生这样的输出功率，深紫外线光源需要输入约10万瓦，极紫外线光源据信需要125万瓦的输入功率！处理这么大的功率会带来很多问题，光一个冷却系统就非常庞大而令人头疼。极紫外光刻机重达 180 吨，有超过 10 万个零部件，目前，世界上只有荷兰的阿斯麦一家公司可以制造。

　　晶圆厂的耗电是很大的，很大一部分用在了光刻机上。一台极紫外光刻机每年用电可达 10 亿度（1 度 =1 千瓦·时），像台积电这样的大厂，可能需要几十台这样的机器，耗电超过一个大型城市的居民用电。也难怪中国台湾省日益满足不了台积电的电力需求。

　　一台光刻机，是基础科学、材料科学、光源、光学设备、机械、电子诸多行业合作的结晶。而整个半导体产业，更是一座根基深厚的大厦。

第 3 章

芯片产业

CHAPTER

THREE

20 21 年，全球芯片销售额达到创纪录的 5559 亿美元，较上年增长约 26%。芯片产业作为高技术壁垒行业，目前以垄断竞争为主。从晶圆代工到芯片设计，从存储芯片到微处理器，从设备材料到封装测试，市场都被少数巨头把控，它们在技术和商业上有着深远的影响。

3.1 烧钱的制程竞赛：晶圆代工

早期的芯片公司要完成从设计到生产制造的全部流程，每一个环节都需要投资大量的资金，这种模式被称为设计生产一体化或者整合元件制造商 "IDM" （Integrated Device Manufacturer）。随着芯片制造技术的发展，制造设备和制程研发成本急剧增长，芯片设计的难度也不断攀升，导致芯片行业的创业门槛越来越高。到了 20 世纪 80 年代后期，芯片产业逐渐走向分工模式：有些公司只做设计

（称为 Fabless），由其他专业公司做晶圆代工（称为 Foundry）。经过 30 多年的发展，中国台湾省的台积电（台湾积体电路制造公司，TSMC）和韩国的三星成长为全球晶圆代工的两大巨头。这两家公司几乎垄断着全球接近 70% 的市场份额。2020 年，全球晶圆代工市场规模约为 677 亿美元，台积电拿下了超过 56% 的市场份额，拥有近 300 种芯片制程技术，为全球近 500 个客户生产超过 1 万种不同产品。三星则排名第二，占有将近 16% 市场份额。中国大陆也有中芯国际和华虹半导体这两家知名的上海晶圆代工企业。2020 年，中芯国际占有将近 5% 的全球市场份额，未来发展的潜力巨大。2020年 7 月，中芯国际在上海科创板上市后，成功募集了 500 亿元，并成为中国 A 股市值最高的芯片公司。

1）晶圆代工模式的开创

1987 年成立的台积电是全球第一家专注于晶圆代工模式的公司。台积电的创始人是张忠谋（Morris Chang），为台湾地区半导体业的崛起和产业升级贡献卓著，被誉为台湾"半导体教父"（图 3.1）。1931 年 7 月 10 日，张忠谋出生于浙江省宁波市，其母是清代著名藏书家徐时栋的后人。一家人为避战乱辗转迁徙于南京市、上海市、香港等地。1941 年，张忠谋前往重庆南开中学就读。1949年，进入美国哈佛大学，是全校 1000 多位新生里唯一的中国人。次年转学到美国麻省理工学院，专攻机械工程，并获得硕士学位。1955 年，他与英特尔公司创办人摩尔同时踏入芯片行业，1958 年，与集成电路发明人基尔比同时进入德州仪器工作，为德州仪器的第一个中国员工。1964 年，张忠谋获美国斯坦福大学电机系博士学位，

并重回德州仪器。一年
后，升任集成电路部门总
经理。1972 年，张忠谋
先后就任德州仪器副总裁
和资深副总裁，是公司第
三号人物。20 世纪 70 年
代末，为了与英特尔在存

图 3.1　台积电创始人张忠谋

储芯片的竞争中保持优势，张忠谋主张对半导体加大投资，但遭到
德州仪器总裁的反对。1985 年，54 岁的张忠谋辞去在美国的高薪职
位返回中国台湾，受邀出任台湾工业技术研究院院长。

张忠谋在美国芯片行业打拼了 30 年，对芯片行业有着深刻的理
解。他注意到很多芯片公司通常把主要精力都放在设计和销售产品
上，在芯片制造上做得并不好。56 岁的张忠谋重新起航，在台湾新竹
科学园区创办台积电，以晶圆代工模式切入全球半导体市场，并为台
积电定下"要成长为世界级半导体公司"的伟大目标。他创造了专业
代工的概念，"只做代工，不与客户竞争的永续性原则"是他的信条。

张忠谋利用自己的人脉，把美国通用电气半导体总裁戴克挖
来做了总经理。创办之初，为了寻求 2 亿美元投资用来建设厂房和
采购设备，张忠谋四处奔走。包括德州仪器、英特尔、索尼和三菱
在内的大多数半导体公司都拒绝了，它们认为晶圆代工模式行不
通。几经辗转之后，台积电获得了荷兰飞利浦的投资，并购买了一
些欧洲，以及美国、日本公司淘汰的二手设备。飞利浦还为台积电
提供了部分技术授权和研发支持，避免了知识产权纠纷。在创办的
第一年，台积电制程落后，良率也不高，基本接不到大公司的晶圆

订单，整个公司在亏损的状态运行。转机发生在 1988 年，格鲁夫（Andy Grove）接棒英特尔首席执行官，砍掉了储存器业务，集中力量做中央处理器芯片。他受邀到台湾参观台积电的晶圆厂，决定将一部分落后制程的芯片外包给台积电代工，前提是要通过英特尔的认证。在当时芯片制程还只有 200 道环节的情况下，英特尔的工程师们挑出了 200 多个问题，要求台积电立即改进。因其作风强悍，雷厉风行，张忠谋被员工称为"张大帅"。他带领台积电只用一年时间便改进成功，通过了英特尔的生产认证，获得了主流厂商的认可，为后期品牌发展奠定了基础。1990 年，台积电终于建成了第一条 6 英寸 1 微米芯片制程的产线，而英特尔 0.8 微米芯片制程早在 5 年前就已经量产。1993 年，在英特尔的帮助下，台积电实现了 0.8 微米制程的量产，并逐步解决了 0.6 微米的一些问题。

在纯晶圆代工公司出现之前，芯片设计公司只能向 IDM 厂商购买空闲的晶圆产能，产量与交期都受到非常大的限制，不利于大规模量产产品，而且还可能面临核心技术外泄的风险。芯片设计公司依赖纯晶圆代工公司生产产品，由于晶圆代工厂自己不设计和生产自己的芯片，所以芯片设计公司不存在技术外泄的担忧，尽管会受限于晶圆代工厂当前的产能和技术节点限制，但优点是不必自己负担兴建、运营晶圆厂的庞大成本。而设计生产一体的厂商，也会基于产能或成本等因素，将部分产品通过晶圆代工厂来生产制造。

1990 年代，随着个人计算机和通信产业的快速发展，芯片产业也迎来新的机遇。老牌美国芯片公司，如英特尔、国际商业机器公司、德州仪器、摩托罗拉等，继续固守 IDM 模式，而许多如雨后春笋般涌现的芯片初创公司则只做设计，将芯片制造外包。这些芯片设计公司想要生产芯片产品，与台积电这类晶圆代工厂合作无疑是最好的选择。1991 年成立的博通（Broadcom）和 1993 年成立的英伟达（NVIDIA），成了第一代美国芯片设计公司的代表，他们借助台积电的工厂，开始生产不同于英特尔中央处理器的产品，并迅速成长为细分行业领导者。1994 年，台积电又获得了欧洲芯片巨头意法半导体（ST Microelectronics）的订单，开始成为芯片设计公司的"虚拟工厂"。

1997 年，66 岁的张忠谋率台积电在美国纽交所成功上市，并于当年实现 13 亿美元营收和 5.35 亿美元利润。为了缩小与国际商业机器公司和英特尔的技术差距，台积电在 1998 年开始实施酝酿了长达 5 年时间的"群山计划"战略：台积电给 5 家使用先进制程的 IDM 厂商制定专属的技术支撑计划，来适应每家企业的不同需求。本质就是先做技术服务、辅助技术升级、更新设备产能，然后获取订单。这 5 家设计生产一体的厂商包含了德州仪器、意法半导体、摩托罗拉、飞利浦等，都是当时的半导体巨头公司。台积电通过与他们的合作，打磨技术、降低成本、提高良率，让自己成为设计生产一体的厂商的备用生产车间。这一计划巩固了台积电与大客户的关系，保持台积电在市场份额上的领先地位，也为台积电独立制程研发体系的建立打下了基础。0.18 微米制程的量产，是台积电第一次与设计生产一体的厂商在制程技术上实现同步，尽管在产能和良品率上还有差距，但也让台积电开始从低端走向高端晶圆代工。这一时期，台积电的芯片制程技术仍旧是来自国际商业机器公司 / 英特尔主导的美国公司技术联盟。

在台积电晶圆代工腾飞之际，同在台湾地区新竹科学园区的联电（联华电子股份有限公司，UMC）将旗下的联诚、联瑞等 5 家公司进行合并，与台积电展开了市场争夺战。2000 年，12 英寸晶圆厂成为主流，建厂成本增加到 25 亿美元以上。在求新求快的晶圆代工产业，只要晚别人一步将技术研发出来，就是晚一步量产将价格压低。可以说，时间就是竞争力。为了持续地扩宽及加深自身的护城河，台积电在晶圆代工领域打响了制程之战。过硬的技术队伍是台积电在晶圆代工行业的立身之基和制胜法宝。一场关键的战役发生在 2003 年，由于联电与国际商业机器公司联合研发 0.13 微米铜制程量产出现良率问题，而台积电自主研发 0.13 微米铜制程取得成功，这使台积电与联电彻底拉开了距离。

2）代工双雄 0.13 微米制程之战

在芯片领域，国际商业机器公司曾经是一家全球技术领先的公司，并以输出技术及提供服务平台而闻名。它开发了许多芯片专利技术，大多非自用，而是作为技术输出。国际商业机器公司曾推出多项突破性的芯片技术，对芯片产业发展做出了巨大贡献，包括 1966 年的单晶体管的动态随机存取存储器单元、1980 年的精简指令集计算机（RISC）处理器架构、20 世纪 80 年代的 3D 封装技术、1989 年全球第一个 8 英寸芯片生产线、嵌入式动态随机存取存储器总线、化学机械抛光技术（CMP）、计算机化光刻技术、化学增量光刻胶，以及绝缘层上硅（SOI）技术等。国际商业机器公司还创建了全球芯片制造技术联盟，成员包括英飞凌、三星、意法半导体等全球芯片巨头。该联盟共同致力于先进半导体制造工艺的开发。相比英特尔和台积电的单打独斗，这些厂商都是共享资源、联合开发，尤其是可以仰仗国际商业机器公司的雄厚技术实力。1988 年，国际商业机器公司在美国东部创建了 8 英寸芯片生产线，产能 6 万片。2001 年又创建了 12 英寸芯片研发生产线；2002 年，国际商业机器公司投资超过 25 亿美元，兴建了当时世界上最先进的 12 英寸芯片制造生产线，来开展高端晶圆代工服务。

国际商业机器公司通常会将研发的新制程技术转让晶圆代工厂商，获取高额利润。而且生产每一批次还能提取分成，凭借着这样的商业模式，国际商业机器公司一度成为世界最会赚钱的公司。2000 年之前，在集成电路布线中，铝被广泛使用，其布线工艺较为简单，而掌握"铝制程"工艺技术的就是国际商业机器公司。台积电等晶圆代工厂都是向国际商业机器公司购买技术转让，这让国际商业机器公司赚得盆满钵满。但是随着工艺尺寸的减小，导线层数急剧增加，使金属连线线宽缩小，导体连线系统中的电阻及电容所造成的电阻 / 电容时间延迟，严重地影响了整体电路的操作速度。要解决这个问题有两种方法：一是采用低电阻的铜当导线材料，从前的半导体制程采用铝，铜的电阻是铝的约 1/2；二是选用低介电质绝缘材料（Low-K Dielectric）作为介电层之材料。1999 年 0.13 微米制程时铝制程已经走到尽头，无法再满足商业良率，势必改弦易辙、另辟蹊径。当时，半导体行业都认为改用铜制程会是最有可能及机会最大的途径。这样，可以使电路布线的尺寸更加微小，芯片处理逻辑运算的能力更强。国际商业机器公司开始全力投入铜制程研发。

联电创立于 1980 年，是台湾地区第一家上市的半导体公司。2019 年联电营业收入为 50 亿美元，在全球晶圆代工企业中排名第四，占有将近 8% 市场份额。在 2000 年以前，台联电和台积电的技术和营收的差距并不大，甚至在 0.18 微米制程时代，联电还曾领先台积电，两个公司一度被称为台湾"晶圆代工双雄"。联电前董事长曹兴诚1947年出生于台湾省台中市。1969年从台湾大学电机系毕业，1972年于台湾交通大学管理科学研究所获得硕士学位。1974年进入新成立的台湾工业研究院，从研究员一路升至电子所副所长。1978年，曹兴诚与工业研究院电子所同事前往美国无线电公司学习半导体生产技术，掌握了7微米的芯片制造技术。工业研究院于1980年出资成立联电，当时外界并不看好其前景。曹兴诚则主动争取机会，于1981年从工业研究院电子所调任联电副总经理，隔年转任总经理。1985年，张忠谋从美国回到台湾后，以工业研究院院长身份兼任联电董事长。1987年，张忠谋创办了台积电，专攻晶圆代工，并身兼工业研究院、联电与台积电董事长三重身份。曹兴诚对此十分不满，他宣称在张忠谋回台的前一年便已向张忠谋提出晶圆代工的想法，却未获回应。结果张忠谋在担任联电董事长的情况下，另外创办台积电来做晶圆代工。曹兴诚宣布联电将扩建新厂以与台积电抗衡，并联合其他董事以竞业回避为由，逼张忠谋辞去了联电董事长。

1995年，晶圆代工模式被芯片业界接受，台积电的订单源源不断，但是产能却满足不了需求。台积电选择让客户交订金来预购产能，这一策略引发了某些客户的不满。抓住这个机会，曹兴诚宣布联电从设计生产一体工厂转型成为晶圆代工厂。他还发展出所谓的"联电模式"，与美国、加拿大等地的11家芯片设计公司合资成立联诚、联瑞、联嘉晶圆代工公司。然而，此举伴随而来的技术外流风险，使大型芯片设计公司开始不愿意将晶片设计图交给联电代工，从而导致联电的客户群以大量的中小型芯片设计公司为主。1996年，由于在晶圆代工厂内设立芯片设计部门有盗用客户设计的嫌疑，联电又将旗下的芯片设计部门分出去成立公司，包括现在的联发科技、联咏科技、联阳半导体、智原科技等公司。由于和不同芯片设计公司合资所采购的芯片制造设备会有差异，"联电模式"还面临制造设备未统一化的问题，当一家晶圆代工厂订单爆量时，却不容易转单到其他合资代工厂。相较之下，台积电用自己的资金自行建造工厂，不但让国际大厂愿意将先进制程交由台积电代工而不用担心其商业机密被盗取，而且更能充分发挥产线的产能。

2000 年，国际商业机器公司发布了铜制程与低介电常数材料的 0.13 微米新技术。国际商业机器公司的研究表明用铜作为连接导线将比传统的铝导线电阻低大约 40%，并使芯片的速度提高 15%。当时，台湾半导体还没有用铜制程的经验，联电选择向国际商业机器公司买下技术合作开发，希望超越竞争对手台积电，成为世界上第一个使用铜制程的晶圆代工厂商。但经过认真研究之后，台积电的张忠谋认为国际商业机器公司的技术只限于实验室阶段，在大规模量产制造上并不成熟，并要求台积电团队自主研发铜制程技术。这是一个很大胆的决策，类似的研发他们之前并没有做过，如果不成功，台积电将错过制程发展节点，从此处于被动局面。由于缺乏铜制程和低介电常数等新材料的工艺经验，0.13 微米制程在当时被看作是芯片制造技术演进中风险最大的挑战。

率队研发的是台积电资深研发副总裁蒋尚义，成员包括余振华、梁孟松、林本坚等，他们大多是留美海归芯片专家，有贝尔实验室、德州仪器、国际商业机器公司、超威半导体等美国芯片大公司的工作经验。蒋尚义 1968 年于台湾大学获电子工程学学士学位，1970 年于普林斯顿大学获电子工程学硕士学位，1974 年于斯坦福大学获电子工程学博士学位。他在台积电牵头了 0.25 微米、0.18 微米、0.15 微米、0.13 微米，还有 90 纳米、65 纳米、40 纳米、28 纳米、20 纳米、6 纳米 FinFET 等关键节点的研发，使台积电的行业地位从技术跟随者发展为技术引领者。经过一年多的攻关，台积电铜制程率先突破。由于国际商业机器公司的技术强项只限于实验室，在制造上良率过低，导致联电的 0.13 微米铜制程迟迟达不到量产水平。到了 2003 年下半年，0.13 微米客户订单为台积电带来的营业额比联电多了 3 倍，差距的幅度已经相当明显。可以说，0.13 微米铜制程彻底确立了台积电在半导体行业的地位。曾是台积电最大客户的英伟达总裁黄仁勋说过："0.13 微米改造了台积电。"

经此一役，台积电拥有了世界领先的技术研发团队，同时与联电拉开了距离。台积电在先进制程中，实现了从落后国际商业机器公司为首的芯片制造技术联盟两代，到并驾齐驱，并逐步在之后的发展中实现高端芯片制程技术领先。制程领先，还在于获得上下游的绝对支持。上游的知识产权核授权商们，在新架构出来之后，会优先与台积电实现制程匹配，输入知识产权库，电子设计自动化软件在新版本发布时，会率先将版本支持数据库及模型库等导入到台积电，从而使采用知识产权核和购买各大电子设计自动化软件进行设计的无厂半导体公司设计出来的产品，在台积电都能找到合适的制程来实现量产。客户信任、设备公司支持、知识产权核授权商配合，从外部构造了台积电最为强大的护城河。

由于高端芯片制程所需投入的资本及研发难度越大，联电无法累积足够的自有资本形成研发的正向循环，只能以共同技术开发、授权及策略联盟的方式来弥补技术上的缺口。联电在后期发展策略上专注于 12 英寸晶圆的 40 纳米以下，尤其是 28 纳米和 8 英寸晶圆制程。除了计算机和手机，还有通信和车用电子晶片，几乎都采用成熟制程控制良率以提供完善的芯片给客户。联电积极利用策略性投资布局多样的芯片应用，例如网络通信、影像显示、个人计算机等领域，为较小型的芯片设计公司提供多元化的解决方案，从而与台积电进行差异化竞争。

3）关键技术方案的竞争

芯片制程的挑战，在于不断缩小栅极线宽，在单位面积内持续增加晶体管的数量。当芯片制程缩小到 45 纳米以下时，晶体管的漏电问题开始变得严重。在晶体管中电子从源极到漏极要经过一段沟道，这个沟道的开关由晶体管的栅极控制。栅极与这段沟道的中间隔了一层薄薄的氧化物绝缘体。但这层绝缘体做不到完全绝缘，会有轻微的漏电，称为"隧穿泄漏"。要解决这个问题，就需要使用高介电常数金属栅极（High-k Metal Gate，HKMG），即利用高介电常数材料来增加电容值，并用金属栅极替换原来的多晶硅栅极，以达到降低漏电的目的。芯片行业在这个关键技术方案上分成以国际商业机器公司为首，包括英飞凌、日本电气、东芝、格芯、三星、意法半导体等芯片巨头支持的 Gate-First 和英特尔支持的 Gate-Last 两大派。Gate-Last 是指晶圆制程阶段，先经过离子注入和退火等工序再形成高介电常数金属栅极。Gate-First 就是反过来，先形成栅极再进行离子注入和退火等后续工序。结果发现，如果先形成高介电常数金属栅极，再让 High-k 绝缘层和金属等制作栅极的材料经过退火工序的高温，容易影响芯片的性能。国际商业机器公司支持的

Gate-First 技术只不过是在 32/28 纳米节点短暂生存的技术。而英特尔支持的 Gate-Last 技术方案最终取得了胜利。台积电开始也是走国际商业机器公司支持的 Gate-First 技术，但后来在蒋尚义的主导下，在 28 纳米制程改走英特尔支持的 Gate-Last 技术。2011 年第四季，台积电领先各家晶圆代工厂，率先实现了 28 纳米制程的量产。

当芯片制程进一步缩小到 22 纳米节点，仅仅依靠高介电常数金属和过去的技术，已经无法在保证器件性能达标的同时，对器件的漏电进行足够的限制。高介电常数金属技术解决了栅极漏电的问题，但无法解决沟道漏电的问题。为了解决这些问题，技术方案上又分为两派。一派的成员包括英特尔、台积电和三星，采用鳍式场效晶体管 3D 技术。简单说来，就是将源极到漏极由水平改为垂直，沟道被栅极三面环绕，增厚绝缘层增加接触面积，减少漏电现象的发生。另一派的成员包括国际商业机器公司、格芯和意法半导体，采用全耗尽绝缘层上硅（Silicon-On-Insulator，FD SOI）技术，该技术是在顶层硅和衬底之间增加一层氧化绝缘体，减少向底层的漏电。

传统晶体管结构是平面的，所以只能在栅极的一侧控制电路的接通与断开。但是，在鳍式场效应晶体管架构中，栅极被设计成类似鱼鳍（Fin）的叉状 3D 架构，可于电路的两侧控制电路的接通与断开。这种叉状 3D 架构不仅能改善电路控制和减少漏电，也能让晶体管的栅极线宽大幅缩减。最早使用鳍式场效应晶体管架构的是英特尔。2011 年，英特尔在第三代酷睿处理器上使用了 22 纳米鳍式场效应晶体管 3D 技术。随后，各大晶圆代工厂商也开始采用鳍式场效应晶体管 3D 技术，其中包括了台积电 16 纳米、10 纳米，三星的 14 纳米、10 纳米，以及格芯的 14 纳米。鳍式场效晶体管是栅极线宽缩小到 20 纳米以下的关键，拥有这个技术的制程与专利，才能确保未来在晶圆代工市场上的竞争力。

全耗尽绝缘层上硅技术的发展显然要落后一步，2012 年，意法半导体才推出 28 纳米全耗尽绝缘层上硅制程。三星获得了意法半导体的工艺许可，并创建了三星的 28 纳米 FD-SOI 制程，于 2015 年投入生产。由于台积电采用鳍式场效应晶体管技术取得了巨大的成功，全耗尽绝缘层上硅失去了争夺市场的时间窗口。价格较高的全耗尽绝缘层上硅衬底也限制了市场拓展。在意法半导体和三星的推动下，采用 28 纳米全耗尽绝缘层上硅制程的芯片产品已用于包括网络通信、汽车电子和物联网等领域。

值得一提的是，美籍华人学者胡正明及其团队于 1999 年在美国加州大学伯克利分校开发出了 FinFET 3D 技术，因此被称为"3D 晶体管之父"。这项发明被看作是 50 多年来半导体技术的重大突破。胡正明 1947 年 7 月出生于北京，1968 年毕业于台湾大学电机工程系。此后赴美国留学，1973 年获加州大学伯克利分校博士学位。自 1976 年以来，他一直是加州大学伯克利分校电气工程和计算机系的教授。他还投身产业界，于 2001—2004 年担任台积电第一任首席技术官。在学术方面，胡正明总共撰写了 5 本书，发表了 900 篇研究论文，并拥有 100 多项美国专利。胡正明是电气与电子工程师协会会士、美国国家工程院院士、中国科学院外籍院士，并且还是中国科学院微电子研究所、清华大学等院校的荣誉教授。胡正明 2016 年入选硅谷工程师名人堂，并在当年获得美国国家技术创新奖。2020 年 5 月，他又荣获电气与电子工程师协会（IEEE）颁发的 IEEE 荣誉奖章。获奖原因是他"开发半导体模型并将其投入生产实践，尤其是 3D 器件结构，使摩尔定律又持续了数十年"。IEEE 荣誉奖章，创立于 1917 年，每年仅授予一人，是国际电子电气工程学会的最高荣誉，也是世界电气电子工程学界的最高奖励。摩尔也曾在 2008 年获得过电气与电子工程师协会荣誉奖章。此前，仅有两位华人获得过该奖章，分别是美国贝尔实验室研发部前主任卓以和（1994 年）和张忠谋（2011 年）。

当芯片制程进一步发展到 10 纳米以下时，以铜作为导线会出现导电速率不足的问题，英特尔开始研究用钴来替代成熟的铜导电方案。2017 年 12 月，在国际电子器件大会的会议上，英特尔公司公开了将钴应用于 10 纳米芯片最细连接线的设想。英特尔的报告指出，在 10 纳米加工技术的两层超薄布线层中使用钴互联，电迁移减少了 1/10—1/5，电阻率是原来的一半。改善后的互联线路将有助于进一步缩小晶体管尺寸。很多人期待英特尔带着钴材料引领芯片产业走向新的篇章。

然而，现实却很残酷，老牌芯片巨头英特尔的 7 纳米制程一再跳票和推迟，2020 年 7 月，英特尔宣布，由于 7 纳米制程中仍存在"缺陷"，导致了英特尔生产进度落后于其内部产品路线图一年时间。原计划在 2021 年年底上市的 7 纳米制程芯片，将至少会推迟到 2022 年中。英特尔选择让首席工程师离职，并将技术部门重组为 5 个团队来攻关 7 纳米制程。

台积电没有跟随英特尔激进的策略，在 10 纳米和 7 纳米制程上选择了更为稳妥的铜合金。在英特尔 7 纳米制程一再推迟的情况下，台积电 5 纳米制程在 2020 年下半年不但量产，并且已经排满了订单，实现了在制程节点上对英特尔的反超。当然，如果英特尔能够彻底解决钴材料的问题，仍有机会在后续制程竞争中夺回领先的优势。

4）苹果处理器代工之争

自 1993 年和 2003 年分别夺得动态随机存取存储器芯片与闪存的市场冠军后，三星就已经在存储芯片领域建立了无法撼动的优势。2005 年，在 NAND 型闪存均价跌幅动辄超过 20% 的前提下，为增强半导体部门的获利状况，三星终于决定凭借先进制程的优势切入晶圆代工领域。2005 年，三星在美国德州奥斯汀的晶圆代工厂开始量产，获得了高通的码分多址（CDMA）芯片订单。这些 90 纳米的产品对三星的晶圆代工业务是一个新的突破，也是三星积累高端技术的一个好开端。当苹果在 2010 年推出其首款自研手机芯片（A4）时，其代工订单就交给了三星。苹果当年的这笔订单，帮助了三星晶圆代工业务突破了 4 亿美元的瓶颈。

2009 年，金融风暴袭击下，台积电第一季濒临亏损，78 岁高龄的张忠谋不得不重回台积电任首席执行官，并且亲自飞到美国去见客户。这一时期的台积电，40 纳米制程的良品率始终上不去。此前退休的蒋尚义，重新回到台积电，主持 40 纳米制程的研发工作，终于在年底实现量产。蒋尚义带领台积电，切入到下一个最为重要的制程节点 28 纳米。并最终在 2011 年实现量产，从而在制程上，从落后三星及联电，实现领先三星及联电。2012 年，台积电在 28 纳米制程市场的占有率接近 100%，堪称在晶圆代工市场拥有垄断性的地位。同年，三星也实现 28 纳米制程量产。2013 年，苹果 A7 芯片采用了三星的 28 纳米制程，得益于在美国本土的设厂，三星独吞了苹果 iPhone 5S 搭载的 A7 处理器订单。

2011 年，三星和苹果在手机竞争上开始起摩擦，双方的专利诉讼战几乎遍及全世界。台积电开始投入巨大的资源到苹果 A 系列芯片的知识产权的适配中去，一方面是保证通过苹果的验证；另一方面是降低苹果转单面临的专利诉讼风险。台积电向苹果派出的超过50 人的技术团队，协助苹果完成了芯片的最终设计，而台积电也通过了苹果的验证。2014 年，苹果 A8 的订单几乎全部被台积电拿下，这导致三星代工业务所属的系统大规模集成电路（System LSI）部门多年来第一次出现亏损，但也同样刺激了三星开始在先进工艺上发力，决定放弃 20 纳米直接杀到 14 纳米制程，超越了台积电的 16 纳米制程。苹果 A9 超过一半的订单也被抢到了三星，给台积电造成十几亿美元的损失。压力之下的台积电，把研发制度改为三班倒，开启了"24 小时不间断研发"。晚上研发团队被称为"夜莺部队"。"夜莺"的薪水远高于流水线工人，也高于普通研发人员，员工底薪上调了 30%，分红上调了 50%。

2015 年 10 月，在 iPhone 6S 上市之后不久就爆发了所谓的A9"芯片门"事件。有开发者用两台分别使用三星代工 A9 芯片和台积电代工 A9 芯片的 iPhone 6S 做了一个性能和续航的测试对比，结果发现台积电版跑分性能要比三星版高，不仅如此，台积电版续航时间要比使用三星版长约 2 小时。所得出的结论是使用台积电所代工的芯片的 iPhone 6S 更为稳定，并且续航时间也更长。这表明三星虽然在制程上获得巨大的进步，但在良率及功耗的控制上仍不如台积电，从而使苹果 A9 后续的追加订单全到了台积电手里。2016年，苹果 A10 处理器的大部分代工订单由台积电拿下。

虽然在美国芯片厂商眼中，台积电的地位要高于三星，但三星仍然能够获得不错的订单。国际大厂商都愿意采用双供应商策略，以苹果为例，在 A 系列芯片产品上，三星多次拿到了 30% 左右的份额，这对苹果与台积电谈判中掌握议价权有很大的帮助。2017 年 5 月，三星正式宣布将晶圆代工业务部门独立出来，成为一家纯晶圆代工企业，并计划在未来 5 年内取得晶圆代工市场 25% 的份额。有趣的是，三星宣布独立其晶圆代工业务的市场背景与其 2005 年开始发展晶圆代工业务的市场环境极其相似。在这两个时间段中，三星都面临着存储产品遇到周期性调整，以及先进工艺发展遇到瓶颈这两种情况。虽然台积电在晶圆代工领域处于龙头的地位，但三星的动作也在明显加快，在客户方面，目前三星晶圆代工业务部门已经获得了高通、英伟达等芯片设计头部公司的订单。随着 5 纳米在 2020 年底的量产，2021 年双方在晶圆代工领域的竞争将会进一步加剧。预计未来在 3 纳米节点处，三星和台积电之间的竞争将达到白热化。

5）烧钱的先进制程研发

从 28 纳米开始，先进制程的研发越来越烧钱了，投资的门槛也已提升到了 100 亿美元，制程之战比之前的历次产业战争都要更加激烈。选择错误的技术路线会导致芯片制造厂商损失惨重，在几轮大浪淘沙之后，先进制程战场上的玩家越来越少了。在晶圆代工市场，制程领先厂商通常会选择这样一种商业策略：对每一代先进制程，选择先推出一款通用型平台，等后入厂商跟上来时，便会降价原有平台，并通过做细微改进，对原平台进行升级，推出增强的版本来提升价格。这种方式既能深度绑定客户，又能让后入厂商失去市场竞争力。

2019 年，全球晶圆代工排名第三的格芯（Global Foundries）取得了 58 亿美元的营收，占有约 9% 的全球市场份额。格芯的总部位于美国加利福尼亚州的硅谷。2009 年 3 月，格芯由超威半导体公司分拆出来的芯片制造厂，加上阿联酋的石油金主阿布达比创投基金（ATIC）合资成立，超威半导体公司仅持有 8.8% 股份。借助阿布达比创投基金的资金优势，4 个月后格芯收购了新加坡特许半导体。格芯原先主要承接超威半导体公司处理器和绘图芯片的生产订单。然而，在 2011 年，超威半导体公司的微处理器由格芯代工 32 纳米制程时，因良率过低，造成原定 2011 年第一季出货的进度，一度延误到 2011 年第四季，导致超威半导体公司后来将部分订单转交给台积电。2014 年 10 月，蓝色巨人国际商业机器公司退出芯片江湖，将其持续亏损的芯片制造厂转让给格芯，并承诺在未来 3 年支付格芯现金 15 亿美元。通过并购，格芯获得了国际商业机器公司的 7 纳米制程技术，但由于自主研发能力不强，在良率出问题时很难及时解决。

2018 年，格芯不堪先进制程研发上的巨大投入，最终宣布放弃 7 纳米及更先进工艺的研发，这也意味着其正式退出高端晶圆代工的竞争。2020 年 5 月，格芯宣布将对其位于美国纽约州的顶级晶圆工厂 Fab 8 进行出口安全管控。Fab 8 工厂会同时执行美国的《出口管理条例》（EAR）和《国际武器贸易条例》（ITAR）。在计划实施后，它成了美国境内符合《国际武器贸易条例》规定的最先进晶圆厂。此举旨在加强与美国国防部的合作，进一步巩固美国国家安全，更好地服务美国政府及其在未来数十年需要的技术，能保证 Fab 8 工厂所生产的美国国防相关零件、设备与应用的保密性和完整性。格芯已在其 Fab 8 工厂投资超过 130 亿美元，共拥有 3000 多名员工，主营业务之一就是与美国国防部共同研究最具前瞻性的相关技术。

随着联电和格芯先后宣布放弃 7 纳米及以下更先进制程的研发，仍在继续进行更先进制程研发的晶圆制造厂就只剩下 4 家：台积电、三星、英特尔和中芯国际。

2017 年 10 月，中芯国际任命赵海军与梁孟松担任联席首席执行官。赵海军出生于 1964 年。1983 年考入清华大学，获得电子工程系学士和博士学位，并在芝加哥大学获得工商管理硕士（MBA）学位。他曾任台湾茂德科技（ProMOS）副总裁。2010 年 10 月加入中芯国际，并于 2013 年 4 月升任中芯国际首席运营官，在半导体营运和技术研发领域拥有超过 25 年的经验。梁孟松出生于 1952 年，拥有台湾成功大学电机工程学士和硕士，后来师从胡正明，于美国加州大学伯克利分校电机工程系取得博士学位，曾于 1992—2009 年在台积电担任资深研发处处长，随后在台湾清华大学任教，又于 2011—2017 年在韩国三星担任研发副总，拥有 500 多项芯片制程技术专利。不到一年的时间，中芯国际直接从 28 纳米跨越到 14 纳米，将 14 纳米制程的良率从 3% 提高到了 95%，并在 2019 年第四季度完成量产。这标志着中芯国际在晶圆代工上不断缩小与台积电和三星的技术差距。

台积电通过 20 多年的先进制程之战确定晶圆代工市场的领先地位。如果没有最初下决心培养并信任自己的技术团队，就不可能形成可以依赖的技术力量，也不可能拥有在一次次技术变革中准确的判断能力。除了制程技术领先，保障良率与背后的一连串为客户提供设计支持服务，也是晶圆代工的关键价值链。2020 年 5 月，台积电宣布将投资 120 亿美元在美国亚利桑那州建设 5 纳米晶圆代工厂。工厂将在 2021 年正式动工，计划于 2024 年正式投产。目前，台积电的主要客户苹果、博通、高通、英伟达、超威半导体公司等公司的总部均在美国，如果在美国本土设厂，可以在量产前更好地沟通协调和生产后的交付。台积电在美国设厂后给三星的压力将进一步加剧，为了应对台积电在美国的投资设厂，三星已经考虑在美国的半导体工厂投产更先进的工艺，希望能够从台积电手中抢夺更多的订单。

台积电目前是全球半导体产业链中技术的集大成者。在 7 纳米制程下，晶圆要经过 1500 道工序才完成蚀刻。2020 年，台积电已完成 5 纳米制程并量产。预计 3 纳米芯片将在 2022 年秋季之前实现量产，这意味着届时英特尔的芯片制程将至少落后台积电两代。在 7 纳米制程研发不顺的情况下，英特尔产品在芯片工艺上已经落后于老对手超威半导体公司和移动芯片厂商高通、三星、苹果等公司。英特尔面临艰难抉择，正评估是否委托其他公司代工生产芯片。在芯片制程上，每进步 1 纳米都需要大量的成本投入。财报显示，2020 年台积电的投入将达到 160 亿美元。

3.2 芯片设计争霸

20 世纪 90 年代，随着个人计算机和通信产业的快速发展，芯片产业也迎来新的机遇。台积电等专业晶圆代工厂的出现降低了芯片行业的进入门槛，只做设计，将芯片制造外包的芯片设计公司开始如雨后春笋般涌现。他们借助专业晶圆代工厂的支持，开始设计和生产不同于英特尔、德州仪器等传统芯片巨头的产品，并迅速成长为许多细分行业的龙头。目前，全球排名前 20 名的芯片厂商中，近一半是 1990 年后才成立或开始设计芯片。

2019 年，全球芯片设计营收约为 1000 亿美元。其中，美国博通以 172 亿美元排名第一，美国高通以 142 亿美元屈居第二。全球芯片设计前十名中的美国公司合计占据了超过 55% 的市场份额。中国台湾地区最大的芯片设计公司联发科以近 80 亿美元排名第四。中国大陆最大的芯片设计公司，华为公司旗下的海思半导体则以 60 亿美元位居全球第六名。

1）善于专利布局的通信霸主

从 2017 年开始，美国的高通公司以苹果公司侵犯其专利为由，要求全球多地市场禁售相关 iPhone 产品。尽管被裁定败诉，苹果公司仍然拒绝向高通支付专利费用，并且在全球多个地区进行上诉。2019 年 4 月，苹果公司突然宣布，和高通达成和解，愿意向高通公司支付约 45 亿美元专利费用。2020 年 7 月，华为也宣布与高通全面和解，一次性向高通支付 18 亿美元专利费用，并与高通达成一项多年协议。大家难免好奇，高通究竟有何神通？能够迫使手机巨头苹果和华为支付如此高昂的专利费。

高通创立于 1985 年 7 月 1 日，总部位于美国加州南部的圣迭戈。七位联合创始人中包括两位加州大学圣迭戈分校通信专业的著名教授：53 岁的雅各布（Irwin Jacobs）和 50 岁的维特比（Andrew Viterbi）（图 3.2）。雅各布 1933 年 10 月 18 日出生于美国马萨诸塞州。他的高中指导老师曾说科学和工程学没有未来，于是，他考取

图 3.2　高通公司联合创始人（右一为维特比，右三为雅各布）

了纽约康奈尔大学的酒店管理学院。在被室友嘲笑课程太简单后，他又转而学习电机工程，并于 1956 年从康奈尔大学电机工程学系毕业。1959 年取得麻省理工学院电机与计算机科学博士学位后在大学任教。1965 年，他出版了至今仍在使用的经典教科书《通信工程原理》。1966—1972 年，他来到美国西海岸的加州大学圣迭戈分校（UCSD）担任教授。维特比 1935 年 3 月 9 日出生于意大利，1939随父母移民到美国。于 1952 年进入麻省理工学院电子工程专业。1957 年硕士毕业后，获取南加州大学（USC）数字通信博士学位。随后在加州大学洛杉矶分校（UCLA）和圣迭戈分校（UCSD）担任电子工程专业教授。1967 年，他发明了著名的维特比算法（Viterbi algorithm），用于在数字通信链路中解卷积以消除噪音。维特比算法曾被广泛应用于码分多址和全球移动通信系统（GSM）数字蜂窝网络、卫星和无线网络通信技术中解卷积码，后期也被用于语音识别、关键字识别、计算语言学和生物信息学中。

在创立高通之前，雅各布和维特比于 1968 年一起创立了咨询公司林克比特（Linkabit）。这是圣地亚哥的第一家电子通信技术公司，负责为美国军方和航天局开发卫星通信和无线通信技术。20 世纪 60 年代的冷战时期，美国军方所使用的通信方式能将信息进行加密与解密，称为码分多址（CDMA）技术，以确保信息传输时不被敌方破解。1980 年，林克比特被美国通信领域的 M/A-COM 公司收购。类似硅谷的仙童公司，从林克比特走出的工程师在圣地亚哥陆续创立了 100 多家通信技术公司，将这座城市变成了全球无线技术创新的中心。

高通创立之初并没有详细的商业计划，也不知道实际的产品会是什么，但是雅各布坚持了一个信念，那就是数字通信和无线通信技术一定会在未来人们生活中发挥重要的作用。公司的宗旨被定为"Quality Communications（高质量通信）"。尽管在技术上还存在很多问题，但码分多址系统在频谱的利用上有较大优势，可以更加高效地利用频谱资源，其实质就是可以支持更多的用户使用，拥有很大的商业价值。雅各布慧眼识珠，将码分多址技术作为高通公司的主要研究方向。在他带领下，高通率先将码分多址技术应用于商用手机网络。当时，与之形成竞争的时分多址（TDMA）技术已经成为行业标准，因此人们对码分多址持怀疑态度。一些人认为实施码分多址可能会很复杂并且价格昂贵，另一些人则宣称它根本毫无作用。尽管反对意见众多，但雅各布和他的团队依然坚持了下来。

1990 年 11 月，高通迎来了转机，韩国政府宣布码分多址为韩国唯一的 2G 移动通信标准，并全力支持三星等韩国厂商投入码分多址技术的商业应用。当时，韩国的电信、手机等通信设备制造业相当薄弱。高通和韩国电子通信研究院签署有关码分多址技术转移协定。高通答应把每年在韩国收取专利费的 20% 交给韩国电子通信研究院并协助其研究。通过发展码分多址，韩国的移动通信普及率迅速提高，短短 5 年移动通信用户即超过 100 万个，韩国 SK 电信成为全球最大的码分多址电信商。通信设备制造更是异军突起，三星成为全球首家码分多址手机出口商。

码分多址不仅带动了移动通信业的发展，也促进了整个韩国经济的发展。高通也从此成为全球性的跨国大公司。韩国的成功向市场证明码分多址正式商用的可能性，也让美国一些电信商及设备厂商对码分多址技术恢复了信心。事实上，码分多址技术在容量与通话质量上皆优于 TDMA 技术。在高通的全力推动下，码分多址终于在 1993 年 7 月成了全球标准。为了配合推进码分多址网络，高通自己生产码分多址手机，同时还生产芯片和系统设备。

2000 年，为了避免与客户竞争，高通决定将手机生产业务卖给日本京瓷公司（Kyocera），将网络设备业务卖给瑞典爱立信公司（Ericsson）。此后，高通专注于码分多址技术开发和授权，以及相关的芯片设计，并逐渐形成了技术许可（QTL）和芯片设计（QCT）两大业务。高通围绕着功率控制、同频复用、软切换等技术，构建了庞大的码分多址专利墙，在专利数量和品质上相较其他厂商都有非常大的优势。高通拥有超过 10 万件专利，这些专利不仅涵盖移动通信技术领域，同时也包括连接、成像、射频、电源、软件、安全和多媒体等领域。高通每年的营收约 1/3 来自技术许可业务，而 2/3 来自芯片设计业务，前者和后者所占高通的利润收入分别是 2/3 和

1/3。正是在这两个业务的支持下，高通在过去几年一直位居全球芯片设计榜首。从 3G 时代开始，码分多址就成为移动通信不可或缺的核心技术，高通则成为唯一的移动通信霸主。

高通首先是一个技术创新者和推动者。高通将其收入的相当大一部分用于基础技术研发，并将几乎所有专利技术提供给各种规模的用户设备授权厂商和系统设备授权厂商。高通的商业模式帮助这些系统设备和用户设备制造商以比其自行研发技术、开发芯片和软件解决方案低得多的成本，将产品更快地推向市场。高通拥有一批人数不下于技术开发部门的庞大专利律师军团，通过并购、控告对手专利侵权等专利战，将所有码分多址的相关专利都一步一步笼络过来。现阶段使用高通专利的手机厂商，必须先缴一笔授权费取得专利使用权；在芯片或产品量产后，再依据出货量收取产品售价一定比例的费用，平均需缴纳手机销售额 5%—10% 不等的权利金。庞大的专利授权费用进一步加固了高通的通信霸主地位。

高通的精明之处，是并不靠芯片赚太多钱，而是依靠低价格让竞争对手无法获取机会。同时，依靠芯片市场垄断地位，高通可以靠搭售专利赚钱。要想生产高端手机，下游厂家只有向高通采购芯片，因此，不得不同意高通的专利费要求。高通还搭建了一个交叉许可的专利平台。一方面，依靠和其他专利持有者的专利交叉许可，高通可以向客户提供没有法律纠纷的"安全"产品——所有相关专利都被高通整合，能够避免专利纠纷，因而高通芯片自然更受欢迎，其他芯片生产商则难以匹敌；另一方面，高通却不向交叉许可的专利持有者缴纳费用。

10 余年来，高通专利许可模式与芯片销售模式在欧美国家，以及韩国、日本、印度等地备受质疑，面临的反垄断调查与知识产权纠纷不断。2013 年 11 月，中国国家发展和改革委启动对高通的反垄断调查。经过 14 个月的详细调查和取证，2015 年 2 月 10 日，中国国家发展和改革委发布行政处罚公告，决定对高通垄断违法行为罚款人民币 60.88 亿元（约合 9.75 亿美元），并要求高通针对存在问题作出五项整改。同日，高通发表声明确认了这一事实，并表示对处罚决定不持异议。至此，这场中国史上历时最长、罚款数额最高、海内外最受关注的反垄断案宣告尘埃落定。高通作为全球领先的移动芯片设备商，在码分多址技术上的创新和知识产权理应得到尊重和认可，但也不能滥用支配地位，强迫中国手机厂商与其达成一系列不合理、不合法的"霸王条款"，例如按整机收取专利许可费、搭售非标准必要的专利、反向免费交叉授权等，严重阻碍了市场竞争，最终损害了中国广大消费者的利益。

在高通巨额罚款之外，人们更应该关注的是高通承诺的整改事项。其中包括将芯片专利许可费率从 5% 降至 3.5%；整机收费比例从 100% 降至 65%；废除反向免费专利许可；不在标准必要专利之外搭售非标准必要专利等。这些整改措施，对中国移动通信产业链整体上构成巨大利好。中国手机厂商广泛采用高通芯片，每年巨额专利许可费带来了沉重的负担，纠正高通违法行为能在很大程度上为国产手机企业"减负"，促进市场的发展和繁荣。允许高通继续收取专利授权费，表明了中国对高通移动芯片知识产权的尊重和认可。而高通的声明也显示出，其继续看好中国移动通信市场，愿意以实际行动参与中国移动通信产业发展，继续与中国众多合作伙伴互利共赢。

2）小鱼吃大鱼的并购高手

2017 年 11 月，博通宣布计划以超过 1300 亿美元的价格收购高通，令业界震惊。如果交易成功，将成为历史上最大一笔科技收购案。博通和高通两个芯片巨头除了在 Wi-Fi 等少数领域有技术重叠，其他方面都是互补的。新公司将成为仅次于英特尔和三星的全球第三大半导体企业，提供覆盖移动处理器、智能车载终端、无线网络、智能家居的全面解决方案。

此前一直颇为低调的博通华裔首席执行官陈福阳（Hock Tan），也开始受到广泛关注。陈福阳 1953 年出生于马来西亚华人聚集地槟城，1971 年依靠奖学金就读于美国麻省理工学院（图 3.3）。随后又在哈佛大学获得了 MBA 学位。他

图 3.3　博通首席执行官陈福阳

并非扎根于芯片行业的高管，早年在马来西亚、新加坡从事的都是金融投资领域的工作，后来在百事可乐和通用汽车从事高管职位。1994 年，陈福阳加盟集成电路系统股份有限公司（ICS），先后担任公司高级副总裁、首席财务官、首席运营官、总裁兼首席执行官职位。多年财务部门工作的经历，使赚钱成为他遵循的原则。陈福阳曾评价自己，"我并不是半导体人，但是我懂得赚钱和经营"。

1999 年，硅谷老牌科技公司惠普把测量设备业务剥离出去，成立了一个新公司安捷伦科技，其中就包括组建于 1961 年的惠普半导

体业务。2005 年，美国私募基金 KKR 和银湖资本（Silver Lake）联合从安捷伦科技手里以 26.6 亿美元的价格买走了半导体业务，并改名安华高（Avago），主要产品包括鼠标光电控制器等芯片。2006 年，陈福阳出任安华高首席执行官，开启了一系列的并购重组和资本运作。2007 年，先后收购了英飞凌的光纤和体声波业务。2009 年 8 月，安华高在美国纳斯达克成功上市，募集了 4 亿美元。2011 年，安华高的营收超过了 23 亿美元。2013 年 12 月，安华高宣布溢价 40%，以 66 亿美元现金收购比自己营收规模稍大的存储芯片制造商大规模集成电路公司（LSI）。其中，10 亿美元为公司自有资金，剩下的资金分别来自从银行获得的 46 亿美元贷款，以及从银湖资本获得的 7 年期的 10 亿美元可转债贷款。交易完成后，陈福阳将 LSI 的企业级闪存和 SSD 控制器业务出售给了希捷，提升了安华高的自由现金流，营收大幅增长了 70%，拥有了利润颇丰的数据中心存储芯片业务，并取代了 LSI 成为标准普尔 500 指数成分股。

2015 年 5 月，安华高宣布斥资 370 亿美元收购美国加州的老牌芯片公司博通，其中包括 170 亿美元的现金和 200 亿美元的股票。博通是全球领先的有线和无线通信芯片设计公司，技术扎实，产品毛利较高，有"隐形冠军"的特质。博通 2014 年的营收为 84 亿美元，约为安华高当时营收的两倍。370 亿美元的收购价也比安华高当时 363 亿美元的市值高。这显然是一个"小鱼吃大鱼"的经典案例。2016 年收购完成后，新公司沿用"博通"名称，股票代码仍为 AVGO，原博通股票退市。这样的操作并不常见，现在的新"博通"，实际上是收购了原来的博通，又保留这个名字的安华高。

1991 年，加州大学洛杉矶分校（UCLA）电子工程系教授，

37 岁 的 萨 缪 里（Henry Samueli，图 3.4）和他的第一个博士研究生，32 岁 的 尼 古 拉 斯（Henry Nicholas Ⅲ）各出资 5000 美元，在美国加州洛杉矶近郊的尔湾（Irvine）联合创立了博通，并分别出任董事长和首席执行官。

图 3.4　博通联合创始人萨缪里

博通重视技术研发，有很强的工程师文化，曾被戏称为 "UCLA 校办工厂"。萨缪里率先开展先进数字通信架构与电路研究，证明了低成本 CMOS 技术能用于实施各种关键数字、模拟与射频构建模块。他们建立了全球首个宽带数字有线传输解决方案，引领美国电缆行业向数字电视转变。早期博通首席执行官尼古拉斯是个每晚只睡三四个小时的工作狂，对研发进度也要求严格。这种疯狂让尼古拉斯比任何人都做得更多、更快、更出色。他在 1999 年接受《财富》采访时曾说道："唯一让我开心的事情，就是设定一个目标，然后'自杀式'地去完成它。你的兴奋感与你做出的牺牲程度成正比！"

　　博通于 1998 年 4 月在美国纳斯达克上市，股价的上涨给萨缪里和尼古拉斯带来了数十亿美元的财富，但他们却选择了不同的人生轨迹。尼古拉斯在 2003 年因家庭原因从博通辞去首席执行官职务后，多次卷入了吸毒和贩毒等丑闻。萨缪里则持续为学术界与初创企业界做出贡献并产生巨大影响。2006 年，他荣获 IEEE 通信学会杰出行业领袖奖。2019 年，萨缪里向加州大学洛杉矶分校工程学院承诺捐赠 1 亿美元，作为回报，该工程学院已经以萨缪里的名字命名。

2016 年 7 月，陈福阳以 5.5 亿美元将博通旗下物联网业务卖给赛普拉斯半导体。11 月博通以 59 亿美元现金，包含债务在内收购网通设备大厂博科通信系统公司（Brocade）。按照 2016 年的营收计算，"新博通"收入增长了 190%，为 132 亿美元，已经是排名英特尔、三星、台积电和高通之后的全球第五大半导体公司。陈福阳已成为全球芯片行业最为凶猛的并购操盘手。在他的领导下，公司的股价也从 2009 年首次公开募股时的 15 美元上涨超过了 20 倍。

2017 年 10 月，陈福阳在台积电 30 周年庆上谈到了芯片行业的并购趋势。他表示，美国芯片产业在 20 世纪 80 年代曾经以每年 30% 以上的速度增长，但现在每年的增长率不到 5%。从结构性上看，在 20 世纪 80 年代都是小型初创公司进入芯片产业，90 年代开始上市风潮和小型并购，到了 2000 年，较大型的水平并购交易出现。在未来，芯片产业的并购趋势，将会从水平并购走向上下游的垂直整合并购，芯片的生态系统将会越来越重要。

2018 年 3 月 12 日，美国总统特朗普在发布的行政命令中表示，有可靠的证据使他相信，通过收购高通，博通可能采取危及美国国家安全的行动。博通和高通两家公司都被勒令立即放弃拟议中的交易。特朗普的这一决定是根据外国在美投资委员会（CFIUS）的建议做出的。该委员会曾提到，担心博通收购高通后削减研发经费，从而削弱高通乃至美国在下一代无线通信技术领域的竞争优势。高通拥有大量 3G、4G 网络技术专利，同时在 5G 技术方面也拥有强势地位。

3）手机设计的交钥匙解决方案

1992 年，美国通信巨头摩托罗拉宣布进入中国大陆，其推出的第一款机型便是后来俗称"大哥大"的移动电话摩托罗拉 3200。售价 2 万元以上，入网使用还需花费上千元，在当时成了个人身份的象征。那是什么促使手机走下神坛，进入中国的寻常百姓家？由中国台湾联发科（MediaTek）首创的"交钥匙解决方案"功不可没。这种创新的芯片解决方案显著降低了手机厂商的开发难度，降低了行业门槛。打破了芯片技术领域被西方巨头垄断的局面，不仅改写了整个中国手机市场的格局，还通过降低手机的研发和制造成本，加速了手机的普及。

联发科董事长蔡明介被誉为台湾芯片设计"教父"（图 3.5）。他 1950 年 4 月 6 日出生于台湾，1967 年考入台湾大学化学系，后转入电机系。毕业后赴美国俄亥俄州辛辛那提大学攻读电机硕士。1976 年，被台湾工业技术研究院派

图 3.5　联发科董事长蔡明介

往美国无线电公司学习芯片设计。受训完成后，蔡明介在台湾工研院电子所的芯片产品开发部门工作。1983 年，蔡明介加入联电，担任研发主管，后来又担任过联电多个业务部门的主管，逐渐从技术人员转变为管理人员。

1995 年，联电改变策略，希望全力从事芯片代工业务，不再涉及芯片设计，原有的芯片设计团队需要剥离出去。45 岁的蔡明介领导 20 多人的芯片设计部门独立创业，成立了"联发科"的前身"多媒体小组"，并于 1997 年从联电分拆出来。联发科依靠研发光盘存储技术和 DVD 芯片起家，将视频和数字解码功能的两颗芯片集成在一起，还提供软件解决方案，充分发挥降低成本的竞争优势，因而广受 DVD 厂商的追捧，很快占据了 DVD 市场 60% 的份额。2001 年，联发科在台湾地区成功上市，首日便涨停为股王。2003 年，联发科正式跻身全球前五大芯片设计公司。

　　随着 DVD 芯片市场逐渐饱和，蔡明介决定投入手机芯片研发。2004 年，蔡明介率领联发科进入中国大陆市场。联发科充分利用之前在多媒体领域的技术积累，在手机设计上大展拳脚。在相关调研中，联发科了解到大陆手机用户对 MP3 和调频收音机的使用频率相当高，相关功能手机也很受追捧，于是整合了一整套的多媒体解决方案放入到手机设计中。

　　在联发科出现之前，一些国际芯片厂商只给手机生产商提供芯片平台，而从芯片平台到手机成品则需要手机厂商自己解决。这一系列的流程往往比较费时间，且有一定的技术门槛，因此生产周期会较长。而联发科则是将所有的解决方案打包交付给手机厂商，大大缩短了生产周期。这个技能对手机厂来说简直是正中下怀，征服了一众的手机厂商。

　　"交钥匙解决方案"是联发科技将手机产业的上游与中游环节整合，把芯片、软件平台和设计全部完成，手机厂商只需要购买屏幕、摄像头、外壳、键盘等简单零部件就可以出品手机。联发科加速了大陆手机产业蓬勃发展，也带动了大陆手机产业对全球新兴市场的布局，一度成为大陆最大的手机芯片供应商。到 2006 年，采用联发科芯片的手机已经占中国大陆销售手机总量的 40%。曾经有这样的说法，应用联发科方案做手机只需要 3 个人，一人接洽联发科，一人找代工工厂，一人负责销售和收款。联发科如此高度集成的芯片方案，简直就是山寨机们梦寐以求的神器，也成为山寨机泛滥最重要的原因之一。2007 年 10 月，中国取消手机牌照核准制度，转而对手机颁发进网许可证，让生产手机的门槛大幅降低。联发科手机芯片占据了中国大陆大部分手机市场。到了 2008 年，联发科一跃成为世界排名前三的芯片设计厂商。2010 年，联发科正式加入谷歌的"开放手机联盟"，谷歌希望借此计划推广安卓（Android）手机操作系统，而联发科也通过加入该联盟，打造联发科专属的安卓智能手机解决方案，正式进军智能手机市场。2012 年年底，联发科发布全球首款四核智能机系统单芯片 MT6589，其在图形能力、功耗方面在当年创下许多业界第一，2012 年年底，联发科在中国大陆的芯片出货量达到了 1.1 亿颗。

虽然联发科在智能手机市场站稳了脚跟，但是随着智能手机市场增速放缓，手机芯片市场也变成了存量竞争的零和博弈。此前，联发科将自家芯片定位于中低端市场，其主要竞争对手高通则主攻高端市场，这直接造成了移动处理器市场"高端用高通，中低端用联发科"的印象。但联发科并不满足于中低端市场，开始发力高端手机处理器。2013 年 7 月，联发科发布了八核智能机系统单芯片，开始切入以往被高通占领的中高端手机芯片市场。2015 年，联发科发布高端品牌 Helio，并推出了首款面向高端市场的 Helio X10 处理器。尽管这款处理器在性能方面和高通的骁龙 810 芯片有不小差距，但因为低功耗和长时高负荷运行不降频的优势，而被魅族和 OPPO 等手机厂商旗舰机型采用。2016 年 3 月，联发科又推出了全球首款十核处理器 Helio X20，但由于"降频锁核"等技术和性能问题，Helio X 高端系列芯片一直难以突破中高端手机市场。雪上加霜的是，竞争对手高通凭借骁龙 625 开始成功切入中低端手机芯片市场，华为手机则选用旗下海思半导体研发的麒麟系列芯片。于是，联发科遭遇了业绩下滑，不得不调整策略，将研发重心转向中端平台的 Helio P 系列。2018 年，重整旗鼓的联发科 P60 芯片在性能体验和功耗表现与高通的中端平台骁龙 660 不相上下，众多手机厂商也开始回归联发科平台，不再是清一色的高通芯片。

2019 年年底，联发科发布了 5G 处理平台天玑 1000。多款 5G 芯片被手机厂商力捧，纷纷发布 5G 终端，联发科 5G 技术备受行业和市场的认可。虽然多次冲刺高端并没有达到理想的效果，但是联发科也不断试图寻找新的突破。中美科技战升温，对联发科来说是否是再创新辉煌的机会？5G 时代，联发科又将交出怎样的答卷？我们拭目以待。

4）中国芯片设计的崛起和挑战

2020 年第 1 季度，华为旗下海思半导体的销售收入实现了 54% 的增长，达到 26.7 亿美元，跻身全球芯片行业销售收入前 10 名，标志着中国芯片设计的快速崛起。同时，海思还首次以 43.9% 的市场份额成为中国最大的智能手机处理器芯片供应商。高通则跌至第二位，市场份额从 2019 年同期的 48.1% 降至 32.8%。联发科保持了第三名的位置，但其市场份额从 2019 年同期的 19% 下滑至 13.1%。

海思半导体成立于 2004 年 10 月，这家公司的前身是 1991 年创立的华为专用集成电路（ASIC）设计中心。华为自己研发，并流片成功了第一颗用在交换机上的多功能接口控制芯片。替代进口通信系统芯片，可以让华为的产品降低成本。华为创始人任正非对芯片研发一直非常重视（图 3.6）。他曾明确表示，芯片业务是公司的战略旗帜，一定要站起来，适当减少对美国的依赖。海思成立之初

图 3.6 华为创始人任正非

曾做过 SIM 卡芯片，但由于技术门槛不高，竞争激烈而放弃。接着又规划了几款多媒体芯片：视频监控芯片和机顶盒芯片等。转机来自数字安防市场，2007 年，海思为大华提供 H.264 视频编码芯片，用于当时快速发展的第二代 DVR 硬盘录像机。2010 年，海思数字安防系统级芯片开始大规模进入全球最大的安防摄像头厂家海康威视，一度占据了超过 70% 的全球 DVR 芯片市场份额。

海思成功开发的第一款移动终端芯片并不用于手机，而是用于数据卡的"巴龙"芯片，主要的功能是基带处理，处理通信协议。2005 年年底，上网 3G 数据卡的基带芯片一直由高通独家供应，出现了严重的芯片供应紧缺。高通在华为和中兴之间实行平衡供应政策，很多项目华为就是因为拿不到芯片而无法签单。2006 年，时任华为欧洲总裁的徐文伟还兼任着海思总裁一职，他拍板要做 3G 数

据卡芯片。这款数据卡芯片只用作支持纯 3G 的基带，不用作 GSM 基带，不用作应用处理器，对功耗也不敏感。从巴龙基带出发，2012 年，海思开发出了手机芯片 K3V2。芯片工艺是 40 纳米，而同时期的高通和三星都已经用上了 28 纳米的工艺。华为 P6 和 Mate1 等旗舰机都搭载了这款芯片，由于芯片发热严重等原因，手机使用体验并不好。

海思继续加大对手机芯片的研发投入。2014 年年初，首款以"麒麟"命名的芯片"麒麟 910"发布。2014 年下半年推出了"麒麟 925"，采用 28 纳米工艺，功耗大幅下降，改善了图形处理单元，游戏的体验和兼容性更好了，与高通相比并不逊色。搭载这款芯片的华为 Mate 7，全球出货量超过 750 万台，第一次让 Mate 系列在高端市场站稳了脚跟。麒麟芯片开始在华为手机中放量使用。华为意识到要在中高端手机市场上完成突破，就必须具备自己设计芯片的能力，而不是陷入产品同质化的红海竞争中。

2018 年 8 月，麒麟 980 发布，使用台积电的第一代 7 纳米工艺制程。2019 年 9 月，华为同时发布了麒麟 990 和麒麟 990 5G 两款芯片，麒麟 990 也是华为最后一款 4G 旗舰芯片。麒麟 990 5G 采用了台积电更先进的 7 纳米 EUV 工艺。华为 Mate30 系列手机首发搭载麒麟 990 和麒麟 990 5G 芯片。其中，5G 版的 Mate30 虽然价格更高，但也最受欢迎。这两款芯片帮助华为在 2019 年超过三星，以 690 万台、37% 的市场份额，位居全球 5G 手机出货量第一。

然而，2019 年 5 月 16 日，美国商务部以国家安全为由，将华为公司及其 70 家附属公司列入管制"实体名单"，禁止美国企业向华为出售相关技术和产品。2020 年 5 月 15 日，美国政府再次发动针对华为的制裁措施，要求台积电、中芯国际等芯片制造商不能采用美国公司的工具生产华为所用的零部件，这几乎封锁了华为所有核心部件供应商。台积电已宣布在 2020 年 9 月 14 日之后不再继续向华为供货，麒麟系列芯片恐怕也将成为绝唱。尽管未来充满挑战，但华为宣布不会放弃芯片研发，将继续投资海思，并计划补足在芯片制造上的短板。

5）助力芯片设计的电子设计自动化工具

随着集成电路规模的极大发展，芯片设计已经达到万亿门级的集成度。专门为芯片设计工程师提供逻辑综合、布局布线、仿真和验证工具的电子设计自动化行业已经成为整个芯片行业生态链中最上游、最高端的节点。EDA 是电子设计自动化（Electronic Design Automation）软件的简称，是指利用计算机辅助设计（CAD 等）软件，来完成超大规模集成电路（VLSI）芯片的功能设计、综合、验证、物理设计等流程的设计方式。

电子设计自动化软件属于技术和资金密集型行业，是"小而精"的芯片产业链的关键环节。由于研发投资周期长，导致电子设计自动化软件进入门槛较高。2019 年，全球电子设计自动化软件行业市场规模约为 105 亿美元。新思科技（Synopsys）全球市场份额领先，营业收入 33.61 亿美元，占比达到 32%；楷登电子（Cadence）第二，营业收入 23.36 亿美元，占比为 22.24%；明导（Mentor Graphics）占比为 10.3%。这三家美国电子设计自动化公司在自己擅长的领域不断深耕细作，占据了全球电子设计自动化软件市场超过 65% 的市场份额。苹果、高通和英特尔等芯片巨头都需要向这三家公司采购软件和服务。

电子设计自动化工具可大致分为三部分：前端（Verilog 数字描述及数模混合）；后端（Place & Routing 布局与布线）；验证（DRC/LVS 等）。三大电子设计自动化软件供应商都能提供全套的芯片设计解决方案，包括模拟、数字前端（图形编辑、逻辑综合）、后端（Layout）、可测性设计（DFT）、签发（Signoff）等一整套设计工具。楷登电子的强项在于模拟和混合信号的模拟仿真和版图设计，新思科技的优势在于逻辑综合、数字前端、数字后端和 PT signoff，而明导的优势是 Calibre signoff 和 DFT，在 PCB 设计方向更显特色。此外，楷登电子和新思科技还提供知识产权授权（硬核和软核），这对中小规模的设计公司很具吸引力。

20 世纪 70 年代，芯片设计人员依靠手工完成电路图的输入、布局和布线。由于这一时期的电路集成度不高，依靠手工在坐标纸上描绘出晶体管图形。在可编程逻辑技术出现后，开发人员尝试将整个设计工程自动化，主要功能包括晶体管级版图设计、布局布线、设计规则检查、门级电路模拟和验证等。

1980 年，研究人员首次提出用语言编程的方式设计芯片，随后产生了硬件描述语言 VHDL 和 Verilog，这为电子设计自动化的商业化打下了基础。1983 年，美国国家半导体芯片设计总监所罗门（Jim Solomon）在硅谷创办了 SDA 公司，开始为芯片设计公司开发电子设计自动化软件工具。1986 年，正值日本芯片称霸全球，通用电气决定退出半导体业务，关闭了微电子中心，当时的电子设计自动化团队负责人戈伊斯（Aart de Geus）成功说服通用电气将芯片逻辑综合技术和 40 万美元投资给他们，创办了新思科技。1988 年，SDA

公司和 ECAD 合并，成立了一家新的电子设计自动化软件公司楷登电子。1990 年代，随着硬件语言的标准化和集成电路设计方法的不断发展，电子设计自动化工具可实现从系统行为级描述到系统综合、系统仿真与系统测试，真正实现了芯片设计的自动化。经过 30 多年的发展和超过 200 次的并购，新思科技和楷登电子形成了目前的寡头垄断地位，合计市场份额超过了 54%。值得关注的是，目前这两个电子设计自动化软件巨头的掌门人都是美籍华人。

作为全球排名第一的 EDA 解决方案提供商，新思科技的逻辑综合工具编译器（Design Compiler，DC）与时序分析工具 PT（Prime Time）竞争优势明显。在全球所有芯片设计中，84% 的用户使用编译器，90% 的用户使用 PT。2012 年，美籍华人陈志宽（Chi-Foon Chan）被任命为新思科技总裁兼联席首席执行官（图 3.7）。在加入新思科技前，他曾在日本电气（NEC）、英特尔等芯片公司担任高管，拥有美国凯斯西储大学计算机工程硕士和博士学位、罗格斯大学的电气工程学士学位。1994 年，陈志宽曾代表新思科技向清华大学捐赠了总价值约 500 万美元的 20 套 Design Compiler 软件。随后成立了"清华大学—新思科技高层次电子设计中心"，开始推动中国电子设计自动化软件人才的培养。

图 3.7　新思科技总裁兼联席首席执行官
陈志宽

2018 年，为表彰他对中国芯片设计领域的突出贡献和学术成就，陈志宽被授予"中国政府友谊奖"。

位居第二的电子设计自动化软件巨头楷登电子，竞争优势在于模拟芯片设计和数字后端。客户采用楷登电子的软件、硬件、IP 和服务，覆盖从芯片到电路板设计乃至整个系统，帮助他们能更快速向市场交付产品。2009 年，50 岁的美籍华人陈立武（Lip-Bu Tan）

被任命为楷登电子首席执行官（图 3.8）。他在新加坡长大，拥有新加坡南洋理工大学学士，美国麻省理工学院硕士和旧金山大学 MBA。1987 年，不到 30 岁的陈立武在美国旧金山成立了投资机构华

图 3.8　楷登电子首席执行官陈立武

登国际（Walden International），并于 1994 年设立了首个专门投资中国的创投基金，开创了中国风投基金的先河。华登国际已经投资了全球 500 多家高科技公司。其中，120 家以上都是芯片公司，包括中芯国际、澜起科技和中微公司等。陈立武是中芯国际唯一一位 18 年不变的董事，被誉为"中国芯片创投教父"。

近年来，电子设计自动化软件行业正在朝系统化和本土化方向发展，电子设计自动化软件巨头也加紧在中国布局。2017 年年底，楷登电子与南京市政府合作，投资上亿元成立南京凯鼎电子技术有限公司，就是为了实现研发和技术支持更加本土化。2019 年年底，新思科技在武汉启用了新思科技武汉全球研发中心。

中国电子设计自动化软件产业早期未受到国家政策支持，人才和资金的缺乏阻碍了国内电子设计自动化软件企业的成长。北京华大九天科技股份有限公司（简称华大九天）目前是中国规模最大、技术最强的电子设计自动化软件龙头企业，可以提供模拟 / 数模混合芯片设计全流程解决方案、数字 SoC 芯片设计与优化解决方案、晶圆制造专用电子设计自动化软件工具和平板显示（FPD）设计全流程解决方案，其客户覆盖国内众多集成电路企业。华大九天成立于 2009 年，其前身是原中国华大集成电路设计集团"熊猫"电子设计自动化软件设计平台。这个平台曾承担过国家重大科技攻关研发项目熊猫 IC CAD 系统的研发，并获国家科技进步一等奖。继 2017 年融资后已累计获得数亿元投资。中国电子设计自动化软件市场超 90% 份额被海外电子设计自动化软件巨头所占据，电子设计自动化软件是中国芯片产业链最薄弱的环节，华大九天承担着国产电子设计自动化软件研发与推广的重任。

3.3 逆周期的博弈：存储芯片

存储芯片主要应用于计算机、手机、固态硬盘等领域，包括动态随机存取存储器、NAND 和 NOR 闪存三大类。在过去半世纪的发展中经过了残酷的商业竞争和淘汰，已经形成了寡头垄断的局面。类似石油，存储芯片是典型的强周期行业，缺货时价格上涨，厂家加班加点，利润暴增；过剩时价格下跌，厂家裁人关厂，贱卖保命。2018 年全球存储芯片销售总额达 1650 亿美元。在全球 4780 亿美元的半导体产业中占据约 35% 的份额，是极为重要的产业核心部件。其中，动态随机存取存储器主要用于台式计算机和笔记本计算机，全球市场规模约 957 亿美元，目前被韩国三星、SK 海力士和美国美光 3 家垄断，市场占比分别为 44.5%、29% 和 21.5%，合计占比为 95%。NAND 闪存主要用于手机存储、平板计算机和固态硬盘，全球市场规模约 660 亿美元，三星、铠侠（原东芝存储）、西部数据、美光、SK 海力士和英特尔 6 家厂商，垄断了全球 99% 的份额。NOR 闪存属于小众产品，主要用于 16M 以下的小容量闪存，在 2006 年全球市场规模曾经达到 70 亿美元，后来由于受到高密度、低成本 NAND 闪存的市场挤压，2019 年全球市场规模约为 25 亿美元，中国台湾的华邦、旺宏和中国大陆的兆易创新 3 家厂商合计占比超过 60%。

1）存储芯片的发明

早期计算机的存储器是用各种磁芯制成的，从 1950 年一直使用到 1970 年，才被半导体存储芯片淘汰。磁芯存储器是由美籍华人王安博士于 1948 年在哈佛大学计算机实验室做研究时发明的。在铁氧体磁环里穿进一根导线，导线中流过不同方向的电流时，可使磁环按两种不同方向磁化，代表"1"或"0"的信息便以磁场形式储存下来。不到 30 岁的王安利用这一思想研制的"脉冲传输控制装置"于 1949 年获得了美国专利，开创了磁芯存储器时代。王安 1920 年 2 月 7 日出生于中国上海市，16 岁时以第一名的成绩考入交通大学（上海）电机工程系，毕业后留校任教。1945 年赴美国留学，1948 年在哈佛大学获应用物理学博士学位，并进入哈佛大学计算机实验室做研究工作。1951 年，王安以仅有的 600 美元创办了王安实验室（Wang Laboratories）。1956 年，他将磁芯存储器的专利权卖给国际商业机器公司，获利 50 万美元。1964 年，他推出桌上计算机（电脑），开始了王安计算机的成功历程。1986 年王安以 20 亿美元的个人财富跻身美国十大富豪，并荣获美国"总统自由奖章"，1988 年荣登美国发明家名人堂（图 3.9）。

图 3.9　磁芯存储发明人王安

鼎盛时期的王安公司雇员达 3.15 万人，思科公司前首席执行官钱伯斯也曾经在王安公司工作过。遗憾的是，晚年的王安在经营上故步自封，当国际商业机器公司等公司致力发展个人计算机之际，王安却不听下属劝告，拒绝开发这类产品。当计算机行业向更开放、更工业化、标准化的方向发展时，王安却坚持自己老一套的专有的生产线。由于一连串的战略失误，王安公司由兴盛走向衰退，陷入了资金匮乏的困境。1990 年 3 月 24 日，王安因食道癌在波士顿病逝。微软公司创始人盖茨曾说过，如果王安能完成他的第二次战略转折的话，世界上可能就没有今日的微软公司。

最初的磁芯存储器只有几百个字节的容量。它有两大缺点：一是大规模量产困难；二是体积大耗电量也大。当时全世界最大的磁存储系统需要配备像机房那样庞大的设备，但却只能存储 1 兆字节的信息。这类存储系统不仅体积庞大，而且速度很慢，还要消耗大量电能。1966 年，在国际商业机器公司的沃森研究中心，时年 34 岁的研究人员登纳德（Robert Dennard）提出了用金属氧化物半导体（MOS）晶体管，来制作存储器芯片的设想。同年，研发成功一个晶体管加一个电容的动态随机存取存储器（DRAM），并在 1968 年获得专利。动态随机存取存储器芯片是以电容来储存信息，带电的电容代表 1，未带电的则代表 0，而所谓的"动态"是指电容终究会丧失电荷，必须要定期刷新。

登纳德 1932 年出生于美国得克萨斯州的一个农场主家庭，在南方卫理公会大学获得电气工程硕士学位；1958 年，从卡内基技术学院（现为卡内基梅隆大学）获得博士学位后进入国际商业机器公司工作；1979 年被任命为国际商业机器公司院士，被誉为"动态随机存取存储器之父"（图 3.10）。他还领导了金属氧化物半导体场效应晶体管（MOSFET）缩放规则的开发。他是最早认识到缩小MOSFET 尺寸的巨大潜力的人之一，随着晶体管、导线和电路电压变小，集成电路的能耗将大大降低。这个属性是摩尔定律和几十年来微电子技术发展的基础。登纳德于 1997 年入选美国国家发明家名人堂，1998 年被美国总统授予"美国国家技术勋章"。他发表了100 多篇论文，获得了 75 项专利及多众奖项，包括 IEEE 荣誉勋章

图 3.10　"动态随机存取存储器之父"登纳德

和半导体行业协会 SIA 最高荣誉诺伊斯奖。动态随机存取存储器芯片的简单性、低成本和低功耗与第一款低成本微处理器相结合，开启了个人计算机的时代。如今，每台个人计算机、笔记本计算机、游戏机和其他计算设备都装载了动态随机存取存储器芯片。动态随机存取存储器芯片还驱动着大型机、数据中心服务器，以及运行互联网的大多数机器。

由于国际商业机器公司遭受美国司法部的反垄断调查，拖延了动态随机存取存储器项目商业化进度，这给其他公司带来了机会。1968 年成立的英特尔把存储芯片的开发定为公司的发展方向。当时的芯片工艺主要有双极型管和场效应（MOS）管，不过并不清楚哪一种工艺生产的芯片更好，于是英特尔成立了两个研发小组。1969 年 4 月，双极型管小组推出了 64 比特容量的静态随机存储器（SRAM）芯片 C3101，只能存储 8 个英文字母。这是英特尔的第一个产品。1969 年 7 月，场效应管小组推出了 256 比特容量的静态随机存储器芯片 C1101。这是世界第一个大容量 SRAM 存储器。随后，英特尔研究小组不断解决 3 英寸晶圆厂生产工艺中的问题，于 1970 年 10 月，推出了第一个动态随机存取存储器芯片 C1103（图 3.11），采用 12 微米制程，容量有 1 千比特，售价仅为 10 美元。英特尔 C1103 很快

图 3.11　英特尔 C1103

就实现了大规模量产，使 1 比特只要 1 美分，这是内存芯片第一次在

单位比特的价格上低于磁芯存储器，它标志着动态随机存取存储器内存时代的到来。

当时的大中型计算机上，还在使用笨重昂贵的磁芯存储器。为了向客户宣传动态随机存取存储器的性能优势，英特尔开展全国范围的营销活动，向计算机用户宣传动态随机存取存储器比磁芯更便宜的概念。由于企业客户出于安全考虑，不会购买独家供货的产品，必须要有可替代的第二供货源。于是，英特尔选择了加拿大的一家小公司，微系统国际公司（MIL）合作，授权他们用 1 英寸晶圆生产线进行生产，每年收取 100 万美元的授权费用。C1103 的用户主要包括惠普公司和数字设备（DEC）公司。1972 年，凭借 1K 动态随机存取存储器取得的巨大成功，英特尔已成为一家拥有 1000 名员工，年收入超过 2300 万美元的芯片新贵。同年，国际商业机器公司在新推出的大型计算机上，也开始使用动态随机存取存储器。随着国际商业机器公司个人计算机产品销量急速增加，C1103 也成为全球最畅销的半导体芯片。到了 20 世纪 70 年代中期，动态随机存取存储器几乎成为所有计算机的标准配置，英特尔占据了全球 80% 以上的动态随机存取存储器市场份额。

1973 年石油危机爆发后，欧美经济停滞，计算机需求放缓，影响了半导体产业。英特尔在动态随机存取存储器芯片领域的份额快速下降。此时，德州仪器和日本厂商先后抓住机会加入市场。早在 1970 年英特尔发布 C1103 后，德州仪器便对其进行拆解仿制，通过逆向工程，研究动态随机存取存储器工艺结构。1971 年，德州仪器采用重新设计的 3T1C 结构（即 3 个晶体管和 1 个电容），推出了 2K 产品。后来创办台积电的张忠谋于 1972 年被提拔为德州仪器副总裁，他开创了动态随机存取存储器定期降价策略，被誉为"掀起全球半导体大战之人"。1973 年，德州仪器推出成本更低、采用 1T1C 结构（即 1 个晶体管和 1 个电容）的 4 千比特动态随机存取存储器，成为英特尔的强劲对手。

1969 年，德州仪器半导体中心的首席工程师离职后在美国东部马萨诸塞州成立了莫斯特卡（Mostek）公司。1973 年，莫斯特卡公司研制出 16 针脚的低成本 MK4096 芯片。16 针脚的好处是制造成本低，当时德州仪器、英特尔和摩托罗拉制造的内存是 22 针脚。凭借低成本，莫斯特卡逐渐在内存市场取得优势。而英特尔此时正将精力放在开发 8080 处理器芯片上。1976 年莫斯特卡推出了采用双层多晶硅栅工艺的 MK4116，容量提高到 16K。这一产品帮助莫斯特卡击败英特尔，占据了全球 75% 的动态随机存取存储器市场份额。1978 年，从莫斯特卡离职的 3 名设计工程师，在美国爱达荷州首府博伊西市一家牙科诊所的地下室，创办了美光科技（Micron），并很快获得了美国食品大亨，"薯条大王"辛普劳（J.R. Simplot）的 100 万美元投资。美光的第一份合约就是为莫斯特卡设计 64K 动态随机存取存储器。到 20 世纪 70 年代后期，莫斯特卡一度占据了全球动态随机存取存储器市场 85% 的份额。但是，随着日本厂商发起动态随机存取存储器芯片价格战，美国厂商就撑不住了。1979 年，陷入困境的莫斯特卡被美国联合技术公司（UTC）收购，后来又转卖给了意法半导体。1985 年，英特尔总裁格鲁夫与董事长摩尔经过磋商，毅然决定退出动态随机存取存储器市场，主攻处理器芯片市场。正是这次战略转型成就了英特尔的处理器芯片霸主地位。

2）日本存储芯片的崛起

日本芯片产业开始于 1963 年，距离美国集成电路的发明刚过去 4 年。日本电气从美国仙童半导体获得了芯片生产技术的授权。日本政府要求日本电气将取得的技术和国内其他厂商分享。由于此项技术的引进，日本很多公司开始进入芯片产业。20 世纪 70 年代，当时半导体存储器最大的市场在于大型计算机，而大型机计算机一般使用周期较长，用户不会随便换购新产品。因此，要求半导体在内的零部件具有较高的可靠性。日本芯片业界在制造工艺上精益求精，不断改进，尽量不生产劣质产品。这使日本动态随机存取存储器芯片不仅可靠性得到提升，而且还提高了良品率和生产效率，因此也降低了芯片成本。于是，日本质优价廉的动态随机存取存储器在全球市场所占的份额不断增加，获得了非常大的成功。

尽管日本可以生产动态随机存取存储器芯片，但是最关键的制程设备和生产原料要从美国进口。为了攻破技术壁垒，1976 年 3 月，日本政府启动了"动态随机存取存储器制法革新"国家项目。由日本政府出资 320 亿日元，日立（Hitachi）、三菱（Mitsubishi）、富士通（Fujitsu）、东芝（Toshiba）和日本电气（NEC）五大公司联合筹资 400 亿日元，总计投入 720 亿日元（约 2.36 亿美元）为基金，由日本电子综合研究所和计算机综合研究所牵头，组建"VLSI联合研发体"，攻坚超大规模集成电路动态随机存取存储器的技术难关（图 3.12）。日立领头组织 800 多名技术骨干，共同研制国产高性能动态随机存取存储器制程设备。目标是近期突破 64K 动态随机存取存储器和 256K 动态随机存取存储器的大规模量产，远期实

图 3.12 日本"VLSI 联合研发体"研究人员

现 1M 动态随机存取存储器的大规模量产。在这一技术攻关体系中，日立（第一研究室）负责电子束扫描装置与微缩投影紫外线曝光装置，富士通（第二研究室）研制可变尺寸矩形电子束扫描装置，东芝（第三研究室）负责 EB 扫描装置与制版复印装置，电气综合研究所（第四研究室）对硅晶体材料进行研究，三菱电机（第五研究室）开发制程技术与投影曝光装置，日本电气（第六研究室）进行产品封装设计、测试、评估研究。

1980 年，日本"VLSI 联合研发体"宣告完成为期 4 年的技术攻关项目，研发的主要成果包括各型电子束曝光装置，采用紫外线、X 射线、电子束的各型制版装置、干式蚀刻装置等，尼康和佳能研制的光刻机超越了美国同类产品，各企业的技术整合，保证了动态随机存取存储器量产良率高达 80%，远超美国的 50%，构成了压倒性的总体成本优势，奠定了当时日本在动态随机存取存储器市场的霸主地位。日本存储芯片企业乘胜追击挑起价格战，动态随机存取存储器单片价格一年内暴跌了 90%，从 1981 年的 50 美元降到

1982 年的 5 美元。在整个 20 世纪 80 年代和 90 年代初，全球半导体竞争的主要战场在动态随机存取存储器芯片。东芝投入了 340 亿日元，1500 人的研发团队，实施"W 计划"，进行动态随机存取存储器研发和生产。1985 年，东芝率先研发出 1M 动态随机存取存储器，一举超越美国，成为当时世界上容量最大的动态随机存取存储器。1986 年，日本厂商在世界动态随机存取存储器市场所占的份额达到了 80%。在很长一段时间，全球半导体企业排名前三位都是由日本电气、东芝和日立包揽，而美国企业的份额已不足 20%。

20 世纪 80 年代的东芝拥有员工十几万人，经营范围涵盖基建、制造、发电、核能、半导体、家电、计算机等领域的超级巨无霸。日本人生产生活的各方面几乎都离不开东芝。东芝成了"日本制造"名副其实的代表。在早期的东芝，流行一种称为"Under the Desk"的文化，即员工可以有 10% 的自由度去研究自己感兴趣的方向，这 10% 包括时间、设备和经费等资源。利用这一制度，时任东芝半导体研发主任的舛冈富士雄（Fujio Masuoka，图 3.13）在 1984 年和 1987 年，分别发明了 NOR 和 NAND 两种类型的闪存（Flash）芯片。闪存是非易失性的存储器，不需要消耗电力来保存数据。

舛冈富士雄 1943 年出生于日本高崎市。1971 年日本东北大学博士毕业后，成为东芝的正式员工。他是一个技术天才，

图 3.13 "闪存之父"舛冈富士雄

经常有与众不同、让人耳目一新的创意。在东芝工作的时间里，他总共申请了大约 500 件专利。其中，NOR 和 NAND 闪存的专利占了多数。但他也是一个特立独行、性情古怪的人，说话心直口快，带着唯我独尊的自信，嘴里总是念叨着"地球可是为了我而转"。正是在东芝"Under the Desk"这种宽松的研发环境中，很多研发团队都在不断创新，使东芝积累了大量专利，并在许多方面成了第一。例如，为日本开发出第一台微波炉、第一台商业化彩电和笔记本计算机等。20 世纪 90 年代上半期，日本遭遇泡沫经济。东芝的家电产品滞销，公共事业也陷入低潮。东芝开始缩减对半导体的投资，无暇顾及闪存产品的研发。舛冈富士雄于 1994 年离开东芝，出任日本东北大学电气通信研究所教授，进一步研究闪存技术。2002 年，舛冈富士雄作为"闪存之父"入选美国《福布斯》国际版封面人物。2018 年，荣获本田财团颁发的"本田奖"。将来他是否还会凭借闪存的发明而荣获诺贝尔奖？让我们拭目以待。

日本动态随机存取存储器产业超越美国，使美国对日本公司的态度发生了根本的变化：由扶持转向限制。1985 年 6 月，美国半导体公司联合起来，指控日本不公正贸易行为，要求美国政府制止日本公司的倾销行为。1985 年 10 月，美国商务部制定了一项法案，指控日本公司倾销动态随机存取存储器芯片。1986 年 9 月，日本通产省与美国商务部签署了第一次《美日半导体协议》，标志着美国从全力扶植，转向全面打压日本半导体经济。1987 年 4 月，美国宣布对日本 3.3 亿美元动态随机存取存储器芯片加征 100% 关税。

同时，美国联合其他西方国家通过《广场协议》迫使日元升值。此后不久，日元大幅升值近 50%，日本房地产泡沫蓬勃兴起，大量厂商将资金转投房地产行业，日本产品的价格竞争力急剧衰退。1989 年，日本政府为防止经济泡沫扩大，将基础利率升高至 6%，成为刺破泡沫的导火索，日本经济陷入停滞阶段。进入 20 世纪 90 年代，个人计算机（电脑）产值开始超过大型机。个人计算机对动态随机存取存储器寿命的要求比大型机要低，而且对价格更为敏感。随着个人计算机的普及，韩国的三星等企业开始推出高性价比动态随机存取存储器产品来抢占市场，而日本企业却没有积极应对，动态随机存取存储器产品还是偏向于大型计算机的需求，导致动态随机存取存储器芯片的价格失去竞争力，其全球市场份额在 2000 年后滑落至 20% 左右。

3）韩国存储芯片的逆袭

1959 年，韩国乐金（LG）公司的前身"金星社"生产出韩国的第一台真空管收音机，这被认为是韩国芯片产业的起源。20 世纪 70 年代，日本芯片公司开始在韩国投资。但直到 20 世纪 80 年代

初，韩国的芯片工业并没有自主研发能力，只是劳动力密集的进口元器件组装节点。1982 年，72 岁的三星集团创始人李秉喆前往美国考察，感叹半导体技术的日新月异（图 3.14）。同时，他也看到了美日关系的变化，美国商务部开始调查日本芯片对美国的廉价倾销。李

图 3.14 三星创始人李秉喆

秉喆意识到韩国和日本一样，资源匮乏，只有开发高附加值的芯片产品才能实现三星集团的腾飞。1983 年 3 月 15 日，李秉喆将半导体业务定位为三星的核心业务，下决心"向最尖端的半导体事业进军"，并建议韩国政府大力扶持电子产业。

李秉喆 1910 年 2 月 12 日出生在韩国庆尚南道，小时候在其祖父开办的书院里度过。在《日韩合并条约》签署后，当时的朝鲜半岛已经成为日本的殖民地，但李秉喆的父亲暗中支持李承晚领导的独立运动。1930 年 4 月，李秉喆考取了日本早稻田大学政经科。1938 年 3 月 1 日创办了向中国东北出口果品的贸易公司"三星商会"。1945 年日本战败投降后，李承晚成了韩国第一任总统，日本在韩国留下的实业，再加上美国的援助资金，都以半卖半送的方式到了和李承晚关系密切的韩国财团手中。李秉喆的三星也获益颇多。20 世纪 50 年代初，韩国物资匮乏，经济困难，李秉喆毅然放弃了获利丰厚的贸易业，决定创办工厂，发展进口替代产业，以实现他"实业报国"的理想。1953 年，他首次以自己的技术力量设计建造了韩国第一家大型制糖企业，为韩国食糖生产国产化立下了头功。李承晚执政后期推行私有化，国有银行和国有企业都着手转让给民间。三星通过兼并重组，成为韩国集金融、制造、物流于一体的大财团。

日本在动态随机存取存储器芯片市场的胜出让韩国明白，后发追赶者势必要通过企业和政府的通力合作才能成功。韩国借鉴了日本模式，举全国力量发展半导体核心技术。韩国政府在 1975 年公布了扶持半导体产业的 6 年计划，强调实现电子配件及半导体生产的本土化。这无疑为未来韩国半导体产业的自主发展奠定了坚实的基础。1986 年 10 月，韩国政府执行"VLSI 共同开发技术计划"，韩国政府出资，由韩国电子通信研究所牵头，联合三星、乐金、现代三大集团，以及韩国6所大学，联合攻关动态随机存取存储器的核心技术。随后的3年内，该计划共投入1.1亿美元，政府承担57%的研发经费。韩国动态随机存取存储器公司开始从仿制、研发走向自主创新。

　　三星曾尝试从国外引进技术，但遭到美国和日本芯片巨头的拒绝。最终，美国美光为了缓解财务压力，同意将64千比特动态随机存取存储器的技术授权给三星。1983年，三星发起64千比特动态随机存取存储器攻坚战。为了完成开发，三星分别在美国硅谷和韩国组建了两个研发团队，从美国聘请了5位有芯片设计经验的韩裔美国科学家，以及数百名美国工程师。在专家小组进行技术攻坚战的同时，三星开始建设第一条芯片生产线。73岁高龄的李秉喆深入施工现场，带领工人日夜奋战，仅用了6个月，就完成了日本需要18个月才能完成的建设任务。1984年，三星64千比特动态随机存取存储器开始量产，这比日本晚了4年，成本是日本的4—5倍。值得一提的是，北京的中国科学院半导体研究所也在一年后研制成功了64千比特动态随机存取存储器。尽管有韩国政府的大力补贴，64千比特动态随机存取存储器芯片还是给三星带来了1400亿韩元的亏损。1985年，动态随机存取存储器芯片价格不断下跌，李秉喆判断会有一些企业退出动态随机存取存储器芯片的竞争，所以顶着亏损也要扩大产能。1987年3月，美国政府决定对日本进行3亿美元的进口限制，国际市场动态随机存取存储器价格回升，三星的256千比特动态随机存取存储器芯片终于摆脱亏损。

　　李秉喆始终标榜"三星第一"主义，无论在什么时候，三星都要做到最好，而"三星第一"精神的基础，就是他的"人才第一"主义。李秉喆对人才非常重视，他曾说自己"一生 80% 的时间都用在育人选贤上了"。他坚持用人不疑，在多次困难时期挽救了三星。1987 年 11 月，李秉喆因肺癌而与世长辞。他的三子，45 岁的李健熙继任三星集团会长。李健熙 1965 年毕业于日本早稻田大学经济系，1966 年于美国乔治·华盛顿大学完成经营学硕士的课程。1988 年，李健熙在三星 50 周年庆典上，宣布"二次创业"，将三星的发展方向定为 21 世纪世界级超一流企业。李健熙提出"尊重人格、重视技术、自律经营"的核心原则，狠抓产品质量和研发，认为这是三星在竞争中制胜的关键。

与父亲李秉喆不同，极富个性的"偏执狂"李健熙偏爱有个性、能力突出的人才（图 3.15）。李健熙强调天才要拥有想象力和创造力，他曾提出

图 3.15　三星第二代掌门人李健熙

"天才经营论"，认为在这样一个全球化竞争的年代，输赢取决于一小部分有创意的天才，"一个天才能够养活 10 万人"。他花重金在日本聘请了一个百人规模的资深技术顾问团，由富士通半导体一个高层人物领导，作为三星的决策智囊团。每到周末，从日本飞往首尔的航班中，坐满了日本半导体制造商的技术人员。正如日本广播协会（NHK）纪录片《重登顶峰，技术人员 20 年的战争》提到，即使如东芝那样著名日本领军企业，也遭遇了人才流失问题，其中不少芯片技术和管理专家被三星以三倍薪资挖走，包括曾经成功实施

过东芝"W 计划"的副社长川西刚。

在李健熙的领导下，日韩半导体展开了惊心动魄的存储芯片争霸战。三星于 1988 年完成了 4 兆比特动态随机存取存储器研发，仅比日本晚 6 个月；1992 年，三星完成全球第一个 64 兆比特动态随机存取存储器研发；1993 年超越东芝，成为全球动态随机存取存储器市场的领军企业，在研发关键时刻，李健熙每天只睡 4 小时，人瘦了整整 10 千克；1994 年，三星将研发投入提升至 9 亿美元，开发成功 256 兆比特动态随机存取存储器；1996 年，三星完成全球第一个 1 吉比特动态随机存取存储器（DDR2）研发。至此，三星在存储芯片领域一直处于世界领跑者地位。2002 年，三星的 NAND 闪存位居世界榜首；2006 年与 2007 年分别在世界上率先研制成功 50 纳米级动态随机存取存储器和 30 纳米级 NAND 等，三星在存储器领域的占有率超过 30%，成为业界的强者。三星充分利用了存储器行业的强周期特点，依靠韩国政府的输血，在价格下跌、生产过剩、其他企业削减投资的时候，逆势疯狂扩产，通过大规模生产进一步下杀产品价格，从而逼竞争对手退出市场甚至直接破产，实现市场份额的进一步扩大，这被称作"逆周期策略"。2017 年，受益于存储芯片价格的提升，三星营收反超英特尔，位居全球半导体榜首。

继三星之后，1983 年成立的韩国现代电子也通过引进国外技术，积累了芯片技术能力。1985 年，美国德州仪器为降低制造成本，与现代电子签订 OEM 协议，由德州仪器提供 64 千比特动态随机存取存储器的工艺流程，改善产品良率。1986 年，现代电子成为韩国第二家量产 64 千比特动态随机存取存储器芯片的厂商。1996 年，现代电子在韩国上市，1999 年收购乐金半导体，2001 年从现代集团完成拆分，将公司名改为海力士（Hynix）。2012 年 2 月，韩国第三大财团 SK 集团宣布收购海力士 21.05% 的股份，将公司名改为 SK 海力士。近 10 年来，SK 海力士一直紧随三星，在存储芯片市场上稳居前三位。

4）动态随机存取存储器芯片市场的搏杀

动态随机存取存储器芯片市场累计已在全球创造了超过 1 万亿美元的产值。50 多年来，美国、日本、欧洲、韩国、中国台湾地区的数十家芯片公司，在动态随机存取存储器市场上投入巨资，上演了一幕又一幕的生死搏杀，不少名震世界的芯片巨头轰然倒地，就连开创动态随机存取存储器产业的三大老牌美国芯片巨头，英特尔、德州仪器和国际商业机器公司，也分别在 1986 年、1998 年和 1999 年，黯然退出了动态随机存取存储器市场。然而，由美国"薯条大王"辛普劳投资 100 万美元创办的美光科技，却在以土豆闻名的农业州爱达荷，奇迹般地成长为全球动态随机存取存储器芯片巨头之一。2018 年，美光的营收为 303 亿美元，仅次于英特尔，为美国第二大芯片公司。

生于 1945 年的双胞胎兄弟沃德·帕金森（Ward Parkinson）和乔·帕金森（Joe Parkinson）是美光的联合创始人，他们在爱达荷州东部长大。沃德在斯坦福大学获得计算机硕士学位后，曾就职于达拉斯的内存芯片制造商莫斯特卡，而乔则成为爱达荷州府博伊西市的一名律师。20 世纪 70 年代末，沃德和两位年轻的同事离开了莫斯特卡，计划开发下一代动态随机存取存储器芯片。1978 年，33 岁的律师乔起草了公司成立的文件，出任美光首席执行官，并吸引到爱达荷州首富辛普劳的投资。当时，芯片制造商都在使用 5 英寸晶圆，美光以极低的价格购买了4英寸晶圆二手制造设备。1981年，美光仅以700万美元的成本就建成了占地4645平方米的晶圆厂，这堪称是"如何以便宜的方式开办高科技制造企业"的教科书。当时，有位硅谷的科技领袖曾告诉辛普劳，"没有2亿美元，谁也造不出一个动态随机存取存储器工厂"。

美光的第一份合约就是为莫斯特卡设计64千比特动态随机存取存储器，主要供应给正在飞速崛起的个人计算机制造商。1985年，由于日本廉价动态随机存取存储器的大量倾销，在财务压力之下，美光为了创收，同意将落后的64千比特动态随机存取存储器芯片生产技术授权给韩国三星。美光以芯片设计能力见长，专注在增加每一片晶圆中的晶片数量，以此降低成本。不像其他美国公司只会追求大而无当的创新，美光既专注发展降低成本的技术，又重视生产制程的改良，从而在与日本厂商价格战中不被打败。20世纪80年代中期，动态随机存取存储器芯片价格不断下探，但三星逆周期投资，继续扩大产能，并开发更大容量的动态随机存取存储器。1986年，在其他9家美国公司都倒闭后，美光对日本提出反倾销的控诉。最后，日本与美国签订半导体贸易协议，规定日本在美销售动态随机存取存储器价格必须高于美国所订立的公平价格。很快，动态随机存取存储器价格回升，三星和美光等动态随机存取存储器厂商开始盈利，在残酷的竞争中生存下来。

1994年，33岁的阿普尔顿（Appleton）接棒美光首席执行官。阿普尔顿出生在美国洛杉矶，高中毕业后在博伊西州立大学（Boise State University）获得网球奖学金（图3.16）。他本来有机会成为网球明星，然而意外的右手腕骨折断送了体育前程。22岁那年，阿普

尔顿成了美光芯片制造车
间的生产线工人，时薪不
到 5 美元。但他立志要成
为这家公司的首席执行
官，并因勤奋和业绩脱颖
而出，受到了重用。这种
传奇式的成功轨迹很快赢
得了公司上下的钦佩。阿

图 3.16　美光第二任首席执行官阿普尔顿

普尔顿上台后推行的各种革新制度使他的强悍形象得以树立。阿普
尔顿不负众望，美光销售额和利润持续增长，员工人数攀升至 5500
人。1995 年，阿普尔顿通过整合建立了美光电子公司，开始了个人
计算机的销售业务。投资 25 亿美元在犹他州建立了一座新工厂，并
在弗吉尼亚州，以及欧洲和亚洲购买工厂。

　　在 1997 年的亚洲金融风暴中，韩国公司由于负债率过高和外
汇储备不足，以及欧美债务收紧等原因导致韩元在年底数周内暴跌
60%，这却意外地极大增强了韩国公司的出口竞争力。1998 年，韩
国企业在全球动态随机存取存储器份额上超过日本企业。日本半导
体巨头开始重组业务，1999 年，日立和日本电气剥离动态随机存取
存储器业务组成尔必达（Elpida），意图复兴日本半导体。动态随机
存取存储器产业历经了多次产业周期，在阿普尔顿的领导之下，美
光不仅平安度过行业低谷，还将危机转化为转机。1998 年，美光以
8 亿美元收购了德州仪器存储业务部门，获得重要技术与研发能力，
并增加规模来降低成本。同年，美光与英特尔结盟，由英特尔投资
美光 5 亿美元，从事新一代存储芯片的开发与生产。自此，美光与

英特尔一直维持紧密的合作关系，确保美光在高端产品的市场。

2007 年年初，微软 Windows Vista 操作系统销量不及预期，导致动态随机存取存储器供过于求，价格下跌，再加上 2008 年金融危机的雪上加霜，动态随机存取存储器芯片颗粒价格从 2.25 美元暴跌 86% 至 0.31 美元。三星逆周期投资扩产，故意加剧行业亏损，动态随机存取存储器价格在 2008 年年底跌破了材料成本。2009 年年初，德国奇梦达宣布破产，欧洲厂商彻底退出了动态随机存取存储器产业。2012 年年初，日本尔必达宣布破产，日本厂商也彻底退出了动态随机存取存储器产业。三星市场份额进一步提升，成为动态随机存取存储器的全球霸主。

敢于冒险的美光首席执行官阿普尔顿则运用一连串的海外并购与合资，正式进入全球布局的阶段。主要对象为在动态随机存取存储器竞争中败退的日本厂商，以及生产成本较低的中国台湾厂商。尤其在 2012 年尔必达宣布破产后，美光一举击败东芝、海力士，以及中国的弘毅投资，以 25 亿美元将其收购，使美光市场份额大幅增加。美光善用各国厂商的竞争优势，整合成为本身的优势，形成了在动态随机存取存储器领域由美国、日本与中国台湾地区联手对抗韩国的局面。到此为止，全球动态随机存取存储器领域的巨头就只剩下韩国的三星、海力士和美国的美光了。不幸的是，2012 年 2 月 4 日，热衷于驾驶飞机，玩飞行特技的美光首席执行官阿普尔顿在爱达荷州博伊西机场的一次飞机事故中不幸遇难，享年 51 岁。

2014 年 6 月，国务院发布《国家集成电路产业发展推进纲要》。在关键核心技术国产替代浪潮的推动下，中国大陆开启对动态随机存取存储器产业的战略布局。2015 年，中国大陆紫光集团宣布拟以 230 亿美元的高价收购美光，尽管没有成功，但引起了业界震撼。从 2016 年起，中国掀起了一场动态随机存取存储器产业投资风暴。紫光集团宣布投资 240 亿美元，在湖北省武汉市建设国家存储器基地（武汉新芯二期 12 英寸晶圆动态随机存取存储器厂），规划到 2020 年建成月产能 30 万片，年产值超过 100 亿美元。福建晋华集团与台湾联电合作，一期投资 370 亿元，在福建省晋江市建设 12 英寸晶圆动态随机存取存储器厂，规划到 2025 年四期建成月产能 24 万片。合肥长鑫集成电路有限责任公司投资 72 亿美元，规划 2018 年建成月产能 12.5 万片。2017 年 1 月，紫光集团宣布投资 300 亿美元，在江苏省南京市投资建设半导体存储基地，一期投资 100 亿美元，规划建成月产能 10 万片，主要生产 3D NAND 闪存和动态随机存取存储器存储芯片。上述 4 个项目总投资超过 660 亿美元。就国家层面来讲，如何切入该行业，切入的力度和规模有多大，还需要有一个清晰的产业定位。

5）闪存芯片市场的角逐

正值日本动态随机存取存储器鼎盛的 20 世纪 80 年代，东芝半导体的研发主任舛冈富士雄却另辟蹊径，分别在 1984 年和 1987 年，发明了 NOR 和 NAND 两种类型的闪存芯片。NAND 闪存具有容量大、成本低等特点，主要应用在智能手机存储、平板计算机和固态硬盘。NOR 闪存读写速度更快，但容量小、成本高，到了智能机时代，市场曾一度萎缩。近年来随着物联网、真无线立体声（TWS）耳机和有源矩阵有机发光二极体（AMOLED）屏幕等新需求的爆发，NOR 闪存又迎来发展的第二春，但市场总量仍然不到 NAND 闪存的一成。

1985 年，东芝如日中天，率先推出了当时全球容量最大的动态随机存取存储器芯片。但年底由于前雇员熊谷独的举报，"东芝事件"开始发酵，日本通产省启动对东芝公司"涉嫌违反巴黎统筹委员会协议，向苏联出口精密机床"的调查。这些机床被用于加工军舰的螺旋桨，大大减少了苏联海军舰艇的噪音。1987 年年初，美国掌握了苏联从日本获取精密机床的真凭实据。在美国的压力下，日本警视厅逮捕了东芝的涉案人员。1987 年 6 月，美国众议院通过了东芝制裁法案，对东芝集团所有产品实施禁止向美国出口 2—5 年的惩罚。7 月，东芝董事长和总经理宣布辞职。当时的日本首相不得不向美国表示道歉，东芝还在美国的 50 多家报纸上整版刊登"悔罪广告"。"东芝事件"的爆发无疑影响了东芝对闪存新技术的投入。

1988 年，英特尔看到了闪存技术的巨大潜力，与东芝签订了交叉授权许可协议，成立了 300 人的闪存事业部。英特尔改良了东芝发明的 NOR 闪存，并成功实现批量生产，推出了首款商用 NOR 闪存芯片，主要用于存储计算机软件。同年 3 月，以色列移民哈拉利·伊莱（Harari Eli）、印度移民桑贾伊·麦罗特拉（Sanjay Mehrotra）和中国台湾移民杰克·袁（Jack Yuan）在美国硅谷联合创办了闪迪（SanDisk），致力于让闪存服务于移动便携产品，并开发出全球首个闪存固态硬盘。

20 世纪 90 年代，闪存市场开始快速扩张。1991 年，东芝发布全球首个 4 MB NAND 闪存。闪存全球市场规模约 1.7 亿美元，1995 年则增长超过 10 倍，达到了 18 亿美元。1997 年，第一部手机开始配置闪存，消费级闪存市场就此打开。三星趁日本泡沫经济瓦解，持续对半导体进行大规模投资。一方面运用最先进的设备，提高生产效率；一方面积极学习日本技术，高薪聘请日本专家将积累的技术传授给韩国技术人员。三星向当时苦于资金周转的东芝提出联合开发，东芝也期待借助与三星的联合开发，降低制造装置和原料的价格，有助于闪存技术的市场拓展，于是接受了三星的提议。但是，三星在获得东芝技术授权后，逆周期不断扩产投资，最终在1993 年超过东芝，成为存储芯片领域的世界第一。

1999 年，东芝和闪迪合资成立闪存制造公司。值得一提的是，2002 年 7 月，中国深圳朗科公司的 U 盘发明专利"用于数据处理系统的快闪电子式外存储方法及其装置"获得中国国家知识产权局正式授权，以色列 M-Systems 公司立即向中国国家知识产权局提出了专利权无效宣告请求，引发了全球关注的闪存应用专利之争。最终，2004 年 12 月 7 日，朗科获得美国国家专利局正式授权的闪存盘基础发明专利，赢得了这场 U 盘专利之争。

2006 年，全球闪存营收超过了 200 亿美元。美光和英特尔各自出资 50% 成立 IMFT（Intel-Micron Flash Technologies）闪存制造公司，各自拥有 NAND 闪存产品和品牌。2012 年，三星率先推出第一代 3D NAND 闪存芯片，3D NAND 闪存工艺复杂，制造难度很高。2014 年，东芝和闪迪也宣布推出了 NAND 闪存。2015 年，美光和英特尔联合研发新的大容量存储技术 3D XPoint。到此为止，三星、东芝 / 闪迪、英特尔 / 美光、SK 海力士形成了全球 NAND 闪存四大阵营，6 家公司合计占据 99% 的市场份额。其中，三星占比 32.6%，东芝和闪迪占比 36.4%，美光和英特尔占比 18%，SK 海力士占比11.9%。2016 年，中国紫光集团旗下的长江存储开始在武汉投资生产中国首批 3D NAND 闪存芯片。

近年来，NAND 闪存领域的并购重组大戏不断上演。2015 年 10 月，美国西部数据宣布以 190 亿美元收购闪迪。2018 年 6 月，美国贝恩资本完成了对东芝闪存业务的 180 亿美元收购案，并将东芝闪存业务更名为"铠侠（Kioxia）"。2019 年 1 月，美光公司宣布收购 IMFT 公司，结束了与英特尔长达 14 年的合作关系。美光支付给英特尔 15 亿美元的现金，同时承担 IMFT 公司大约 10 亿美元的债务。

在移动终端设备中，NAND 闪存已经成为必不可少且最昂贵的组件。苹果是全球最大的 NAND 闪存芯片客户，占全球需求的 15%。三星、SK 海力士、铠侠和西部数据是苹果的主要供应商。据 2018 年 2 月《日经新闻》网站报道，苹果公司正与中国长江存储谈判，希望采购其 NAND 闪存芯片用于苹果的 iPhone。中国市场在 NAND 闪存芯片的全球需求中占比接近 40%，这也给长江存储等本土厂商提供了有力的市场支持。长江存储被视为中国在存储芯片领域赶超国际巨头的希望（图 3.17）。

图 3.17　长江存储芯片厂

随着物联网、智能汽车以及真无线立体声耳机等消费电子的发展，"小而精"的 NOR 闪存芯片的需求量也在与日俱增。由于 NOR 闪存的市场空间不到 NAND 闪存的 10%，三星和美光等存储芯片巨头这几年已经陆续关停了 NOR 闪存芯片生产线。中国台湾的华邦和旺宏，以及中国大陆的兆易创新反而逆势迅速崛起，成为 NOR 闪存芯片的领导品牌。2019 年，全球 NOR 闪存芯片市场规模约为 25 亿美元，华邦、旺宏和兆易创新分别占据市场份额的 23.4%、23.2% 与 13.9%。

3.4　微处理器芯片之战

在我们日常使用的计算机或者智能手机中，微处理器芯片（CPU）作为系统的运算和控制核心，就相当于指挥战争的司令部，其重要性不言而喻。微处理器芯片是业界公认的技术和商业壁垒最高的芯片产品。从 1971 年全球首个微处理器芯片面世以来，英特尔一直是个人计算机和服务器处理器芯片市场上无法撼动的霸主。2019 年，英特尔全年营收创历史新高，达到了 720 亿美元，在全球芯片行业稳居第一把交椅。很多吃尽苦头的芯片巨头陆续退出了这个战场，但仍有一家微处理器芯片公司超威半导体保持着与英特尔超过 50 年的长期竞争，并在近几年打了一场成功的翻身仗，不断蚕食着英特尔的市场份额。2019 年，超威半导体营收为 67 亿美元。英特尔一直以来坚持的是重资产的、封闭的全产业链商业模式，而英国 ARM 公司则选择了一条截然相反的道路，通过轻资产和开放的合作共赢模式，ARM 成为了手机处理器芯片的核心供应商，成功地阻挡了英特尔的多次进攻。

1）微处理器芯片的诞生

1968 年，41 岁的诺伊斯（Robert Noyce）和 39 岁的摩尔（Gordon Moore）一起离开仙童半导体，联合创办了英特尔。摩尔把在仙童半导体时的研发副手、32 岁的格鲁夫（Andy Grove）也招了过来。英特尔创业"三剑客"正式粉墨登场：诺伊斯善于对外交往，是大家信赖的行业领袖；摩尔善于思考，是精通研发的技术大师；格鲁夫则善于行动，能够将技术与管理完美结合（图 3.18）。在创建初期，诺伊斯担任总裁，他开创了没有墙壁的隔间办公室新格局，取消了管理上的等级观念，奠定了英特尔的公司文化。

图 3.18　英特尔"三剑客"：从左到右为格鲁夫、诺伊斯和摩尔

1970 年，英特尔采用 12 微米工艺开发的动态随机存取存储器

芯片 C1103 问世，开启了动态随机存取存储器芯片的产业化时代。1971 年 10 月，英特尔成功在美国纳斯达克上市，股价在其后的两年上涨了 3 倍。1974 年，英特尔占据了全球八成以上的动态随机存取存储器存储芯片市场份额，成为全球最大的存储芯片供应商。

20 世纪 60 年代末，日本计算器制造商布斯卡姆（Busicom）与英特尔签署协议，为一款高端计算器设计并生产芯片。英特尔负责这个项目的计算机专家霍夫（Ted Hoff）摸索出了独特的处理方式，将中央处理器集成在一块芯片上。霍夫 1937 年出生于纽约州的罗切斯特，1959 年获得了斯坦福大学电子工程博士学位，1968 年加盟英特尔，成为第 12 位员工。1971 年 3 月，全球首个处理器芯片——由 34 岁霍夫设计的英特尔 4004 面世，其中 4 代表芯片可以处理 4 位数据。霍夫被誉为"微处理器（CPU）之父"，英国《经济学家》杂志称他为"第二次世界大战以来最有影响的科学家"。同年 7 月，为另一客户定制的英特尔 8008 处理器芯片面世，它可以处理 8 位数据。然而，这两款早期处理器芯片的性能不强，市场应用范围有限。在英特尔当时的市场观念中，做处理器芯片是不划算的。因为每台机器能卖几百块内存芯片，但只能卖一块处理器芯片。尽管英特尔的销售部门认为处理器芯片市场有限，不值得继续投入，但诺伊斯非常有远见，他预见到微处理器将会极大地改变社会。

1974 年，英特尔成功研制出了速度比 8008 快 10 倍的处理器芯片 8080。在诺伊斯的支持下，英特尔聘请了大量应用专家和技术销售人员来推销处理器芯片，并在全球范围内举办微处理器相关的学术研讨。成千上万的设备开始使用 8080，使英特尔处理器芯片的普及一跃而成为现实。1978 年，英特尔研制出第一个 16 位处理器芯片 8086，很快又推出了 8088（一个拥有 8 位外部数据总线的微处理器）。英特尔启动了一项著名的营销活动"征服运算"，来宣传其产品优势，包括全套微处理器及互补产品的研发、卓越的客户服务和技术支持等。英特尔的"征服运算"活动获得了当时计算机行业霸主"蓝色巨人"国际商业机器公司的青睐。1981 年，英特尔 8088 微处理器被选用来生产国际商业机器公司的个人计算机。随着国际商业机器公司个人计算机产品销量急速增加，英特尔微处理器也迎来了飞速发展期。

英特尔与国际商业机器公司的这次合作，给计算机行业创造了一种新的发展路径。计算机行业的初始状态是高度垂直整合。国际商业机器公司既要造计算机用的芯片，还做操作系统、应用软件，同时生产计算机终端。在 1961 年年底国际商业机器公司启动的"System 360"项目中，国际商业机器公司就攻克了指令集、集成电路、可兼容操作系统、数据库等软硬件多道难关，获得了 300 多项专利。而到 20 世纪 70 年代，随着技术进一步普及、市场对软件需求的增加，软件开始成为单独的行业，微软和甲骨文等公司陆续出现。这同时催生了芯片产业从计算机中分化，产生了一批主要做芯片硬件（芯片设计、制造、封装和测试）的公司，英特尔就是其中代表。

早期国际商业机器公司研制的大型计算机都是针对极少数专业用户，使用的软件都是量身定制，应用软件很少，大家都在同一台机器上使用。而到了个人计算机市场，一个软件可以运行在数以万计的机器上，这开创了新的操作系统和应用软件市场。这些软件大部分是基于 8086 的指令集编写的，新的机器如果要使用原来的软件，必须包括原有的中央处理器指令集，这种需求叫做"兼容"。

出于兼容的目的，英特尔后续推出的新中央处理器都是在 8086 指令集基础上的扩展。而这一套做法，被归纳为"架构"。英特尔 CPU 的架构就是现在人们熟知的"×86 架构"。正如"冯·诺依曼结构"规定了计算机组成部分以及内部的逻辑关系，英特尔"×86 架构"的出现，则使个人计算机的软件开发有了共同的基础。这才有了计算机软件和硬件的结合，相互促进的快速演进。这对英特尔具有决定性的意义，因为它从此拥有了 CPU 的标准。后来，英特尔陆续开发了一系列名称为 ×86 的微处理器，包括 80286、80386 和 80486，这一系列 ×86 处理器都是 8080 型的后续衍生产品。

在英特尔将部分精力转移到微处理器研发时，日本动态随机存取存储器存储芯片技术也逐渐成熟，并不断打价格战。1979 年，43 岁的格鲁夫接任英特尔总裁，他作风强硬，以结果为导向，任何人不得为没有完成指标找借口。格鲁夫 1936 年出生于匈牙利布达佩斯一个犹太人家庭。20 岁时移居美国，于 1963 年获得加州大学伯克利分校化学工程博士学位。他坚信"只有偏执狂才能生存"。20 世纪 80 年代初期，由于受到动态随机存取存储器芯片价格战冲击，英特尔遭遇了困境，格鲁夫开始实施"125% 解决方案"，所有的员工被要求在接下来的 6 个月内额外工作两小时，不过并不会获得相应的报酬。1982 年 11 月，英特尔宣布全面降薪。在销售会议上，格鲁夫经常用他特有的匈牙利口音激励大家："英特尔是美国电子业迎战日本电子业的最后希望所在。"1985 年，格鲁夫与董事长摩尔探讨后，毅然决定放弃年销售额超过 10 亿美元的存储芯片业务，主攻处理器芯片市场。这次决策被格鲁夫称为"战略转折点"。格鲁夫领导了这次生死攸关的大转折。他广泛接触公司的高级管理人员、中层经理和基础员工，竭尽全力和他们交流，一遍又一遍地解释公司新的战略目标。1986 年，英特尔解雇了 8000 名员工；格鲁夫提出了新的口号"英特尔，微处理器公司"，并带领英特尔顺利地穿越了存储芯片劫难的死亡之谷。

2）Wintel 联盟和指令集壁垒

20 世纪 80 年代以前，苹果公司是个人计算机产业的霸主。1976 年 4 月，21 岁的乔布斯（Steve Jobs）和 26 岁的沃兹涅克（Stephen Wozniak）在美国加州硅谷的车库里联合创办了苹果公司。在一年后的首届美国西海岸计算机展览会上，苹果公司推出了第一台小巧轻便、操作简便的个人计算机 Apple Ⅱ。Apple Ⅱ 由沃兹涅克设计，面向大众需求，大大改变了早期计算机沉重粗笨、难以操作的形象，开启了个人计算机的革命。它的最初零售价是 1298 美元，共卖出超过 500 万台，在商业上取得了巨大的成功。1980 年 12 月 12 日，苹果公司在美国纳斯达克成功上市，25 岁的科技新贵乔布斯成了名声大噪的亿万富翁。但好景不长，苹果公司的新产品 Lisa 计算机由于昂贵的价格和缺少软件开发商的支持而失败，董事会决议撤销了乔布斯的经营大权。乔布斯几次想夺回权力均未成功，便在 1985 年 9 月愤而辞去苹果公司董事长的职位。

1981 年，国际商业机器公司将英特尔的 8088 微处理器芯片用于其研制的个人计算机中，加上微软的操作系统，国际商业机器公司个人计算机迅速取代苹果计算机成为个人计算机市场上的霸主。×86 架构建立起来的生态系统，英特尔与微软的"Wintel 联盟"也在悄然生长，前者做计算机中央处理器，后者做 Windows 操作系统，

个人计算机开始真正走进
了人们的工作和生活之
中。20世纪80—90年代，
"Wintel 联盟"进展得十
分顺利（图3.19）。任何
计算机厂商只要选择了英
特尔或微软其中一家，就
等同于连带选择了另一
家，两者很难分开。微软

图 3.19　微软创始人盖茨和英特尔首席执
行官格鲁夫

和英特尔分别控制着计算机行业最重要的两项标准：Windows 操作
系统和英特尔处理器架构。Wintel 联盟制定的一些技术规范，已成
为个人计算机产业事实上的标准，该联盟也因此在全球个人计算机
产业形成了所谓的"双寡头垄断"格局。

　　按照摩尔定律，英特尔处理器的速度每 18 个月翻一番，这样
消费者好像可以在 18 个月过后以更便宜的价格买到性能合适的处
理器。但事实上，微软在这段时间会不断升级自己的 Windows 操作
系统，让它消费掉更多的硬件性能，导致旧的硬件设备就没法获得
优秀的用户体验了。消费者为了获得更好的体验也就不得不继续更
换新计算机。原本属于耐用消费品的计算机、手机等商品变成了消
耗性商品，刺激着整个 IT 领域的发展。安迪—比尔定律（Andy and
Bill's Law）就是对 IT 产业中软件和硬件升级换代关系的一个概括。
原话是 "Andy gives，Bill takes away"。这句话的意思是，硬件提高
的性能，很快被软件消耗掉了。其中的"安迪"，字面的意思是指
英特尔的格鲁夫，背后所指代的是所有硬件厂商；其中的"比尔"，

字面的意思是指微软公司的盖茨，背后所指代的是所有软件厂商。

个人计算机时代之前的小型机主要在数据中心处理专业的计算工作，市场分散，操作系统和指令集也各自为营。所谓的"指令集"就是芯片硬件和底层软件代码之间沟通的一套"标准"。相应的软件操作系统，通过相应的指令集跑在相应的芯片上，才能达到最佳效果。随着个人计算机时代到来，操作系统市场开始向头部玩家集中，微软 Windows 最终突出重围，与之绑定的英特尔 ×86 指令集也跟着建立起了"指令集壁垒"。英特尔的指令集和微软的操作系统就形成了难以攻破的生态系统，逐渐获得了个人计算机市场上的垄断地位。

微软与英特尔最默契的一次联手是对付"AIM 联盟"。20 世纪 90 年代初，苹果（Apple）、国际商业机器公司和摩托罗拉（Motorola）结成一个"AIM 联盟（Apple-IBM-Motorola）"，并于 1991 年 7 月推出了一款商用级 PowerPC 微处理器芯片，旨在与 Wintel 的 ×86 相抗衡。"Wintel 联盟"随即展开了强烈的反攻。英特尔推出了具有划时代意义的奔腾芯片系列，而微软则珠联璧合地推出了 Windows 95 操作系统。英特尔和微软还分别展开了对"AIM 联盟"的分化瓦解。尽管摩托罗拉当时在资金和技术上均占优势，PowerPC 微处理器性能也优于英特尔同类产品，但由于铱星系统的失败，以及一系列的经营失误，导致"AIM 联盟"无疾而终。2005 年 6 月，苹果 Mac 计算机也不得不抛弃摩托罗拉 PowerPC 处理器，而选用英特尔的中央处理器。

1991 年，为了把英特尔的处理器与来自对手的模仿品区分开来，格鲁夫启动了"Intel Inside"计划，英特尔鼓励个人计算机制造

184

商使用"Intel Inside"标识，对在计算机外包装上标注"Intel Inside"的个人计算机制造商，给予5%的折扣。这个宣传活动让英特尔摇身一变成为家喻户晓的品牌。"Intel Inside"的意义在于：它证明了微处理器厂商可以拥有独立的品牌，并直接影响它的消费者，然后让消费者凭借对CPU的需求来拉动个人计算机的销售。在这之前，没有任何一个上游技术厂商能做到这一点，即使放大到整个商业史，这也是一个具有开创意义的举动。

2000年之后，英特尔又进一步利用自己在个人计算机市场出货量大、成本低的优势，向更高端的"小型机服务器市场"进军，以价格战打败了Power、SPARC、Alpha等老牌指令集，改写了整个服务器市场的生态基础。对×86指令集这一电子产业基础性标准的掌控，也让英特尔多年来屹立不倒，逐渐成了整个计算机产业的领导者。1993年，英特尔微处理器已占据全球85%以上的市场。1999年，英特尔公司占据了计算机市场全部32位和64位微处理器78%的销售额。连续25年（1991—2017）登顶全球半导体第一厂商的宝座。

1982年，为了拿下国际商业机器公司的个人计算机外包订单，英特尔被迫和超威半导体签订了5年技术合作协议，授权超威半导体代工生产×86系列处理器芯片。创立于1969年的超威半导体也是从仙童半导体分化出来，创始人是仙童销售总监桑德斯（Jerry Sanders）。他喜欢开豪华轿车，渴望发财，并直言"我崇尚金钱"，与硅谷崇尚勤俭、朴素的技术派风格迥然不同。桑德斯生于1936年，不到5岁父母就离异，由祖父母抚养长大。祖父经常教导桑德斯："对于普通人来说，美好的一切只能来自艰苦奋斗。"刚起步的超威半导体举步维艰，虽然只比英特尔晚一年成立，但劣势明显，缺乏技术和资金。英特尔的两位创始人"只花了5分钟就筹集了500万美元"，而33岁的桑德斯在诺伊斯的帮助下，"花了500万分钟只筹集了5万美元"。童年的艰难历程磨炼出了桑德斯的坚韧和才能，超威半导体创办初期便以"第二供应商"（second source supplier）的方式向市场提供英特尔授权制造的芯片产品。

尽管经历了1987—1995年的世纪诉讼大战，在微处理器芯片市场上，英特尔吃肉、超威半导体喝汤的这个局面已经持续了50多年。正是超威半导体的坚持，成功地打破了英特尔的垄断，拉低了处理器市场的价格，让个人计算机走进了千家万户。超威半导体在2003年曾领先英特尔推出了64位桌面中央处理器，但微软却在一年后才拿出64位操作系统，与英特尔64位处理器节奏相同，导致超威半导体功亏一篑。2006年7月，超威半导体以54亿美元收购显卡双雄之一的ATI，在中央处理器和显卡市场双线作战。这个激进的并购造成超威半导体资金短缺，腹背受敌，研发不力，市场节节败退。2008年，超威半导体陷入财务困境。为了断臂求生，2009年超威半导体被迫卖掉了自己的晶圆厂。买主是阿联酋阿布扎比的先进技术投资公司，成立了专注于晶圆代工的新公司格芯（Global Foundries）。从此，超威半导体丧失了自主的晶圆制造能力，彻底转型为一家芯片设计公司。2011—2015年，超威半导体品牌形象持续下落，连续亏损，濒临破产，市值由最高时期的750亿美元跌落到了最低时期的30亿美元以下，连英特尔的一个零头都不到了。

3）手机处理器的混战

手机处理器负责处理、运算手机内部的所有数据，是手机性能最核心的决定性芯片。一款智能手机的程序运行速度、流畅度、拍照、续航、网络制式等大量的基础性能的优劣，其决定权均来自手机处理器。2019 年，智能手机处理器市场规模约为 300 亿美元。其中，高通排名第一，占据 33.4% 的份额；联发科排名第二，占据 24.6%；三星排名第三，份额达到 14.1%；苹果排名第四，份额为 13.1%；华为排名第五，份额为 11.7%。这些手机处理器有一个共同的特点：它们都是基于英国 ARM 公司授权的处理器架构。全球超过 90% 的智能手机采用了高性价比、耗能低的 ARM 处理器架构，2019 年，ARM 公司取得了将近 20 亿美元的技术授权费和版税提成。

全球首款智能触摸屏 PDA 手机是由摩托罗拉在 2000 年生产的 A6188 手机，它也是第一部中文手写识别输入的手机。A6188 手机采用了摩托罗拉自主研发的 16 兆赫兹龙珠（DragonBall）处理器，和 PPSM（Personal Portable Systems Manager）操作系统。龙珠处理器由摩托罗拉在香港的研发团队针对手持设备而开发，曾经一度成为 ARM 的竞争对手，但在多媒体方面的局限性令它无疾而终。

2002 年推出的诺基亚 7650 是世界上首部 2.5G 基于塞班（Symbian）操作系统的智能手机，并首次将摄像功能置于其身。该机采用了 ARM 的处理器内核，主频为 104 兆赫兹，此后诺基亚的主要智能机型也一直沿用 ARM 的处理器。随着诺基亚智能手机的爆炸式增长，ARM 赚得盆满钵满。

德州仪器曾在 2.5G 手机处理器市场上如日中天，旗下的 OMAP（Open Multimedia Application Platform）系列处理器平台一直是诺基亚、索尼爱立信和摩托罗拉的御用中央处理器，能够兼容 Linux、Windows CE、Symbian 等操作系统。最早推出的主频为 132 兆赫兹的

OMAP710 芯片采用 150 纳米制程，集成了 ARM925 处理器内核。德州仪器投入了大量资金开发和拓展其 OMAP 开发商网络，尽管 OMAP 处理器功能强大，但基带通信方面的技术和专利缺乏一直是德州仪器的短板。随着高通手机处理器芯片在 3G 时代的崛起，以及苹果和三星使用自己研发的手机处理器芯片，老牌手机霸主摩托罗拉和诺基亚走向没落，德州仪器于 2012 年宣布退出智能手机处理器市场。

三星于 1996 年 9 月获得了 ARM 7TDMI 核心的授权。到 1998 年年底，三星拥有了可供内部使用的码分多址芯片组，它在 1999 年年初首次出现在三星码分多址手机上。2002 年 7 月，ARM 和三星宣布了一项全面的长期授权协议。它允许三星在协议期限内使用 ARM 所有当前和未来的知识产权。这项协议将三星从 ARM 的一家客户转变为 ARM 未来发展的合作伙伴。2009 年 6 月，三星推出 Galaxy GT–i7500 智能手机，采用了高通 MSM7200A 芯片。这款高度集成的单芯片有 ARM 1136J–S 处理器，一个高通 DSP 内核用于应用，还有一个 ARM 926 内核，以及另一个较小的高通 DSP 内核运行基带。紧接着，三星也推出了自己的芯片 S3C6410，采用 65 纳米工艺，里面是 ARM 1176JZF–S 内核和三星自己的图形处理内核。2010 年 6 月，三星旗舰产品 Galaxy S 开始搭载安卓（Android）2.2 发售，7 个月内成为三星 1000 万台销量俱乐部中的第一款智能手机。它的内部是三星自己的 Exynos 3 处理器芯片。从此三星成为在智能手机领域唯一一家既做芯片设计，又做晶圆代工和整机制造的全能型公司。

2010 年 6 月，乔布斯在苹果全球开发者大会上发布了苹果第四代手机 iPhone4，首次使用了苹果自己研发的 A4 处理器芯片。该芯片采用 45 纳米工艺，包含一个 800 兆赫兹 ARM Cortex–A8 的单核处理器，其核心的结构和此前使用的三星处理器芯片十分相似，仅仅是主频升高。A5 是第一款苹果设计的双核处理器芯片，处理器架构也升级到了更强劲的 ARM Cortex-A9。A7 是全球第一款移动端 64位处理器，给未来手机处理器发展指出了新的方向。iPhone 6S 搭载的 A9 芯片第一次使用了三星和台积电的双代工策略，进一步加剧了两个晶圆代工巨头的制程竞赛。

20 世纪 90 年代，当时研发码分多址手机的高通刚起步不久，想和英特尔合作，英特尔认为手机市场太小，拒绝了合作。后来，苹果的第一代 iPhone 开始也想和英特尔合作，英特尔还是以相同的理由拒绝了。随着 iPhone 手机的热销，以及安卓系统的推出，全球进入了智能手机爆发的时代，以高通为首的众多手机处理器厂商迅速崛起，但是英特尔并没有及时作出反应。直到 2012 年，英特尔才宣布用阿童木（Atom）系列 ×86 处理器进入智能手机芯片领域，英特尔希望 ×86 的生态也能进入到低功耗的移动领域，而不是用自己先进的工艺制程和设计能力帮 ARM 建设高端应用的生态。但由于 ×86 架构的功耗居高不下，以及与安卓系统应用软件的兼容性问题，主流手机厂商都没有选择英特尔的 Atom 处理器芯片。英特尔移动部门在 2013 年亏损 31 亿美元，2014 年亏损 42 亿美元。在经历了多年的苦苦挣扎后，英特尔最终选择了放弃。2016 年，英特尔宣布停止对 Broxton（主要面向高端）和 SoFIA（主要面向低端）两款的 Atom 系列处理器产品线的开发。此时，英特尔在手机处理器芯片市场的投入已经超过 100 亿美元。

ARM 公司之所以能有在手机处理器市场的核心地位，既有外部的机遇因素，也有内部的战略因素。他们选择了一条和英特尔截然相反的道路。英特尔一直以来坚持的是重资产的、封闭的全产业链商业模式，而 ARM 是轻资产的、开放的合作共赢模式。对 ARM 来说，合作伙伴的成功就意味着自己的成功。与 ARM 开展业务往来的每家公司均与 ARM 建立了"双赢"的共生关系。ARM 公司通过出售芯片技术授权，建立起新型的微处理器设计、生产和销售商业模式。ARM 将其技术授权给世界上许多著名的半导体、软件和代工厂商，每个厂商得到的都是一套独一无二的 ARM 相关技术及服务。利用这种合伙关系，既分摊了成本，又提高了生产效率和新工艺迭代的速度，从而也形成了日益繁荣的 ARM 生态。

4）ARM 的技术授权模式

ARM 公司总部位于英国剑桥，其前身为 1978 年于英国剑桥创立的艾康计算机（Acorn）。20 世纪 80 年代初，艾康计算机制造的 BBC Micro 计算机在英国大获成功，一共卖出去 150 万台，并在 1984 年获得了英国的女王技术奖。艾康计算机继续投入，自主研发定位中低端的 RISC 处理器。1985 年 4 月，艾康计算机的芯片代工厂美国 VLSI 公司生产出了世界上第一款使用 RISC 指令集的 ARM 芯片，这时 ARM 的全称还是"Acorn RISC Machine"。虽然在英国的教育市场获得了一定的成功，但 1990 年之后，艾康计算机很快被英特尔和微软的 Wintel 联盟击败了，财务也陷入了困境。

苹果公司花了 6 周时间说服艾康计算机把 ARM 独立出来运营。1990 年 11 月 27 日，合资公司 ARM 正式成立。苹果、艾康计算机和 VLSI 分别出资 150 万英镑、150 万英镑、25 万英镑，艾康计算机把 ARM 处理器相关的知识产权和 12 名员工放在了新成立的公司里。此后，ARM 的缩写被转而解释为"Advanced RISC Machine"。创立之初，ARM 公司定下的使命是"设计有竞争力的、低功耗、高性能、低成本的处理器，并且使它们成为目标市场中广为接受的标准"，目标市场包括手持设备（Portable）、嵌入式（Embedded）和汽车电子（Automotive）。这个使命和市场定位至今未变。为了节省成本，新公司在剑桥附近租了一间谷仓作为办公室。在成立后的那几年，ARM 的工程师们人心惶惶，害怕因产品失败而失业。在这种情况下，ARM 公司决定改变他们的产品策略：不再生产芯片，转而以授权的方式，将芯片设计方案转让给其他公司。这样即使客户的项目失败了，也不会让 ARM 蒙受亏损。新公司的一个重要项目就是为苹果的 Newton 研发 ARM6 处理器。

Newton 是苹果花大力气研发的新型掌上计算机产品，于 1993 年 8 月上市，采用 32 位 ARM610 处理器，频率为 20 兆赫兹，售价 699 美元。但是很遗憾，因为 Newton 技术过于超前，加上一些用户体验上的缺陷，因而未能被市场接受。但 ARM 积累了经验，继续改良技术。没过多久，ARM 迎来了手机大客户诺基亚（Nokia）。当时，诺基亚被建议在即将推出的 GSM 手机上使用德州仪器的系统设计，而这个设计是基于 ARM 芯片的。为解决内存空间的问题，ARM 专门开发了 16 位的定制指令集，缩减了占用的内存空间。随后，诺基亚 6110 成了第一部采用 ARM 处理器的 GSM 手机，上市后获得了极大的成功。第二年 ARM 又拿到了三星的订单。随后推出了 ARM7 等一系列芯片，授权给 100 多家公司。随着智能手机市场的爆发，ARM 的业务飞速发展。

1998 年 4 月，ARM 公司同时在伦敦证券交易所和纳斯达克上市。乔布斯回归苹果公司后，逐步卖掉了苹果所持有的 ARM 股票，把资金投入到 iPod 产品的开发上。鉴于苹果研究人员对 ARM 芯片架构非常熟悉，iPod 也继续使用了 ARM 芯片。iPhone 的热销、AppStore 的迅速崛起，让全球移动应用彻底绑定在 ARM 指令集上。紧接着，2008 年，谷歌推出了免费的安卓手机操作系统，也是基于 ARM 指令集。至此，智能手机进入了飞速发展阶段，ARM 也因此奠定了在智能手机市场的霸主地位。同年，ARM 芯片的出货量达到了 100 亿颗。2011 年，微软公司宣布 Windows 将正式支持 ARM 处理器。这标志着英特尔 ×86 处理器的主导地位发生动摇。

ARM 之所以能够取得今天的市场地位和商业成就，主要是归功于其建立的创新商业模式"IP（知识产权）授权模式"。ARM 公司专门从事基于 RISC 技术的芯片设计开发，作为知识产权供应商，本身不直接从事芯片生产，靠转让设计许可，由合作公司生产各具特色的芯片。世界各大半导体生产商从 ARM 公司购买其设计的 ARM 微处理器核，根据各自不同的应用领域，加入适当的外围电路，从而形成自己的 ARM 微处理器芯片进入市场。全世界有几十家大的芯片公司都使用 ARM 公司的授权，因此既使 ARM 技术获得更多的第三方工具、制造、软件的支持，又使整个系统成本降低，使产品更容易进入市场被消费者所接受，更具有竞争力。

ARM 公司根据芯片设计公司不同的需求和能力，提供了 3 种不同的对外授权模式：第一种，处理器授权。买下知识产权的芯片设计企业只需按照 ARM 设计好的芯片图纸生产即可。第二种，处理器优化包和物理知识产权包授权。芯片设计企业可以直接拿到一系列设计方案，完成芯片的生产，但是自由度更低，处理器类型、代工厂和工艺都由 ARM 规定好了。第三种，架构和指令集授权。针对实力雄厚的芯片设计企业，如苹果、高通、三星和华为海思，它们可以直接购买 ARM 的架构和指令集，自行设计和 ARM 指令集兼容的处理器。

目前，ARM 在全球拥有 1000 多家处理器授权合作企业、320 家处理器优化包和物理知识产权包授权伙伴，15 家架构和指令集授权企业。在众多授权企业的支持下，ARM 处理器累计出货总量超过了1800 亿颗。ARM 每次在研发新一代处理器 IP 时，最多会挑选 3 家合作伙伴。这些被选中的公司能更早地了解 ARM 的设计，会在新产品研发上占据领先地位，但它们也要帮助 ARM 进行调试、测试，并向ARM 提供反馈，ARM 也因此能够确保顺利研发，加快应用的速度。

在盈利模式上，ARM 的利润完全依赖知识产权授权，利润完全取决于授权人、伙伴、客户能卖出的芯片数量，这样就与芯片的设计、生产、销售的企业紧密绑定，合力取得产品的利益最大化，最终实现共赢。

一次性技术授权费和版税提成构成了 ARM 的主要收入来源。除此之外，还有软件工具和技术支持服务的收入。对芯片公司来说，一次性技术授权费用为 100 万—1000 万美元，版税提成比例一般在 1%—2%。正是 ARM 的这种授权模式，极大地降低了自身的研发成本和研发风险。它以风险共担、利益共享的模式，形成了一个以 ARM 为核心的生态圈，使低成本创新成为可能。ARM 在全球的生态伙伴超过 1000 家，全世界超过 90% 的智能手机和平板计算机采用 ARM 架构。苹果、三星、华为、高通等企业都是 ARM 架构的授权客户。

2010 年 6 月，苹果公司向 ARM 董事会表示有意以 85 亿美元的价格收购 ARM 公司，但遭到 ARM 董事会的拒绝。2016 年 7 月，曾经投资阿里巴巴的孙正义和他的日本软银集团，以 320 亿美元收购了 ARM 集团。至此，ARM 成为软银集团旗下的全资子公司。软银集团表示，不会干预或影响 ARM 未来的商业计划和决策。

2020 年 9 月 14 日，英伟达宣布将以 400 亿美元的价格从软银手中收购 ARM。据悉，英伟达将向软银支付价值 215 亿美元的英伟达股票和 120 亿美元的现金，其中包括签约时支付的 20 亿美元。如果 ARM 业绩达到指定目标，软银还将会获得最多 50 亿美元的现金或者等价股票。另外，英伟达还将向 ARM 员工发行 15 亿美元的股本。这项交易需要得到包括英国、中国、欧盟和美国等的批准才能最终完成，预计需要约 18 个月。如果交易最终达成，将成为半导体史上最大的交易。

5）充满变数的未来

图 3.20　AMD 华裔首席执行官苏姿丰

2014 年，超威半导体迎来了华裔首席执行官苏姿丰（Lisa Su），也是超威半导体成立 45 年以来的首位女性首席执行官（图 3.20）。当时的超威半导体已经连续亏损 4 年，连续更换了四任首席执行官。苏姿丰临危受命，首先推出了锐龙（Ryzen）处理器，同时加强了与一些大型计算机公司的联系与合作，积极争夺市场，扭转局势，让超威半导体获得了重生，重新成为计算机芯片的巨头之一。2017 年 7 月，超威半导体发布了高端桌面线程撕裂者（Threadripper）系列中央处理器，试图改变自己和低端产品画等号的名声，并直接冲击英特尔垄断的高端中央处理器市场。

苏姿丰 1969 年 11 月 7 日出生于台湾省台南市，3 岁时随家人移民美国纽约。1994 年毕业于麻省理工学院，获电机工程博士学位。2018 年，因"在为 SOI（绝缘体上硅）及行业领导作出贡献"入选美国国家工程院院士。她先后在德州仪器、国际商业机器公司、飞思卡尔任职。先是工程师岗位，后来在国际商业机器公司担任首席执行官郭士纳特别技术助理的经历，让她对经营管理产生兴趣。她曾对媒体坦言，职业梦想是成为一家半导体公司的决策人。作为技术工程师出身的苏姿丰上任后开始对超威半导体进行大刀阔斧的改革，在将业务聚焦的同时，苏姿丰多次向员工阐述三个战略重点：打造伟大的产品、深化合作伙伴关系和简化业务运营。她重视人才，亲自到公司一线和员工交流，对公司有卓越贡献者，给予丰厚的奖励。

处理器芯片性能的提高有赖于先进制程的进步。2014 年后，伴随着晶体管密度越来越大，摩尔定律的发展遇到了瓶颈，这让曾经是先进工艺领导者的英特尔遭遇了困境。英特尔的 10 纳米芯片已经多次跳票，一再拖延上市日期。已经走到 7 纳米的超威半导体则完全扭转了被压制局面，甚至比英特尔多了一到两年的制程优势。自2016 年超威半导体首次推出 Zen 架构到 2017 年第一代锐龙处理器上市，超威半导体的市场份额就一直在增加，尤其是在超威半导体推出 7 纳米 Zen2 产品后，越来越多的玩家开始青睐超威半导体的处理器，采用 Zen 架构的锐龙系列处理器也开始不断蚕食英特尔在个人计算机市场的份额。英特尔目前还处在 10 纳米制程时代，在2021 年年底生产出 7 纳米节点之前，英特尔不会达到与竞争对手同等的工艺水平。

2018 年，超威半导体发布了第二代霄龙（EPYC）数据中心处理器"罗马"，期待从英特尔占据绝对主导的服务器芯片市场拿下更多份额。根据互联网数据中心（IDC）的调研显示，包括亚马逊、谷歌、脸书在内的 10 家企业买断了全球约 35% 的服务器芯片，它们的采购规模都非常大，单个客户的需求都可以形成一个细分市场，这其中的任何一家企业选择自研 ARM 架构的服务器芯片，都会减少对英特尔处理器芯片的依赖。

2020 年 6 月，在苹果全球开发者大会（WWDC）上，苹果公布了基于 ARM 架构的自研 Mac 芯片计划。同年 11 月 11 日，苹果正式推出了基于自研芯片 M1 的三款 Mac。其后，Mac 逐步转向自研芯片，在两年的时间里完成过渡，之后将全部采用自研芯片。苹果此举对英特尔和整个计算机行业来说都将是一个巨大的变化。这一转变一方面是由于英特尔性能增长放缓；另一方面苹果对搭载 ARM 芯片的 Mac 计算机进行的内部测试显示，与搭载英特尔芯片的 Mac 计算机相比，其性能有了大幅提升。

基于 ARM 处理器的功率和效率的提高可能会使未来的 Macbook 变得越来越薄，ARM 芯片使用的转变最终将扩展到整个 Mac 产品线。与此同时，它们仍将运行桌面型的 MacOS。苹果可能会通过摆脱英特尔来削减成本。随着 iOS 和 MacOS 开发的合并，研发支出将被削减。苹果在距离 ARM 硬件的正式发布还有几个月的时间将此计划公布于众，目的是给开发者时间来优化他们的软件以适应新的架构。此举还可能会激发其他笔记本计算机制造商效仿苹果转用自研芯片，从而会给英特尔带来更大的担忧。

近些年来，英特尔已开始弱化个人计算机端业务，并着力于转向以数据为中心的业务。为此，公司打造了以制程与封装、架构、内存与存储、互连、安全、软件为主的六大支柱技术。基于六大技术支柱的指数级创新，将是英特尔未来 10 年乃至下一个 50 年的驱动力。

技术创新需要落实到应用场景中来实现价值，为此，英特尔也针对人工智能、自动驾驶等领域做出了布局。英特尔先后收购了阿尔特拉（Altera）、华邦电子（ZiiLabs）等企业来扩大其在现场可编程逻辑阵列（FPGA）、图形处理器（GPU）等领域的发展。针对人工智能领域，英特尔又发布了集成人工智能加速的第三代至强可扩展处理器、英特尔首个人工智能优化 FPGA Stratix 10 NX、第二代英特尔傲腾持久内存、最新英特尔 3D NAND SSD 及相关软件解决方案。英特尔新推出的硬件和软件产品组合正是专为人工智能和数据分析工作负载而进行了全面优化。这也契合了英特尔转向以数据为中心的发展战略。

3.5 高精尖的设备和材料

芯片制造需要许多不同类型的设备和材料。制造过程中的重要步骤包括光刻、离子注入、沉积（例如 CVD，PVD）、刻蚀、清洗和测试等。目前主要的芯片制造设备供应商来自美国、日本和荷兰。2019 年全球芯片制造设备市场规模约为 422 亿美元。其中，光刻机、刻蚀机和薄膜沉积设备为核心设备，分别占制造环节的约30%、25%与25%。芯片设备技术门槛高，客户黏性强。全球芯片设备排前5名的公司分别是美国应用材料（Applied Materials）、荷兰阿斯麦（ASML）、日本东京电子（Tokyo Electron Limited，简称TEL）、美国泛林集团（Lam Research）和美国科磊（KLA），合计销售额占比近80%；部分核心装备，如光刻机、刻蚀设备等，前三大公司合计销售额占比超过90%。2019年，应用材料的设备营收约为110亿美元，连续27年稳居第一；阿斯麦的设备营收约为108亿美元，屈居第二；东京电子的设备营收约为103亿美元，排名第三。中国大陆的芯片设备市场规模约为134.5亿美元，设备的国产化率较低。其中，北方华创的设备营收约为6亿美元、中微公司的设备营收约为3亿美元。

芯片材料主要分为晶圆制造材料和封装材料。2019年，晶圆制造材料的销售额约为328亿美元，封装材料的销售额约为192亿美元。芯片生产过程中需要20多种关键的晶圆制造材料，其中多数具有较高的技术壁垒。目前，日本企业在12英寸硅片、光刻胶、高纯度氢氟酸、氟化聚酰胺、键合引线、模压树脂及引线框架等10多种重要材料方面分别占据超过50%的市场份额，并长期保持着竞争优势。日本信越化学（Shin-Etsu Chemical）和三菱住友（SUMCO）是日本芯片材料的两大龙头企业，在12英寸的大硅片市场上，合计占据了52%以上的全球市场份额。上海硅产业集团旗下的上海新昇半导体于2018年实现了12英寸硅片的规模化生产，2019年实现14.93亿元营收。天津中环股份是国产硅片龙头企业，正在建设12英寸60万片/月产能的宜兴项目。

以砷化镓（GaAs）、氮化镓（GaN）和碳化硅（SiC）为代表的化合物半导体，在高频、高压和高温方面性能优异，但制造成本较高，芯片集成度较低，主要用于军工、通信射频、汽车电子和工业电力等领域，市场规模约为 100 亿美元。尽管氮化镓和碳化硅在市场上被称为"第三代半导体"，但并不会替代主流的硅片，只是作为军工、通信和汽车等细分应用领域的特殊材料。

1）布局广泛的芯片设备龙头企业

美国应用材料公司成立于 1967 年，总部位于美国加利福尼亚州的硅谷。自 1992 年收入达到 7.5 亿美元后，应用材料一直蝉联全球最大的芯片设备供应商。台积电和三星为该公司前两名的大客户。应用材料的产品布局广泛，在原子层沉积、物理气相沉积（PVD）、化学气相沉积（CVD）、刻蚀、快速热处理、离子注入、测量与检测和清洗等方面都有相应设备产品，但唯独没有被荷兰阿斯麦（ASML）垄断的光刻设备。应用材料在物理气相沉积设备市场，全球占比近 55%；在化学气相沉积设备市场，全球占比近 30%。在刻蚀设备市场，是除泛林集团和东京电子之外的第三大生产商。

应用材料创始人麦克尼利（Michael McNeilly）1939 年出生在美国蒙大拿州，他身材高大，在高中时曾是当地的篮球明星。1965 年，从华盛顿州贡萨加（Gonzaga）大学化学系毕业后，他来到了硅谷，几经辗转后，创立了他的第一家公司顶峰化学（Apogee Chemicals），为芯片行业生产三氯硅烷和四氯化硅等超高纯度化学品。麦克尼利的社交能力很强，擅长销售，很快就打入了仙童半导体的供应链，并结识了仙童的创始人诺伊斯和摩尔，也进一步了解了芯片的生产流程。他发现化学工艺对芯片生产至关重要，但熟悉半导体物理和微电子的芯片专家对化学和材料却了解不多。

1967 年，由于与顶峰化学的合伙人理念不和，28 岁的麦克尼利向岳父借了 7500 美元，在家里的餐桌上创办了自己的第二家公司应用材料，以解决芯片生产制造中的化学问题。凭借出色的交际能力，他又陆续吸引到诺伊斯等业界大咖的投资。

1968 年，应用材料从薄膜沉积设备起步，推出了安全的高温外延硅薄膜沉积系统。当时，仙童半导体、德州仪器、摩托罗拉等芯片大厂都将薄膜沉积技术看成非常"私密"的技术专利，倾向于内部开发，基本上不采用外部设备和技术。直到 1971 年，应用材料推出创新的红外外延沉积系统，极大改进工业沉积的质量，提高了双极器件的产量，应用材料的薄膜沉积设备才开始被广泛使用。现在，应用材料已经是全球最大的芯片薄膜沉积制造商（图 3.21）。

图 3.21　应用材料的芯片制造设备

1967—1973 年，应用材料收入以每年 40% 以上的速度增长，占据半导体设备行业的市场份额达到 6.5%，并于 1972 年在纳斯达克上市。1975 年，全球芯片工业遭遇危机。在新总裁摩根（James Morgan）的带领下，应用材料关闭了若干不盈利的业务，使公司的核心业务回归芯片设备领域。20 世纪 70 年代后期，芯片产业由美国向日本转移；20 世纪 80 年代后期，再由日本向韩国和中国台湾地区转移。应用材料审时度势，抓住产业转移的时机，大力推行全球化战略，在全球各地设立办事处，强化同海外市场的联系。1979 年，应用材料在日本设立合资公司，正式进入亚洲市场。1984 年，领先其他美国半导体设备生产商在日本建立技术中心。应用材料通过"销售设备 + 绑定服务"的方式来提高客户黏性与满意度，既提升了竞争壁垒，又能在半导体行业投资的低谷时获取稳定收入。

1975 年以前，日本主要靠着进口美国芯片设备来发展芯片产业。成立于 1963 年的东京电子，目前已发展成为日本最大的芯片制造设备提供商，也是全球第三大芯片制造设备提供商。东京电子的产品几乎覆盖了半导体制造流程中的所有工序，包括涂布 / 显像设备、热处理成膜设备、干法刻蚀设备、化学气相沉积、湿法清洗设备及测试设备。早期的东京电子是仙童半导体的代理商，1968 年，东京电子与美国气体混合器（Thermco）公司成立合资公司，开始在日本生产扩散炉，成为日本第一家芯片制造设备厂商。1975 年，石油危机给日本经济带来了很大的负面影响，东京电子决定专注于可以长期获得高收益的半导体制造设备。进入 20 世纪 80 年代，随着日本芯片产业的快速发展，东京电子通过合资公司的形式，从美国引进先进的技术，并与自身的制造技术融为一体，成为可以生产最尖端芯片制造设备的厂商。1989 年,东京电子的芯片制造设备营收额位居全球第一,并连续 3 年蝉联冠军,直到 1992 年被应用材料赶超。

受益于亚洲新兴市场的扩张战略,应用材料的营收连续大幅增长。同时,应用材料通过数次成功外延收购,跟随市场变化进行技术革新,取得显著成效。芯片行业技术门槛高、研发投入大并且周期长,进行收购有利于最大化集成新技术,降低研发失败的风险,还可以快速抢占市场。1980 年,应用材料收购英国林托克(Lintott),进入离子注入市场。1997 年,应用材料先后分别以 1.75 亿美元和 1.1 亿美元收购两家以色列公司欧宝科技(Opal Technologies)和奥宝(Orbot Instruments)。1999 年,应用材料收购黑曜石(Obsidian),获得 CMP(chemical mechanical planarization)技术。2000 年收购掩膜板制造供应商英泰克系统(Etec Systems),成功切入光罩图案生成解决方案。应用材料的核心发展战略之一为提供全流程的有竞争力的设备产品,除了光刻产品,其他产品均有布局,故其并购行为也表现出积极、广泛的特征,尤其会选择并购自身不具备的产品线。这些并购壮大了应用材料的规模和主营业务,为其提供了新的增长驱动力。2013 年 9 月,应用材料和东京电子宣布通过全股票交易的形式进行合并,令业界震惊,新公司的持股比例为应用材料 68%,东京电子 32%。由于受到美国司法部的反垄断调查阻挠,2015 年合并计划被双方取消。

值得一提的是,排名第四的泛林集团(Lam Research)是由美籍华人林杰屏(David Lam)于 1980 年在美国硅谷创立,并以他的姓氏 Lam 命名。2019 年,泛林集团的设备营收约为 95 亿美元。林杰屏祖籍广东省,出生于越南,1960 年到香港培正中学学习。1967 年,林杰屏从加拿大多伦多大学电机物理系毕业；然后赴美国麻省理工学院攻读化学工程，1974年获博士学位。他曾在德州仪器、施乐和惠普等美国科技公司任职。1990年，泛林集团在纳斯达克上市，林杰屏不久便出售了其名下的所有股票，转而专注于技术领域的投资。

2）光刻机的三方争霸

光刻机被誉为"芯片产业皇冠上的明珠"，每颗芯片都要经过光刻技术的雕琢。光刻机通过投射光束，穿过掩膜及光学镜片，将芯片版图曝光在硅片上，通过蚀刻曝光或者未曝光的部分来形成沟槽，再进行沉积和蚀刻等工艺制成芯片。光刻决定了芯片线路的精度，以及功耗与性能。随着制程发展到10纳米以下，全球只有荷兰公司阿斯麦的EUV光刻系统能满足需求。每台高端EUV光刻机价格超过1亿美元，且产量有限，供不应求。

20世纪70年代初，由于当时芯片集成度不高，光刻技术并不复杂。1978年，美国地球物理（GCA）公司推出真正现代意义的自动化步进式光刻机（Stepper），分辨率比投影式高5倍，达到1微米，但生产效率相对不高。20世纪80年代初，日本尼康（Nikon）公司推出了首台商用步进式光刻机NSR-1010G，拥有更先进的光学系统，而且极大地提高了产能。由于GCA的镜片组来自德国蔡司（Zeiss），而成立于1917年的光学巨头尼康拥有镜头技术，这导致GCA产品更新速度比尼康慢半拍。1982年，尼康在硅谷设立尼康精机，开始从GCA手里夺下英特尔、德州仪器和超威半导体等大客户。两年后，伴随着日本芯片产业的迅速崛起，尼康的市场份额就超过了30%，与GCA平起平坐。1986年前后，由于半导体市场不景气，美国大部分光刻机厂商遇到了严重的财务问题，最终在 1990 年左右倒闭了，而尼康在雄厚财力的支撑下，市场份额长期维持在 50% 以上，成为全球光刻机设备的龙头。

荷兰飞利浦从 1971 年就开始研究光刻设备，20 世纪 80 年代初研发出了自动化步进式光刻机的原型，但由于当时对它的商业价值缺乏信心，曾计划关停光刻设备研发小组。1984 年，荷兰小公司 ASM 国际主动要求合作，与飞利浦成立股权对半的合资公司阿斯麦（ASML）。公司成立后，飞利浦没有拨付经费，31 位员工只好在飞利浦大厦外的简易木棚房办公。阿斯麦早期的产品没有技术优势，难以与美国和日本的芯片巨头合作，主要面向刚起步的台积电和三星等公司，靠较强的销售能力和低价格、高效率的产品来维持公司生存。与垂直整合的日本公司不同，阿斯麦实行轻资产策略。在把控核心光刻曝光技术的同时，采取模块化外包，协同联合开发，聚拢了全球光刻技术领域的优质资源，例如，和德国蔡司合作改进光学系统。在推出两代光刻机后，1994 年，阿斯麦的市场份额达到 18%，1999 年营收达到 12 亿欧元，但与尼康相比仍有很大的差距。

当芯片制程进展到 65 纳米时，以空气为介质的"干式"微影技术遇到瓶颈，在投入数十亿美元的研发后，始终无法将光刻光源的 193 纳米波长缩短到 157 纳米。时任台积电研发副总经理的林本坚（Burn Lin）提出了"浸入式光刻技术"，即退回到技术成熟的 193 纳米波长，将透镜和硅片之间的介质从空气换成高折射率纯净水，则有效波长可以缩小到 134 纳米左右，很容易提高光刻机的分辨率，优势非常明显。林本坚是美籍华人，祖籍广东省潮州市，1942 年抗日战争时期出生于越南，高三时到台湾省新竹市就读，并考入台湾大学电机系，1970 年获得美国俄亥俄州立大学电机工程博士学位。在 2000 年加入台积电之前，林本坚已经在国际商业机器公司从事了 22 年的成像技术研发，是全球顶尖的微影专家。尽管芯片巨头们对"浸入式光刻"技术方案疑虑重重，但阿斯麦敏锐地抓住了历史机遇，决定与台积电合作，放手一搏。

2004 年，阿斯麦和台积电共同研发出全球第一台浸润式微影机，能够助力芯片制程持续突破到 10 纳米节点，让业界在震惊之余也刮目相看。台积电顺利突破制程节点，拿下了全球一半的晶圆代工订单。林本坚凭借其出色的贡献而被誉为"浸润式微影之父"，并于 2008 年当选美国国家工程院院士。尼康的大客户纷纷倒戈，市场份额被阿斯麦不断吞噬，5 年后，阿斯麦已经占据了 70% 的市场份额。尼康在高端光刻机上的溃败，也间接导致了大量使用其设备的日本芯片厂商的集体衰败。而阿斯麦的成功，则直接带动了台积电和三星的崛起。

2012 年，阿斯麦提出"客户联合投资项目"（Customer Co-Investment Program），获得英特尔、台积电、三星的响应，以 23% 的股权共筹得 53 亿欧元资金。以股权为纽带，加强合作关系，阿斯麦为头部芯片制造厂商筑起了较高的竞争壁垒，阻挡着后来者的进攻。客户入股可以保证最先拿到最新设备，同时可以卖出股票获取投资收益，阿斯麦则抢先占领了市场，降低了经营风险。这种创新的营销手段对于墨守成规的尼康等日本厂商，基本上是不可想象的。

除了在和阿斯麦关于"浸润式"投影的技术路线争斗中打了一场败仗，尼康还被美国直接排除在 EUV（Extreme Ultra-violet，极紫外）光刻机的研发合作之外。1997 年，英特尔和美国能源部共同发起成立 EUV LLC 组织，汇聚了美国顶级的研究资源和芯片巨头，包括三大美国国家实验室，投入 2 亿多美元，集中了数百位顶尖科学家，共同研究 EUV 光刻技术。考虑到美国光刻机公司日渐衰落，为避免阿斯麦和尼康中的一家独大，英特尔邀请两家公司一起加入。

但美国政府担心最前沿的 EUV 技术外流，因此反对外国公司加入 EUV LLC。阿斯麦对美国政府许下一大堆承诺后，勉强加入 EUV LLC，接触到 EUV 的研究成果。而尼康则被排除在 EUV 研发联盟之外，相当于美国政府帮助阿斯麦清除了一个强劲的竞争对手。2010 年，阿斯麦推出了第一台 EUV 光刻机。2013 年收购美国准分子激光源企业西盟半导体（Cymer），进一步打通了极紫外光刻机的产业链，并于同年推出第二款 EUV 光刻机。美国本来也以国家安全为由百般阻挠收购案，但阿斯麦保证各种技术和人才留在美国，收购最终成功落地。2017 年，阿斯麦推出第三款 EUV 光刻机。自此，在 EUV 光刻机领域，阿斯麦是唯一能够设计和制造的设备厂商，等于垄断了这个超高端市场。阿斯麦 EUV 光刻机每台售价达到 1.2 亿美元，质量达 180 吨，零件超过 10 万个，运输时能装满 40 个集装箱，安装调试时间超过一年（图 3.22）。

创新是阿斯麦的生命线，是推动其业务发展的引擎。阿斯麦通过资本市场打通了产业上下游的利益链，与供应商和客户建立了密切的合作；在政府协助下与外部技术合作伙伴、研究机构、学院展开密切合作，建立开放研究网络，合理共享技术与成果。阿斯麦通过高度外包这种开放式创新，快速集成各领域最先进的技术，设计和制造出全球最先进的 EUV 光刻机，帮助芯片公司赢得了市场。

图 3.22 阿斯麦的光刻机

中国在自动化步进式光刻机领域的起步相对较晚，再加上缺乏人才和技术，与阿斯麦相比有较大差距。据报道，龙头企业上海微电子成立于 2002 年，经过了十多年的发展，已完成 90 纳米到 28 纳米的工艺突破，已经量产并交付国产 90 纳米工艺光刻机。

3）硅片市场的五大家族

硅片是制作芯片的重要材料，是目前产量最大、应用最广的半导体材料。通过对硅片进行光刻、离子注入等手段，可以制成芯片和各种半导体器件。2019 年，全球硅片材料的市场规模约为 120 亿美元。目前，硅片市场已形成五大家族，包括日本信越化学（Shin-Etsu Chemical）、日本三菱住友（SUMCO）、中国台湾的环球晶圆、德国世创（Siltronic）和韩国 SK 集团（SK Siltron），其市场份额分别为 27%、26%、17%、13% 和 9%，合计超过了 90%。由于硅片行业具有技术难度高、研发周期长、资本投入大、客户认证周期长等特点，致使全球半导体硅片行业集中度较高。

单晶硅是硅的单晶体，对光伏级单晶硅，纯度要达到 99.9999%，而半导体级单晶硅的纯度则要达到 99.9999999%。以多晶硅为原料，采用直拉法或悬浮区熔法从熔体中生长出棒状单晶硅。目前，市场上半导体单晶硅片按其直径主要分为 12 英寸和 8 英寸。其中，全球 12 英寸硅片出货量约为 470 万片 / 月，8 英寸硅片出货量约为 430 万片 / 月。

全球硅片行业经历了从 4 英寸向 12 英寸的迭代，同时，生产中心由美国转移到了日本。20 世纪 80 年代是 4 英寸硅片占主流，20 世纪 90 年代是 6 英寸占主流，21 世纪 10 年代是 8 英寸占主流。2002 年，英特尔与国际商业机器公司首先建成 12 英寸硅片生产线，到 2005 年 12 英寸硅片的市场份额已占 20%，2008 年其占比上升至 30%，而 8 英寸硅片占比已下降至 54%，6 英寸硅片占比下降至 11%。12 英寸硅片的市占率逐步提升，而 8 英寸和 6 英寸硅片的市占率逐渐萎缩。

美国孟山都电子材料公司（Monsanto Electronic Materials Company，简称 MEMC）曾是全球硅片领域的杰出代表，由农业和化工巨头孟山都（Monsanto）于 1959 年在密苏里州创立，从事用于晶体管和整流器的高纯硅片生产。MEMC 实力强大，在硅片平整度、化学机械抛光和零位错晶体技术方面均在业内领先，奠定了硅片行业发展基础。1981 年 MEMC 开始首次生产 6 英寸硅片，1983 年在日本投资设厂，1984 年开始与国际商业机器公司合作生产 8 英寸硅片，1991 年开始 12 英寸硅片商业化生产。由于业务亏损，后期 MEMC 被孟山都出售，几经转手和沉浮，2006 年正式切入太阳能领域，2009 年收购爱迪生太阳能公司（SunEdison），为太阳能和半导

体行业提供硅片产品，并更名为 SunEdison。2013 年，SunEdison 将
其半导体子公司 SEMI 分拆上市，聚焦光伏业务。2017 年，SEMI 被
中国台湾的环球晶圆以 6.83 亿美元的价格收购。由于缺乏成本优势，
美国企业基本上退出了硅片生产领域。

20 世纪 50 年代是日本硅材料发展起步阶段，一方面引入国外
先进技术；另一方面专注本国技术开发研究，涌现出了信越化学等
从事硅材料开发的企业。1985 年以后，日本钢铁企业开始进入半导
体硅行业，新日铁公司成立了日铁电子公司，日本钢管公司等先后
收购了美国硅片公司。部分企业后期通过并购整合形成了信越化学
和三菱住友（SUMCO）两大日本硅材料巨头。

信越化学于 1926 年成立，早期生产氮肥等化学肥料。1957 年
和美国道康宁（Dow Corning）签订了专利使用协议，1960 年开始生
产高纯度硅。1973 年建立马来西亚硅片厂，大部分硅片出口至美国。
1979 年在美国设立公司加工硅片。1989 年日本通产省制定了投资
160 亿日元的"硅类高分子材料研究开发计划"，为以信越化学为首
的有机硅生产企业提供资金和技术的支持。1999 年，信越化学并购
日立的硅片业务，市场份额进一步提升；2001 年，实现了 12 英寸
硅片的商业化生产；2014 年，海外营业额占比超过 70%。2015 年，
单晶硅纯度达到 99.999999999%（11 个 9），硅片表面平坦度达 1 微
米以下，远超其他企业。除了硅产品，信越化学在光刻胶、高纯度
氢氟酸和砷化镓半导体等领域也占有较高市场份额。2019 年，信越
化学实现了 130 亿美元的营收，其中硅片约为 35 亿美元。信越化学
董事长金川千寻认为："击败竞争对手的能力取决于总成本是否可以
成为世界最低。"为此，信越化学提倡"螺丝钉文化"，将员工固定

在一个位置上，用时间和耐心去琢磨，直到"成为专家"。

日本三菱住友（SUMCO）是全球第二大的硅片企业。1999年，住友金属和三菱硅材料合资成立了具有12英寸硅片生产能力的联合制作所，2002年从住友金属收购硅片业务，并与三菱材料硅业公司合并，2005年正式更名为SUMCO。2006年收购小松金属制作所。主营产品包括单晶硅锭、抛光硅片、外延片、SOI硅片等，是全球主要的12英寸硅片供应商之一，近年来硅片业务营收正在赶超信越化学。

环球晶圆的总部位于中国台湾地区新竹市，前身是成立于1981年的中美硅晶集团。2011年，中美硅晶集团将半导体业务分拆，成立了环球晶圆公司。接下来便开启了一系列并购，2012年收购当时排名第六的日本共价材料（Covalent Material）集团公司，2016年收购丹麦的拓谱斯（Topsil）公司，2017年以6.83亿美元的价格收购当时排名第四的美国SEMI公司，一跃成为全球第三大硅片制造商。通过对SEMI的技术吸收，在提高工艺水平的同时，进一步降低成本，挑战由两家日本企业垄断的高纯度12英寸硅片市场。

排名第四位的德国世创（Siltronic）成立于1953年。1998年开始生产12英寸硅片，2015年在法兰克福证券交易所上市。主要客户包括英特尔、美光、三星和台积电，销售主要面向亚洲、欧洲和美国。位居第五位的韩国SK集团成立于1983年。原为LG集团下专门制造半导体硅片的企业，2017年被SK集团收购，是韩国唯一一家本土半导体硅片生产商。

2020年4月20日，上海硅产业集团（简称"沪硅产业"）正式在科创板上市。沪硅产业旗下的上海新昇主要负责12英寸抛光片及外延片，是目前唯一获得国家重大项目支持的硅片公司，承担了国家 02 专项核心工程之一的"40—28 纳米集成电路制造用 300 毫米硅片"项目，2016 年 10 月成功拉出第一根 12 英寸单晶硅锭，2018年实现了 12 英寸硅片的规模化生产，2019 年实现 14.93 亿元营收。天津中环股份是国产硅片龙头企业，8 英寸及以下硅片产品已经成熟量产，12 英寸硅片有望放量，正在建设的中环宜兴项目规划了 12英寸每月 60 万片的产能。

4）光刻胶和溅射靶材

在芯片制造过程中，除了硅片，还需要用到很多关键的材料，比如刻蚀环节要用到氢氟酸、氢氧化钠等，清洗环节要用到氢氧化铵、异丙醇、三氯乙烯等，在沉积和离子注入等环节要用到硅烷、磷化氢、六氟化钨等，在光刻工艺中要使用光刻胶、光罩、显影液、刻蚀液等，在物理气相沉积工艺则需要高纯度的溅射靶材。

光刻胶是一种经过严格设计，复杂而又精密的有机化合物，曝光后在显影溶液中的溶解度会发生变化。光刻胶的质量和性能是影响芯片产品性能、产品率、可靠性的关键因素。光刻胶产品主要应用在半导体、PCB、平板显示、精密金属加工等领域。目前，光刻胶根据所使用的不同波长的曝光光源分类，波长由紫外宽谱向 g 线（436nm）→ i 线（365nm）→ KrF（248nm）→ ArF（193nm）方向转移。2018 年，全球半导体光刻胶市场规模约 13 亿美元。其中，ArF 光刻胶主要用于逻辑芯片和高端存储芯片，市场规模约为 5.8 亿美元，市场占比约 45%；KrF 光刻胶主要用于存储芯片，g 线 /i 线光刻胶则主要用于功率半导体和传感器，两者市场均占比约 27%；EUV 市场规模较小，仅约 1600 万美元。

　　高端光刻胶对产品的分辨率、对比度、敏感度等要求非常高。目前已被日本和美国公司垄断，日本厂商占主导地位。全球排名前五的光刻胶厂商中总共有 4 家日本公司，包括日本 JSR、东京应化、信越化学和富士电子，共占市场份额约 72%，美国陶氏杜邦旗下的罗门哈斯（Rohm and Haas）占 15%，这五大厂商合计占据近 90% 的市场份额。光刻胶产品用量小，对品质要求高，下游厂商通常都会和上游的材料供应商进行保密合作，从而使客户转换的难度增加，行业的客户壁垒极高。

　　早期光刻胶产品的研发由欧美厂商主导。20 世纪 50 年代，美国贝尔实验室为提升芯片制造工艺，找到柯达公司（Kodak）来研制光刻胶，最后成功研制了 KTFR（Kodak Thin Film Resist）光刻胶。该产品在 1957—1972 年一直被美国芯片行业广泛使用，当芯片制程节点发展到 2 微米时，触及了 KTFR 光刻胶分辨率的极限。1972 年，随着光刻技术的进步，德国 Hoechst AG 公司开发的 "AZ 光刻胶"（重氮萘醌—酚醛树脂光刻胶）迅速占领市场，并在此后很长时间维持了 90% 以上的 g 线 /i 线光刻胶市场份额。

　　日本厂商在光刻胶研发方面起步较晚，东京应化在 1968 年研发出首个环化橡胶系光刻胶产品，1972 年开发出日本首个重氮醌类光刻胶，20 世纪 80 年代才进入到 g 线 /i 线光刻胶业务。而日本 JSR 于 1979 年才开始销售光刻胶产品。信越化学也在 1998 年才实现了光刻胶产品的商业化。

　　20 世纪 80 年代，国际商业机器公司领导了对化学放大光刻胶的研发，并在 KrF 光刻胶市场上保持垄断地位。1995 年，日本东京应化突破了高分辨率 KrF 正性光刻胶，并实现了商业化销售。同时，

尼康和佳能已经取代美国厂商，成为全球光刻机设备的龙头，日本
KrF 光刻胶迅速放量占据市场。当芯片制程发展到 90 纳米节点时，
ArF 光刻技术逐步成为主流技术。2000 年，日本 JSR 公司的 ArF 光
刻胶被欧洲半导体工艺开发联盟微电子研究中心（IMEC）采纳。
2004 年，日本 JSR 首次通过 ArF 沉浸式光刻成功实现了 32 纳米分
辨率，引领了巨大的技术变革。2006 年，日本 JSR 又与国际商业机
器公司合作，通过 ArF 沉浸式光刻成功实现了 30 纳米及更小的线
宽。成立于 1957 年 12 月的日本 JSR 公司，从早期日本合成橡胶的
开拓者，一跃成为全球技术领先的高端光刻胶龙头，主要客户为芯
片巨头英特尔、三星和台积电。

2019 年 5 月，台积电宣布第一次使用极紫外（EUV）光刻技
术量产 7 纳米 N7+ 工艺。美国因普利亚公司研发的金属氧化物光刻
胶是比较有前景的极紫外光刻胶技术。因普利亚公司成立于 2007
年，总部位于美国俄勒冈州，已获得了包括日本 JSR、三星、英特
尔、韩国 SK 海力士、台积电、东京应化等半导体及材料龙头厂商
的投资。

中国在高端光刻胶领域几乎是空白，要实现自主可控还需要很
长的路要走。在最低端的 g 线和 i 线光刻胶领域，北京科华和苏州
瑞红都已实现量产；在 KrF 光刻胶领域，北京科华已通过客户认证，
开始量产，苏州瑞红还在中试，尚未量产；在 ArF 光刻胶领域，北
京科华、南大光电、上海新阳都还在研发阶段；最先进的 EUV 光刻
胶领域，由于国内缺乏 EUV 光刻机，还无法开展研发。

芯片制造过程中的溅射（Sputtering）工艺属于物理气相沉积
（PVD）技术的一种，它利用离子源产生的离子，在高真空中经过

加速聚集，轰击金属表面，使金属表面的原子离开并沉积在基底表面，被轰击的金属是用溅射法沉积薄膜的原材料，称为溅射靶材。芯片中的超细金属导线，就是由溅射靶材制造。

溅射靶材生产工艺较为复杂，高纯度乃至超高纯度的金属材料是生产高纯溅射靶材的基础。以芯片用溅射靶材为例，若溅射靶材杂质含量过高，则形成的薄膜无法达到使用所要求的电性能，并且在溅射过程中易在晶圆上形成微粒，导致电路短路或损坏，严重影响薄膜的性能。主要靶材包括铝靶、钛靶、铜靶、钽靶、钨钛靶等，纯度要求一般在 5N（99.999%）以上。

2019 年，全球半导体靶材市场规模约 10 亿美元，呈现寡头竞争格局，研制和生产主要集中在日本和美国公司。它们经过几十年的技术积淀。凭借其雄厚的技术力量、精细的生产控制和过硬的产品质量，日本的日矿金属和东曹合计占据全球 50% 的市场份额，美国霍尼韦尔则占据 20%。这些龙头企业实施极其严格的保密措施，限制溅射靶材生产的核心技术扩散，同时不断进行横向扩张和垂直整合，牢牢把握着市场的主动权，并引领着技术进步。

中国虽然拥有生产溅射靶材所需的各种基础矿源，但金属提纯技术有限，提纯出来的金属材料绝大部分达不到高纯度溅射靶材的生产要求。长期以来，中国厂商主要通过从国外进口获得高纯金属供给。这不仅限制了电子材料及半导体行业的发展，更影响到国家半导体信息产业及战略安全。尽管中国溅射靶材行业起步较晚，受益于国家战略的支持，国内高纯溅射靶材生产企业已经逐渐突破关键技术门槛，不断弥补国内同类产品的技术缺陷，进一步完善溅射靶材产业发展链条，并积极参与国际技术交流和市场竞争。

江丰电子是国内溅射靶材行业龙头，创始人姚力军获哈尔滨工业大学工学博士学位和日本广岛大学工学博士学位。他曾担任霍尼韦尔公司电子材料部门日本生产基地总执行官，2004 年出任霍尼韦尔公司电子材料事业部大中华区总裁。姚力军长期从事超高纯金属材料的研究，是掌握"超大规模集成电路制造用溅射靶材技术"的极少数华人专家之一。2005 年，38 岁的姚力军带领多名海外博士、日本及美国籍的专家在宁波创办了江丰电子。打破了国内高纯度溅射靶材基本依靠进口的局面，填补了国内同类产品的技术空白，产品包括铝靶、钛靶、钽靶、钨钛靶等。2019 年实现营收 8.2 亿元，客户包括台积电、格芯、联电、中芯国际等。

5) 细分赛道的化合物半导体

目前，市场上把半导体材料的发展分为三代。第一代半导体材料主要以硅（Si）、锗（Ge）为主，20 世纪 50 年代，锗在半导体中占主导地位，主要应用于低压、低频、中功率晶体管以及光电探测器中，到 60 年代后期逐渐被硅器件取代。用硅材料制造的半导体器件，耐高温和抗辐射性能较好。硅储量极其丰富，提纯与结晶方便。同时，二氧化硅薄膜的纯度很高，绝缘性能很好，从而使器件的稳定性与可靠性大为提高，因此硅已经成为应用最广的一种半导体材料。目前，95% 以上的半导体器件和 99% 以上的芯片都是由硅材料制作。它的主导和核心地位难以被替代。但是，硅材料的物理性质限制了其在光电子和高频高功率器件上的应用。

20 世纪 90 年代以来，随着光通信和移动通信的快速发展，以砷化镓（GaAs）为代表的第二代半导体材料开始崭露头角。砷化镓适用于制作高速、高频、大功率器件，以及发光电子器件，是制作高性能微波、毫米波器件及发光器件的优良材料，广泛应用于卫星通信、移动通信、光通信、全球定位系统等领域。但是，砷化镓材料资源稀缺，价格昂贵，并且还有毒性，污染环境。这些缺点导致第二代半导体材料的应用具有很大的局限性。

第三代半导体材料主要包括氮化镓（GaN）和碳化硅（SiC），又被称为宽禁带半导体材料。与第一代、第二代半导体材料相比，第三代半导体材料具有高热导率、高击穿场强、高饱和电子漂移速率和高键合能等优点，可以满足现代电子技术对高温、高功率、高压、高频，以及抗辐射等恶劣条件的新要求，在国防、航空、航天、石油勘探、光存储等领域有着重要应用前景。

化合物半导体主要指砷化镓（GaAs）、氮化镓（GaN）和碳化硅（SiC）等第二代、第三代半导体，相比第一代半导体硅，在高频性能、高温性能方面优异很多。砷化镓具有高频、抗辐射、耐高温的特性，大规模应用于无线通信领域，目前已经成为射频功放和开关的主流材料；氮化镓主要被应用于通信基站、功率器件等领域，功放效率高、功率密度大，因而能节省大量电能，同时减少基站体积和质量。

碳化硅则主要应用于工业及电动汽车领域。

在三大化合物半导体材料中，砷化镓占大头，主要用于通信领域，2019年市场规模接近100亿美元。砷化镓于1965年进入实用阶段。用砷化镓制成的半导体器件具有高频、高温、低温性能好、噪声小、抗辐射能力强等优点。但用它制作的晶体三极管的放大倍数小、导热性差，不适宜制作大功率器件。5G通信和智能手机的发展带动了砷化镓射频功率芯片的推广应用，发光二极管显示与照明领域的应用保持旺盛需求，3D 识别用 VCSEL 器件、高端平面显示用 Mini/Micro LED 等新技术和新产品将给砷化镓材料带来更大的发展空间。

半绝缘型砷化镓已成为一种重要的射频器件基础材料。为了提高生产效率、降低成本，使用 6 英寸直径的衬底晶片是必然的发展趋势。目前，半绝缘型砷化镓衬底的主要生产商有日本的住友电工（SEI）、德国的弗赖贝格（Freiberger）、美国晶体技术集团（AXT），三家公司合计占有全球 90% 的市场份额。住友电工以 VB 法生产砷化镓为主，能够量产 4 英寸和 6 英寸单晶片，目前是全球半绝缘型砷化镓单晶片生产水平最高的公司。德国 Freiberger 主要以 VGF、LEC 法生产 2—6 英寸砷化镓衬底，产品全部用于微电子领域。美国 AXT 的生产基地在中国，产品中一半用于 LED，一半用作微电子衬底。2001 年，北京有色金属研究总院成功研制出国内第一根直径 4 英寸半绝缘砷化镓单晶。2006 年，由中国科学院半导体研究所和北京中科镓英半导体有限公司共同承担的"直径 6 英寸半绝缘砷化镓单晶生长技术研究"成果通过专家鉴定。

氮化镓的大功率和高频性能出色，但成本较高，主要应用于军事通信、电子干扰、雷达等领域，2019 年氮化镓射频市场规模不到 10 亿美元。由于将氮化镓晶体熔融所需气压极高，因此无法通过从熔融液中结晶的方法生长单晶，须采用外延技术生长氮化镓晶体来制备晶圆。目前，最为主流的方法是氢化物气沉积法，住友电工、三菱化学等企业均采用此法。其中，日本住友电工是全球最大氮化镓晶圆生产商，占据了 90% 以上的市场份额。中国在氮化镓晶圆制造方面已经有所突破，苏州纳维科技有限公司的 2 英寸衬底片已经量产，4 英寸衬底已推出产品，正在开展 6 英寸衬底片研发。氮化镓外延片根据衬底材料的不同，可分为基于蓝宝石、硅衬底、碳化硅以及氮化镓 4 种，分别用于 LED、电力电子、射频以及激光器，其晶体质量和成本也依次提升。

碳化硅主要用于大功率电力电子器件，2019 年市场规模约为 5 亿美元。目前，碳化硅半导体仍处于发展初期，一方面，晶圆生长过程中易出现材料的基面位错，导致碳化硅器件可靠性下降；另一方面，晶圆生长难度导致碳化硅材料价格昂贵。碳化硅单晶材料主要有导通型衬底和半绝缘衬底两种。高质量、大尺寸的碳化硅单晶材料是碳化硅技术发展首要解决的问题，持续增大晶圆尺寸、降低缺陷密度是其重点发展方向。

碳化硅产业格局呈现美国、日本及欧洲三足鼎立态势。美国科锐（Cree）、德国英飞凌（Infineon）和日本罗姆（Rohm）三家公司占全球碳化硅市场约 70% 的份额。美国科锐公司是整个碳化硅产业发展的先行者和领头羊，在衬底和外延领域都有 50% 左右的市场份额。对于下游的器件巨头而言，保障供应最好的方式，就是和 Cree 签订长期供货协议。Cree 目前的碳化硅材料长期供货合同的金额已经超过 5 亿美金。除了 Cree，美国 Ⅱ‑Ⅵ 和道康宁（Dow Corning）、日本罗姆（Rohm）和昭和电工也是碳化硅的主要玩家。它们一起构成了碳化硅材料行业格局的基本生态。2010 年，美国 Cree 公司发布 6 英寸碳化硅单晶衬底样品，并于 2015 年开始批量供货；2015 年，美国 Cree 和 Ⅱ‑Ⅵ 公司推出了 8 英寸碳化硅单晶衬底材料样品。中国的碳化硅材料企业发展近年来也发展迅速，得益于产业链各个环节的相互支持和推动，4 英寸碳化硅单晶衬底已经能够量产，6 英寸片的研发也在不断加速。

3.6　芯片封装和测试

封装主要是为了实现芯片内部和外部电路之间的连接与保护作用，而测试就是检测芯片是否存在设计缺陷或者制造过程导致的物理缺陷。为了确保芯片能够正常使用，在交付给整机厂商前，必须要经过封装与测试这最后两道工序。设计生产一体化（Integrated Device Manufacture，IDM）与外包封装测试（Outsourced Assembly & Test，OSAT）是目前芯片封测产业的两种主要模式。IDM 企业，如英特尔和三星，拥有自有品牌，业务范围贯穿设计、制造与封测环节。OSAT 企业则是专业为芯片设计和制造客户提供封装测试代工服务。在这里重点介绍 OSAT 外包封测公司的市场竞争。

2019 年全球外包封测行业市场规模约为 300 亿美元，封装和测试占比分别为 80% 和 20%。封测是劳动密集和资金密集型行业，市场继续向头部企业倾斜，全球前十大封测企业的市场份额超过 80%。中国台湾的封测公司占有全球半数以上的市场份额。其中，日月光（ASE）排名第一，市场份额约为 20%；矽品（SPIL）排名第四，市场份额约为 10%。美国安靠科技（Amkor）排名第二，市场份额约为 15%。中国大陆的长电科技（JCET）则以 13% 的市场份额位列第三。凭借生产成本和应用市场等方面的优势，中国大陆的封测公司合计占有全球 20% 以上的市场份额。

测试设备技术门槛较高，对芯片的品质控制至关重要。2019

年全球测试设备市场规模约为 50 亿美元。日本的爱德万测试（Advantest）排名第一，市场份额约为 45%；美国的泰瑞达（Teradyne）排名第二，市场份额约为 41%。两者合计市场份额超过 85%，市场呈现双寡头垄断特征。

1）全球封装测试的演进

20 世纪 80 年代，为了降低成本和提升利润率，美国很多芯片公司将制造部门和封测部门剥离，技术含量和利润较低的封装测试环节被转移至日本、韩国，以及中国台湾省等亚洲地区。1984 年，40 岁的张虔生和 37 岁的弟弟张洪本，在台湾共同创办了日月光集团，将家族地产事业转向新兴的电子行业。张氏兄弟祖籍浙江省温州市，早年跟随母亲从事房地产行业，张虔生毕业于台湾大学电机系，后来赴美留学，拥有美国伊利诺伊大学理工学院硕士。1989 年，日月光半导体制造股份有限公司在台湾上市，张虔生任公司董事长（图 3.23），张洪山任副董事长兼总裁。据说，张虔生之母为星云大师的弟子，日月光公司的名称由星云大师命名，源自日光遍照菩萨和月光遍照菩萨。

图 3.23　日月光董事长张虔生

在张虔生的领导下，日月光从芯片封装的低级供应商起步，通过一系列的海内外并购扩张，逐渐成长为全球最大的封装与测试服务供应商。在资本市场上长袖善舞的张氏兄弟，从花旗银行挖来多位财技高超的金融专家，借助多层次的国际募资渠道，为日月光的并购策略提供了充足的资本。日月光的收购通常采取分阶段的模式，先收购部分股权形成控制，然后再逐步收购全部股权。这样的操作稳健务实，也降低了并购的资金压力。

1990 年，日月光首次试水并购，以新台币 1 亿元的价格收购了福雷电子，进军芯片测试业。1996 年，日月光筹划旗下子公司福雷电子到美国纳斯达克上市，但因当时台湾地区的规定不许台湾地区的公司与海外公司换股，日月光只得先将手中福雷电子持股卖给刚设立的新加坡 ASE 控股公司，再以售股所得参与 ASE 控股的现金增资。交易完成后，日月光变成 ASE 控股的母公司，而福雷电子则变成 ASE 控股的全资子公司。随后，ASE 股票于 1996 年 6 月在美国纳斯达克挂牌，成为台湾地区第一家在美国上市的半导体公司。

1997 年，日月光与晶圆代工龙头台积电缔结策略联盟，芯片设计公司在台积电下单后，由台积电代工制造的晶圆直接交给日月光封装测试，大幅缩短了芯片产品的交付时间。1998 年，在美国上市的日月光旗下子公司 ASE 又创下发行台湾地区存托凭证（TDR）回台湾地区挂牌上市的首例。

1999 年，日月光收购了摩托罗拉（Motorola）在韩国、中国台湾的两座封装测试厂；同年，又收购美国最大的独立芯片测试厂商月芯半导体（ISE Labs）70% 的股权，进一步拓展全球芯片测试业务。2000 年，日月光集团在美国纽交所成功上市。通过并购，日月光以相对低成本快速掌握核心和成熟的封测技术，从而实现技术及生产目标。ISE Labs 擅长前段晶圆测试业务，与偏重后道芯片测试的福雷电子形成合力，让日月光的营收在 2003 年超过美国安靠科技，成为全球芯片封测龙头老大。

日月光继续不断向外扩张，一方面向日本、韩国及欧美地区进军；另一方面向中国大陆转移。2004 年并购日本电气的封测厂。2007 年，随着台湾地区对大陆政策的放开，日月光收购威宇科技股权，以及恩智浦半导体苏州厂 60% 的股权。2008 年，趁着金融风暴时机，低价收购山东威海韩资企业爱一和一电子公司，切入晶体管和模拟芯片封测。2010 年，分两个阶段收购，取得环电 98.9% 的股权，成为首家结合基板、封测和系统制造的公司。2012 年和 2013 年分别收购台湾洋鼎科技和无锡东芝封测厂，跨入分立器件封测。日月光在并购扩产时，战略目标明确，就是要建立"一体化半导体封装及测试中心"，使客户可以一次完成晶圆测试、封装、芯片测试，甚至延伸到末端产品的系统制造。

2015 年 8 月，日月光对全球封装排名第四、台湾地区第二大的矽品精密发起公开收购。但矽品精密曾起诉日月光收购无效，寻求外援抵抗。2015 年 12 月，中国大陆的紫光集团宣布拟投资约 111 亿元人民币入股矽品精密。经过几轮交锋，2016 年 6 月，日月光和矽品精密正式通过双方共组控股公司的协议，并于 2016 年 11 月获得中国台湾地区公平会的审查通过。2017 年 5 月获美国联邦贸易委员会的审查准许。2020 年 3 月，最终获中国国家市场监督管理总局反垄断局批准，历时 4 年半的并购案圆满结束。日月光和矽品精密合并后的市场份额超过 30%，综合研发实力强，会更有竞争力。

"打虎亲兄弟，上阵父子兵"。长期与张氏兄弟的日月光争夺全球封测头把交椅的美国安靠科技，其创始人正是一对韩国父子兵。父亲金向洙（Hyang-Soo Kim）出生于 1912 年，是韩国著名的企业家和书法家。他于 1935 年就在韩国创办了制造自行车零部件的公司，并在 1945 年将公司改名为 ANAM Industries。1968 年，金向洙响应韩国政府号召，开始迈入半导体制造业。他联合在美国宾夕法尼亚州做大学教授的儿子金柱津（Joo-Jin Kim），成立了美国 Amkor Electronics。公司名称安靠科技就是由美国（America）和韩国（Korea）的两个英文单词组合而成。安靠科技发展历程颇为曲折，金向洙还曾出版过一本自传《撬动世界的杠杆》。经过了一系列的由兴转衰，再由衰转兴的发展轨迹，安靠科技经过重组后在美国上市，成了一家具有韩国血统的美国公司。在很长一段时间内，安靠科技在芯片封测外包市场都是全球第一，直到 2003 年被日月光超越。

2016 年，安靠科技正式完成并购日本封测龙头 J-Device，加强了在汽车芯片封测市场的领先地位。2017 年，安靠科技又完成收购欧洲最大的芯片封装与测试外包服务商 NANIUM，其晶圆级芯片封装解决方案（WLCSP）世界领先，高良率、可靠的晶圆级扇出封装技术已用于大规模生产。这些并购进一步巩固了安靠科技作为全球第二大封测代工厂的地位。

目前，芯片的先进制程逼近物理极限，摩尔定律面临诸多技术瓶颈，先进封装技术正在成为晶圆代工领域的另一个重要战场。通过提升多芯片的集成封装密度，提升带宽及连接速度，来实现对于摩尔定律经济效益的继续推动。英特尔在先进封装技术领域有着非常深厚的积累，在异构集成上具备优势。三星希望借助 3D 芯片封装技术 X-Cube 挑战台积电，台积电则将先进 3D 封装技术平台汇整为"TSMC 3DFabric"，并计划投资新建一座芯片封装与测试工厂。这些举措将会给日月光和安靠科技主导的外包封测行业带来哪些影响？让我们拭目以待。

2）中国大陆地区封测三足鼎立

近年来，通过自主研发先进封装和海外并购整合，中国大陆的封测企业迅速壮大，合计市场份额超过 20%，位居全球第二。中国封测行业目前呈现出三足鼎立的局面：营收排名前三的公司是江苏长电科技股份有限公司（简称长电科技）、通富微电子股份有限公司（简称通富微电）和天水华天科技股份有限公司（简称华天科技）。其中，长电科技在收购新加坡的星科金朋后一跃成为全球第三大封测厂。凭借成本和市场的优势，通过产业整合，中国大陆芯片产业链有望在封测领域实现率先突破。

长电科技前身为 1972 年成立的江苏江阴晶体管厂，1988 年，32 岁的王新潮被提拔为副厂长，并在两年后成为厂长；1992 年改制设立江阴长江电子。在王新潮的带领下，历经艰辛的创业历程，公司成长为国内最大的分立器件制造商。2000 年变更为江苏长电科技股份有限公司，2003 年 6 月在上海证券交易所上市，成为中国半导体封装行业第一家上市公司。为了跻身全球产业第一梯队，王新潮瞄准资产规模两倍于长电科技的星科金朋（STATS ChipPAC），开启了"蛇吞象"的并购行动。2014 年 12 月，长电科技、国家集成电路产业基金（国家大基金）和中芯国际子公司芯电半导体共同出资成立控股公司，收购新加坡上市的全球第四大芯片封装测试公司星科金朋。三方分别出资 2.6 亿美元、1.5 亿美元和 1 亿美元设立长电新科，长电新科再与国家大基金分别出资 5.1 亿美元和 1000 万美元成立合资公司长电新朋，同时长电新朋向大基金发行 1.4 亿美元可转债。然后，长电新朋以 6.6 亿美元在新加坡设立收购公司，收购公司最后再向金融机构获得 1.2 亿美元贷款，最终以 7.8 亿美元价格完成对星科金朋的收购。星科金朋主要客户来自欧美芯片设计企业，丰富的高端客户是长电科技一直以来期望获得却拓展相对较慢的资源。通过此次并购，全球排名前 20 位的大芯片公司中有 85% 成为长电科技的客户。

2019 年 5 月，长电科技发布公告，选举中国半导体行业协会理事长兼中芯国际董事长周子学为董事长、李春兴（Choon Heung Lee）为首席执行官。李春兴是韩国人，拥有美国凯斯西储大学理论固体物理博士，在全球第二大封装公司安靠科技相继担任研发中心负责人和首席技术官等职务。创业元老王新潮则急流勇退，只保留作为长电科技名誉董事长（图 3.24）。2019 年 9 月，李春兴辞去首席执行

图 3.24　长电科技名誉董事长王新潮

官职务，继续担任首席技术官，郑力为新任首席执行官。52 岁的郑力曾任恩智浦半导体全球高级副总裁兼大中华区总裁，在美国、日本、欧洲国家和中国的集成电路产业拥有超过 26 年的工作经验。新的管理团队被寄予厚望，去实现重组后的公司经营和战略目标。

　　未来随着中国大陆的晶圆产能翻番，本土封测配套需求激增，长电科技作为国内封测龙头，具备最优质的规模化封装产能，并通过收购星科金朋获得国际一流的晶圆级封装技术，全面覆盖高、中、低档的封测技术。经过重组，长电科技还引进了中芯国际和国家大基金等投资方，与晶圆代工龙头中芯国际联合形成从晶圆制造到封测的一体化服务能力。2019 年，长电科技实现 235 亿元营收，大幅领先于国内其他封测企业。

　　通富微电成立于 1997 年 10 月，由江苏南通华达微电子和日本富士通共同投资、中方控股的中外合资股份制企业。通富微电董事长石明达 1945 年 10 月出生于江苏省南通市，1968 年毕业于南京大学物理系半导体专业。他回到家乡，进入通富微电的前身南通晶体管厂工作，从生产线技术员做起。1990 年，临危受命担任厂长，力推集成电路。他想尽办法，多方筹措资金，终于建成了年封装 1500 万块集成电路的生产线。生产线于 1994 年正式投产，企业也由此走上了发展之路，并获得中国华晶电子集团公司、华越微电子有限公司、上海贝岭股份有限公司等国内厂商的青睐。1997 年，与日本富士通合资公司成立后，迅速通过高质量封测服务赢得了日本多家公司的订单。南通富士通成为日本富士通在华投资的企业里，运行最好、发展最快的一家。

　　2007 年 8 月，通富微电在深圳证券交易所成功上市，开启了通富微电高速发展的时代。2013 年，通富微电的营收达到了 15 亿元，但产品技术还较为低端。2015 年，通富微电在国家大基金的支持下，以 3.7 亿美元的价格收购了超威半导体江苏省苏州市和马来西亚槟城的封测厂各 85% 的股权。超威半导体苏州和槟城封测厂主要承接超威半导体自产芯片产品的封装与测试，在技术上填补了中国 CPU 和 GPU 封测领域的空白，产品主要应用于台式机、笔记本、服务器、高端游戏主机，以及云计算中心等高端领域。通过此次并购，通富微电一跃成为国内第二大封测厂商。

不同于其他封测企业的客户相对分散，通富微电第一大客户超威半导体占公司收入比例接近 50%，因此公司获利情况受超威半导体影响较大。好在近年来超威半导体在华裔首席执行官苏姿丰的领导下，业绩取得较大增长，并不断蚕食英特尔的市场份额。目前，超威半导体的封装订单主要由台积电、通富微电和矽品三家企业承接。其他客户方面，通富微电是联发科在大陆重要的封测合作伙伴，也是英飞凌的车载高端品的国内唯一的封测供应商。2019 年，通富微电实现近 83 亿元营收。

华天科技的前身是甘肃省的国营天水永红器材厂。1969 年，肖胜利从西安交通大学毕业后，被分配到了甘肃国营永红器材厂任技术员。改革开放后，永红器材厂技术落后，生产经营难以为继，濒临倒闭。1994 年底，48 岁的肖胜利临危受命，成为新一任厂长，开启了大刀阔斧的改革。1998 年，亏损多年的永红器材厂扭亏为盈。2001 年，实施了总投资 1.39 亿元的"集成电路封装生产线"国债技术改造项目，芯片封装能力和盈利水平实现了大幅提升。2003 年 12 月改制为天水华天科技股份有限公司，肖胜利出任董事长。

2007 年 11 月华天科技在深圳证券交易所成功上市。利用资本市场的资源和优势，逐步由传统封装向中高端封装与先进封装延伸。华天科技目前在甘肃省天水市、陕西省西安市和江苏省昆山市三地布局，分别进行传统封装、中高端封装和先进封装。天水市生产成本较低，传统封装仍然有较高的获利能力。西安市有众多高校和科研院所，人才优势明显，适合实施主流封测技术的批量化。昆山市地处长三角，高端芯片产业聚集，适合先进封装技术的研发与生产。三地产能布局兼顾了生产成本和人才优势，保障华天科技维持相对较好的获利能力。

为了提高国际竞争力，2014 年，华天科技宣布以 4060 万美元收购美国 FCI 及其子公司。2018 年，又以约 30 亿元联合收购马来西亚封测厂商友尼森（Unisem）。Unisem 在欧美市场收入超过 60%，其主要客户为美国的射频芯片厂商。2019 年，华天科技实现 81 亿元营收，与第二名通富微电非常接近，差距已不到 2 亿元。

3）测试设备的双雄争霸

在技术门槛较高的芯片测试设备市场，以日本爱德万测试（Advantest）和美国泰瑞达（Teradyne）为中心的双寡头格局日渐清晰。2019 年，这两家企业在全球 50 亿美元芯片测试设备的市场份额已超过 85%。其中，爱德万在存储器测试领域处于领军地位，而泰瑞达在高端片上系统（SoC）测试领域具有较高的优势。两巨头在高端 SoC 和存储器测试设备领域构筑了较高的技术壁垒。高端测试机的单价通常超过 100 万元，毛利率通常在 50% 以上。

1960 年，两位麻省理工学院的校友亚历克斯（Alex d'Arbeloff）和尼克（Nick DeWolf）在美国波士顿一家热狗店上方的阁楼里成立了泰瑞达，第二年便开始销售第一款产品二极管测试仪 D133。1965 年，仙童半导体自动化测试部门成立，推出 5000C（模拟器件测试）和 Sentry 200（数字电路测试）。1966 年，泰瑞达推出配备小型

计算机的集成电路测试仪 J259，标志着半导体行业中自动测试设备
（ATE）时代的开始。1969 年，泰瑞达在收购三角系统公司（Triangle
Systems）后建立泰瑞达动力系统公司（Teradyne Dynamic Systems）。
1970 年，泰瑞达在纽约证券交易所成功上市。

　　1995 年，泰瑞达收购兆丰测试（Megatest），通过 Catalyst 和
Tiger 测试系统成为高端 SoC 测试的市场领导者。1996 年，推出
Marlin 存储测试系统，这是第一个能够同时进行动态随机存取存储
器测试和冗余分析的系统。1997 年，推出了第一个具有实时转换能
力的结构到功能测试系统 J973。1998 年，推出了一种用于低成本设
备大批量测试的测试解决方案 Integra J750。2001 年，收购通用无线
电公司（GenRad）的电路板测试业务。2004 年，推出了 FLEX 系列
测试系统，为大批量、高混合、复杂的 SOC 器件提供测试灵活性。
2008 年 11 月，完成对雄鹰测试系统公司（Eagle Test Systems）收购，
此举在让泰瑞达将业务扩展到闪存测试市场，同年收购奈克斯测试
公司（Nextest），加强公司模拟测试业务。2019 年 1 月，收购大功
率半导体测试设备供应商致茂电子（Lemsys）。目前可提供的自动
测试装备产品和服务包括：半导体测试系统、军事 / 航空测试仪器
和系统、储存测试系统、电路板测试和检查系统、无线测试系统。
2019 年，泰瑞达的营收约为 23 亿美元。

　　1972 年，爱德万测试的前身武田理研工业（Takeda Riken
Industries）推出了 10MHz 的 LSI 测试系统 T–320/20，进入半导体
测试市场。武田理研工业由武田郁夫于 1954 年在东京创办，初期
是一家电子测量仪器制造商。武田理研工业开创了日本测试界的先
河，研发出了多个"第一款"测试设备。20 世纪 70 年代末，日本

取代美国成为动态随机存取存储器存储芯片主要供应国。武田理研工业抢先布局存储测试领域，于 1976 年推出了全球首台动态随机存取存储器测试机 T310/31，此后公司长期在存储测试机领域占据 50% 以上市场份额。1985 年，武田理研工业更名为爱德万测试。1983 年，爱德万测试在东京证券交易所上市。2001 年，爱德万测试又成功登陆纽约证券交易所。

爱德万测试的产品主要分为集成电路自动测试设备和电子测量仪器两大部分。集成电路自动测试设备的产品包括 SoC 测试系统、存储器测试系统、混合信号测试系统、LCD Driver 测试系统、动态机械手等；电子测量仪器产品则包括频谱分析仪、网络分析仪等。爱德万测试的多款产品广受业界采用，为其攻占市场份额立下了很大功劳。1981 年推出的 TR-4172 多功能"智能频谱分析仪"，被通信设备制造商广泛采用。1983 年，其用于通信和消费类 LSI 测试的模拟测试系统 T3700 系列，以及用于 CCD 图像传感器测试的 T3155 的推出，拓宽了爱德万测试在半导体测试设备市场的份额。为满足 SoC 的测试需求，爱德万测试于 2002 年推出了 T2000 开放式构架的 SoC 测试平台。2011 年，收购了美国惠瑞捷（Verigy），在原有产品的基础上更新推出 V93000 超大规模 SoC 测试平台。T2000 和 V93000 是国际测试机市场的明星级产品，历经十余年的不断开发和革新，目前 V93000 全球装机量已超 5000 台。2018 年 12 月，收购宇航公司（Astronics Corporation）的商用半导体系统级测试事业部，此事业部为半导体产品及模组提供系统级测试。2019 年，爱德万测试的营收约为 24.7 亿美元。

除了爱德万测试和泰瑞达这两个测试设备行业巨头，美国科恩公司（Cohu）和科休（Xcerra）在全球芯片测试设备行业处在第二梯队，两者营收规模相当，合计接近 8 亿美元。2018 年 6 月，科恩公司宣布以约 7.96 亿美元收购竞争对手科休，其中包括约 65% 的现金和 35% 的股票。科休是全球第三大 ATE 设备商，其收入约 40% 来自半导体 ATE 设备、40% 来自测试分选机与测试插座；科恩公司则是全球测试分选机领先企业，业务主要为半导体测试分选机，以及测试插座等辅助设备。由于芯片测试设备行业已经形成泰瑞达与爱德万的双寡头格局，总体上科恩公司收购科休对行业格局影响有限，但双方将在测试分选机领域形成较强互补，能有效提升行业集中度。

中国芯片测试设备市场规模约为 10 亿美元，具有巨大的成长空间。近几年，国内的测试设备企业杭州长川科技股份有限公司和北京华峰测控技术股份有限公司等已经取得一定突破，进入了长电科技、华天科技、通富微电、日月光等海内外知名封测厂，在分立器件测试机、模拟测试机和分选机等中低端领域实现或部分实现了国产替代，并在数字测试机、探针台等难度较大的测试设备领域已有布局。

第 4 章

芯企之争

20世纪前的两次工业革命使欧洲国家在科技、工业、经济等领域大幅领先于世界各国。但两次世界大战导致欧洲人才外流，生产力遭到严重破坏，世界科技中心从欧洲转移到了美国。20世纪50年代，美国成为全球芯片产业的发源地，芯片开始被应用于国防军工方面。日本在引进美国芯片技术后致力于开发民用产品，并通过"官产学"一体化制度快速提升芯片技术水平。20世纪80年代，日本半导体产业超越美国，迎来了称霸全球的黄金十年。而后，美国全面打压日本经济，于20世纪90年代又夺回在芯片领域的霸主地位。韩国以三星等大型财团为核心，利用政府的金融支持，推动"资金＋技术＋人才"的高效融合，并多次采取"逆周期"投资策略，故意加剧行业亏损以挤垮对手。中国台湾地区抓住美国芯片垂直分工和产业转移的机遇，开创了专业晶圆代工模式，成为全球芯片制造业最密集的地区。欧洲避开了竞争激烈的消费级芯片市场，专注于工业和汽车芯片市场，拥有芯片制造巨头英飞凌、恩智浦和意法半导体，以及独霸光刻机市场的阿斯麦和位居手机处理器生态圈核心的 ARM。

4.1 美国的芯片战略

美国是芯片产业的发源地，具有先发优势，引领着全球芯片产业的发展。美国早期芯片行业的发展同国防军工密不可分，美国政府利用产业政策和科学政策培育了芯片公司的多元化生态体系。20世纪60年代，美国军用芯片市场占比超过了80%。20世纪80年代，美国在芯片产业的领先地位被日本超越。于是，美国从全力扶植转向全面打压日本经济，20世纪90年代初又夺回在芯片领域的霸主地位。1999—2001年全球共有近千亿美元风险投资涌入"新经济"创业领域，其中80%投向美国。借助"信息高速公路"战略和科技股的创富效应，美国芯片产业走在了世界各国的前面，把原先咄咄逼人的日本、欧洲国家抛到后头。

得益于美国一流的大学、技术移民政策和市场驱动的创新生态系统，美国构建了全球最完善的芯片产业链。美国西海岸聚集了苹果、脸书、亚马逊、谷歌、微软和特斯拉全球六大科技巨头，尽管这些企业不直接生产芯片，但却为美国芯片产业提供了庞大的市场。20世纪的个人计算机时代，确立了以英特尔和超威半导体处理器为主的江湖地位；21世纪智能手机的兴起，又催生了高通和博通这样的通信芯片设计巨头；而在人工智能时代，又崛起了英伟达这样的后起之秀。近年来，美国企业在全球芯片产业的市场份额超过50%，远远领先于排名第二的韩国（约为20%）。

美国在芯片设计、晶圆代工、芯片设计生产一体化、电子设计自动化（EDA）、设备和封测领域均有全球领先的企业。芯片设计前十名的美国公司合计占据了超过 55% 的全球市场份额。英特尔和超威半导体是全球最大的两家计算机处理器芯片公司，合计占有 90% 以上市场份额。全球五大芯片设备公司，有三家是美国企业。全球晶圆代工排名第三的格芯占有约 9% 的全球市场份额。美光是全球第三大动态随机存取存储器存储芯片厂商，同时也名列全球六大闪存厂商。德州仪器和亚德诺半导体（ADI）是全球最大的两家模拟芯片企业。安靠科技是全球第二大封测代工厂。泰瑞达是全球第二大测试设备公司。目前，其他国家都不具备美国这样完整的芯片生态体系，也缺乏相应的人才和科研资源，短时期内难以撼动美国全球领先的地位。美国政府将芯片视为战略性、基础性和先导性的产业，制定了关键的技术路线图，明确不以短期盈利能力为目标。美国政府正在人才、投资、税收、基础设施建设等方面创造一个良好的产业环境，来确保美国保持其在技术前沿的领先地位。

1）芯片产业的发源地——硅谷

1776 年 7 月 4 日，北美大陆会议通过《独立宣言》，宣告了美国的诞生。作为一个以欧洲人为主的移民国家，美国自殖民时代就和欧洲人保持着同步。美国以普鲁士为榜样，在全国推广公立学校，建立新的教育体系。到 1850 年，美国人的识字率达到了 86%，这为美国的崛起打下了良好的基础。建国之初，美国经济一直以农业和轻工业为主，工业化水平远远比不上英国、法国等欧洲强国。

19世纪70年代，随着南北战争的结束，美国很快卷进了以电器应用为特征的第二次工业革命的浪潮中。美国土地辽阔、资源丰富，能提供充足的商品市场和原材料。在美国政府的鼓励和支持下，通过西进运动和移民政策，欧洲许多优秀的人才被吸引到美国。为了促进工业和经济的发展，美国发行了巨额的公债，引进了大量的欧洲资本。与欧洲相比，美国属于后发工业国家，可以直接利用新的技术和设备。工业化浪潮席卷美国各地，形成了钢铁冶金、机械制造、汽车、石油、化学等工业基地，建立了非常完整发达的工业体系。在工业的带动下，美国的交通、农业等方面也获得了飞速的发展。1894年，美国工业总产值超过英国，成为世界第一工业强国，物美价廉的美国产品充斥着整个世界市场。1900年，美国的铁路里程近32万千米，超过欧洲铁路里程的总和。1913年，第一次世界大战爆发前夕，美国工业产值占世界总份额的38%，超过德国（16%）、英国（14%）、法国（6%）、日本（1%）四国工业生产的总和。美国十分重视教育和科技创新，很多伟大发明诞生于美国，例如，世界上第一台有线电报机、第一部电话机、第一架飞机等。

自从1904年英国物理学家弗莱明（John Fleming）发明电子二极管，1906年美国发明家德福雷斯特（Lee de Forest）发明电子三极管以来，电子学作为一门新兴学科迅速发展起来。当时，世界科技的策源地是欧洲，美国还处在消化吸收与追赶的过程中。电子管发明之后，主要的应用场景是在无线电通信和计算机。因为电子管有明显的缺点，体积大、能耗高、可靠性差，而且价格还很贵。解决问题的希望放在了半导体器件上。半导体理论模型在欧洲科学家的努力下不断完善，1928 年，德国物理学家、"量子物理之父"普朗克（Max Planck）提出了固体能带理论；1931 年，英国物理学家威尔逊（Charles Wilson）在能带理论的基础上，提出了半导体的物理模型；1939 年，英国物理学家莫特（Nevill Mott）和德国物理学家肖特基（Walter Schottky）各自独立地提出了解释金属—半导体接触整流作用的理论。

20 世纪爆发的两次世界大战的主战场都在欧洲，导致欧洲人口急剧减少，大量人才人口外流，生产力遭到严重破坏。欧洲的大批科学家惨遭家园破碎，纷纷投奔远离战火的美国。美国本土未受攻击，大量军工订单令美国的工业、经济和科技等方面大为受益，美国经济经历了自建国以来增长最快速的一段时期。在第二次世界大战刚结束的时候，亚洲等地区饱受战火之苦，满目疮痍，这里的全球顶尖人才大量涌入美国，世界科技中心也开始从欧洲转移到美国。战争期间，各国倾尽人力、物力和财力，发展相应的科学技术，研制新式武器。军事的研发和实践带动了工业生产、科技理论、政府组织的进步，进而带动战后科技水平的整体提高。电子计算机的发明就是为了满足原子弹研究时产生的庞大的计算任务。第二次世界大战期间，美国电话电报公司（AT & T）旗下的贝尔实验室（Bell Lab）开始对几种半导体材料进行研究，探索其应用前景。1947 年，终于在美国诞生了世界上第一个基于锗半导体的点接触式晶体管。为了避免美国司法部的反垄断制裁，贝尔实验室在 1952 年向其他公司授权了他们的晶体管专利，40 多家公司加入了迅速发展的半导体产业。

1956 年，"晶体管之父"肖克利受美国加州斯坦福大学副校长、

"芯片风云"

"硅谷之父"特曼（图4.1）的邀请回到家乡，在斯坦福大学附近工业园区创办了"肖克利半导体实验室"，准备生产硅晶体管。作为美国芯片产业发源地的"硅谷"也因此而得名。8位年轻的科学家从美国东部慕名而来，陆续加盟。后来，这8位所谓的"八叛逆"集体辞职，联合创办了著名的芯片产业黄埔军校"仙童半导体"（Fairchild Semiconductor）。一批又一批芯片

图 4.1　特曼（Frederick Terman）

精英人才从仙童半导体走出，近百家高科技公司如雨后春笋般诞生，其中包括微处理器芯片巨头英特尔和超威半导体，书写了一段辉煌的硅谷历史。

　　1900年6月7日，特曼出生于美国中部的印第安纳州。10岁时随心理学教授的父亲来到西海岸的加利福尼亚州，在斯坦福校园中学习成长。1922年，获斯坦福大学电气工程硕士学位；1924年，获麻省理工学院博士学位。同年，任斯坦福大学电子通信实验室主任。特曼做事认真，为人谦逊，具有非凡的能力，能在他的学生中激起对电子改变世界的强烈愿望。1939年，在特曼的指导下，他的两个学生，26岁的休利特（Bill Hewlett）和27岁的帕卡德（Dave Packard），在车库里以特曼借给的538美元作为资本创办了惠普（Hewlett-Packard）公司，开始生产电子仪器。这间车库现在已经成为硅谷发展的一个见证，在1989年被加利福尼亚州州政府定为历

史文物和"硅谷诞生地"。惠普两位创始人1977年向斯坦福大学捐赠920万美元，建造了现代化的特曼工程学中心。1941年，特曼被选为美国无线电工程师学会（American Institute of Radio Engineers，IRE。即后来的IEEE前身）主席，这是美国电子技术界的最高荣誉。1945年，特曼被提升为副校长。他深感到第二次世界大战期间电子学应用的飞速发展，认为"大学不仅要纯搞学术，还要成为研究与开发中心"。建议校方以斯坦福大学为依托，联合惠普等一批公司，把美国西部的电子产业带动起来。20世纪40年代，美国的科研和教育中心在东海岸波士顿，斯坦福大学缺乏经费，学术声望不高，难以聘请到一流教授。

1951年，在特曼的推动下，斯坦福大学划出来2.42平方千米土地成立了斯坦福工业园区，兴建研究所、实验室、办公写字楼等。世界上第一个高校工业园区诞生了，成为全球高技术产业园区楷模。斯坦福工业园区奠定了"硅谷"电子产业的基础。而工业园区带来的租金，也为斯坦福大学的发展提供了财力，使特曼可以用重金聘请名家、名流充实教师队伍。特曼还在人才培养模式上做创新，让园区内的公司雇员到斯坦福大学读研究生，像正式在校生一样学习，费用由公司负责。这种公司和大学联合培养的方法大受欢迎，进一步促进了大学研究成果转化为现实生产力。

1960年，斯坦福大学已跃居美国大学排名前列。以斯坦福大学为代表，美国大力发展高质量的教育体系，提供丰富的研究机会，吸引各国学生前往学习，进而通过技术移民政策，把他们发展成为美国的人才资源。如今，美国硅谷的芯片高级研发人员超过半数是来自中国和印度的技术移民。

美国早期芯片行业的发展同国防军工密不可分。20 世纪 60 年代，美国军用芯片市场占比超过了 80%。"第二来源"（Second Source）合同要求国防部购买的任何芯片至少由两家公司生产，将采购与技术转让联系起来。国防部为了防范行业垄断，要求贝尔实验室和其他大型研发部门广泛授权它们的技术，以保持充满活力的竞争生态系统。这些早期的产业政策让参与者各尽其责：小公司在技术前沿进行大胆试验，而大公司则追求流程改进，从而确保这些创新能够迅速扩大规模。

阿波罗计划（Apollo Program）是美国政府在 1961—1972 年组织实施的一系列载人登月飞行任务，目标是在太空技术领域赶超苏联。该项目总耗资 255 亿美元，约占当年美国全部科技研究开发经费的 20%。在工程高峰时期，参加工程的有 2 万家企业、200 多所大学和 80 多个科研机构，总人数超过 30 万人。政府的定期采购提供了必要的流动资金，美国生产的芯片近 60% 被用于阿波罗计划，大大促进了早期芯片公司仙童半导体和德州仪器的发展。值得一提的是，阿波罗计划要求芯片能在 200℃高温稳定运行，直接促进了硅工艺的跨越式发展，从而替代锗成为芯片产业的主流半导体材料。

美国毫无疑问是第三次工业革命的引领者，计算机的发明、信息化和通信产业的变革都依赖芯片产业。20 世纪 70 年代，英特尔开发出了微处理器和动态随机存取存储器芯片，苹果公司推出了第一台个人计算机 Apple II。1981 年，国际商业机器公司将英特尔的微处理器芯片用于其研制的个人计算机中，加上微软的操作系统，国际商业机器公司个人计算机迅速成为个人计算机市场上的霸主。

20 世纪 80—90 年代，英特尔与微软的"Wintel 联盟"在全球个人计算机产业形成了所谓的"双寡头垄断"格局。

2）对日本芯片竞争的反击

1974 年，日本政府批准"超大规模集成电路的共同组合技术创新行动"，确立以赶超美国技术为目标。一方面，以"以市场换技术"引入美国先进芯片技术；另一方面，由日本通产省组织日立、日本电气、富士通、三菱和东芝 5 家公司，整合产学研芯片人才，协作攻关，整体提升日本芯片产业技术水平。日本动态随机存取存储器芯片产品不仅质量好，价格还总是比同类美国产品低 10%。美国芯片公司大多数业务单一，聚焦细分市场，缺少其他收入来源。而日本则是东芝和日立等综合性大企业，可以利用其他业务赚来的钱支撑价格战。日本电子终端产品，包括家电等，大举进入美国。日本公司在芯片市场所占份额不断增加，开始威胁到美国芯片在全球的市场地位。1980 年，美国公司在全球芯片市场所占份额超过 60%，日本公司约为 26%。但到了 1986 年，日本公司所占份额上升到了 44%，美国公司份额下降到 40%，日本首次超过美国。与此同时，全球芯片市场排前 3 位的公司分别是日本的日本电气、日立和东芝公司，在排名前 10 的公司中日本占了 6 家，而美国仅有 3 家。日本公司在动态随机存取存储器芯片、光电子、芯片生产设备，以及硅材料等技术上都开始领先美国。

日本芯片企业不断挑起价格战，动态随机存取存储器单片价格一年内暴跌了 90%，从 1981 年的 50 美元降到 1982 年的 5 美元。日本芯片产品对美国的出口额也从 1980 年不到 90 亿日元，激增至

1984 年的 400 多亿日元。美国半导体行业亏损 20 亿美元，失去 2.7
万个工作岗位。1985 年，英特尔被迫关闭了 7 座工厂，裁员 7200 人，
退出动态随机存取存储器业务。这场美国与日本的动态随机存取存
储器芯片之争让它亏损了近两亿美元，是上市以来的首次亏损。在
英特尔最危急的时刻，如果不是国际商业机器公司施以援手，购买
了它 12% 的债券保证现金流，这家芯片巨头很可能会倒闭或者被收
购，美国信息产业史可能因此改写。英特尔联合创始人，有"硅谷市长"称号的诺伊斯（图 4.2）哀叹美国进入了"帝国衰落"的进程。他断言，这种状况如果继续下去，硅谷将成为废墟。更让美国人难以容忍的是，富士通打算收购仙童半导体公司

图 4.2　诺伊斯（Robert Noyce）

80% 的股份。仙童半导体公司是美国芯片行业的"黄埔军校"，硅
谷近百家科技公司的创始人都曾有过在仙童半导体的工作经历。

　　日本芯片产业的崛起使昔日的老师，一向以芯片先进技术自
居的美国产生了屈辱感。从 1974 年开始，诺伊斯不再参与英特尔
的日常运作管理，他出任美国半导体协会（Semiconductor Industry
Association，SIA）的主席，作为硅谷和整个美国半导体工业的代言
人，帮助美国反击日本在动态随机存取存储器芯片市场的进攻。诺
伊斯不断通过媒体发声，制造声势，提醒大众注意日本半导体的威

胁。他告诉《财富》杂志，日本人正在"试图撕破我们的喉咙"。从《洛杉矶时报》向大众喊话："无论在汽车还是航天产业，半导体都起到非常重要的作用。"

在诺伊斯的领导下，美国半导体协会让美国政府意识到芯片行业衰退将会危及国家安全。美国先进军工技术离不开先进电子技术，先进电子技术又离不开最新的芯片技术；如果美国的芯片技术落后，美国军方将被迫在关键电子部件上使用外国芯片产品；外国的芯片货源不可控，战争时期可能会对美国断货，而且还会向美国的对手供货。美国如果放任日本在芯片领域称霸，就等于牺牲国家安全。一旦美国的芯片产业发展受挫，那么在计算机、通信等领域，甚者在国防工业方面都有可能落于下风。达成共识后，美国的企业界和政界人士纷纷指责日本以组建"研究组合"的方式补贴企业，实行不公平市场竞争。

1985 年，美国政府与 SIA 对日本发起 301 条款起诉。1986 年 9 月，日本迫于压力，与美国签署了《美日半导体协议》，停止所谓倾销，并强制性地为美国芯片公司预留日本 20% 的市场份额，由此换得美国放弃 301 起诉。协议的签订让美国借助政治手段暂时压制了日本几大企业在全球芯片市场的优势，不仅企业面临严苛的商业限制和舆论压力，产品关税也提高到 100%。1987 年，美国国防部下属的国防科技委员会发布了《关于国防电子技术的依赖性》报告，从军事与国家安全角度论述了芯片产业的重要性，必须在贸易领域实施防卫。美国政府断然否决了日本富士通对仙童半导体的收购。1989 年，《日美半导体保障协定》迫使日本开放知识产权和专利，但两年后美国半导体份额依然不足 20%，不得不再次强迫日本签订

芯片风云

《第二次半导体协议》。直到美国半导体企业再次崛起之后，美国政府没有在协议到期后提出续签，这场争端才算尘埃落定。

为了提高美国在大规模、超大规模集成电路制造技术上的竞争力，夺回美国在芯片设计与制造工艺上的优势，美国政府仿效日本组织大规模集成电路技术合作研究的经验，由美国国防科技委员会和美国半导体协会共同牵头成立了美国"半导体制造技术研究联合体"（简称 SEMATECH）。SEMATECH 是美国半导体制造公司与政府合作的产物，它出现在一向强调政府不干预企业的美国，具有特殊的意义。应对被赶超的事实，美国半导体产业在生产工艺研发方面投入大量资源，提高生产效率和产品良率；同时，国防部牵头与美国多家芯片企业成立半导体制造技术产业联合体，促进元件厂与设备供应商的合作关系，加速半导体设备、材料的研发和工艺标准化工作。

61 岁的诺伊斯临危受命，已经退休的他在 1988 年再度出山，担任 SEMATECH 的首席执行官，以期调解美国芯片公司之间的关系，挫败日本可能发起进一步的挑衅。这样一来，逐渐形成了政府、国家研究机构、大学和民间研究机构及企业之间的联合开发体制和机制。这套体制在美国集成电路产业发展的各个阶段都发挥了突出的作用，形成了从国家研究机构及其实验室，向产业转移，形成商业化、产业化的国家创新体系。SEMATECH 得到了美国官方的鼎力支持，美国联邦政府计划在第一个五年期间（1988—1992）每年为 SEMATECH 拨款 1 亿美元，资助其项目研究和开发计划。另一半经费则由成员公司提供，研究成果由成员公司和美国政府共享。SEMATECH 也很快找到了自身的目标：一是补全美国半导体行业在制造领域的工艺短板，拉平与日本制造在产量、成品率上的差距；二是发挥自身在技术研发上的根基，集中力量革新技术，找到能够破局的长板。在课题管理上，SEMATECH 也一直强调聚焦。为了集中精力攻关，在 1990—1991 年，将研究课题数量从 60 个减到 37 个，而到了 1993 年则只有 20 个，一定程度上保证了研发进度。

与日本 VLSI 研究所的模式不同，美国政府只在资金和政策方面给予支持，并参与一些组织协调工作，但具体研究和管理都由成员企业派到 SEMATECH 的技术专家和管理人员负责。工业界最了解芯片产业现状和弱点，也最迫切渴望提升自身的市场竞争力，因此能够精准定位，有的放矢。而日本的政府主导模式相对僵化，在面对兴起的中央处理器品类和个人计算机市场时，开始落后了。不同于日本半导体由政府领导、产业专家来选定超大规模集成电路方向的模式，美国国会限制了美国国防部所属部门修改半导体制造技术项目的权力，技术方向决定权由来自工业界的人才决定，这就让 SEMATECH 始终保持与市场需求的紧密关系。美国芯片行业不再局限于动态随机存取存储器芯片，开始攻关中央处理器、专用逻辑数字芯片等高附加值产品，形成了独特的芯片创新能力。

在 SEMATECH 的推动下，原本面对日本半导体企业的猛攻而节节败退的美国芯片企业，终于不再各自为战，一向强调政府不干预企业的美国政界也开始积极参与引导产业集中火力。打铁还需自身硬。真正压倒日本半导体的，还是美国半导体产业的自我崛起。最终，多方合力，于 1995 年帮助美国半导体企业重新夺回了世界第一的地位，正式为美日半导体争端画下了休止符。美国政府也在 1996 年宣布退出 SEMATECH。日本电子业虽然依旧相对强大，但在限制之下，加上 1997 年亚洲金融风暴、产业转移、韩国与中国台湾地区的崛起，它在芯片领域的优势进一步被分化。日本半导体芯片产业从 1986 年最高 40%，一路跌跌不休跌到 2011 年的 15%，回吐超过一半的市场份额。其中，动态随机存取存储器产业受打击最大，从最高点近 80% 的全球市场份额，一路跌到 2010 年不到 10%，回吐近 70%。

3）科技泡沫中的芯片投资热

20 世纪 90 年代，信息产业发展迅猛。世界经济结构正朝着从物质型向信息型、从本土化向全球化的方向发展，社会生产活动和人们的日常生活对信息服务提出了日益多样化的需求。在信息技术高度发达的美国，人们对信息技术促进经济发展的作用认识也最为清楚。1992 年，克林顿在美国总统竞选文件《复兴美国的设想》中强调指出："50 年代在全美建立的高速公路网，使美国在以后的 20 年取得了前所未有的发展。为了使美国再度繁荣，就要建设 21 世纪的'道路'，它将使美国人得到就业机会，将使美国经济高速增长。"这里所说的 21 世纪"道路"，就是"信息高速公路"。冷战结束以后，在诸如"星球大战"等冷战背景下的美国大型科研项目停顿之时，克林顿选择建设"信息高速公路"作为刺激国内经济发展、增加就业机会、保持和夺回美国在重大关键技术领域一度被削弱的国际领先地位，从而增强美国经济竞争实力的重大战略部署。

1993 年 9 月，克林顿就任美国总统后便正式推出"国家信息基础设施"（National Information Infrastructure）工程计划，又称"信息高速公路"。计划投资 4000 亿美元，用 20 年时间，逐步将电信光缆铺设到所有家庭用户。根据经济学的观点，大型科技发展计划可以改造传统产业、触发新技术革命、派生新兴产业、促进民间投资，从而达到刺激经济增长、增加社会就业的目的。而它的研究与开发又可以带来许多科技副产品，因此具有较高的经济和社会效益。"信息高速公路"的建设，被克林顿政府提高到战略高度，并没有将其单纯地看成计算机行业或电信行业等一两个行业的事，而是将"国家信息基础设施"作为美国未来新型社会资本的核心，把研究和建设"信息高速公路"作为美国科技战略的关键部分和国家最优先的任务。一系列的措施使美国经济实现了高增长、低失业、低通胀的"一高两低"经济奇迹。

1993 年，Mosaic 浏览器的出现令互联网开始引起公众注意。互联网可以即时把买家与卖家以低成本联系起来，带来了各种新的商业模式，并引来风险基金的投资。克林顿政府一直支持发展信息产业，特别致力于互联网的改进和普及。1996 年 10 月，克林顿政府推出"下一代互联网"计划。这项计划旨在为建设 21 世纪的网络奠定基础。直接目标是进行下一代网络技术实验，将网络速度提升100 倍以上，并催生互联网创新应用。由于对新商业模式的向往，美国掀起了一场以网络通信和互联网产业引领的投资热潮。1997 年，亚洲金融危机爆发，美国"新经济"带来的高回报率和高增长预期，成为大量国际热钱眼中的香饽饽。据统计，1999—2001 年全球共有近千亿美元风险投资涌入"新经济"创业领域，其中 80% 投向美国，直接推动了美国高新科技的发展。

当时，在美国的电信业务中，电话业务已日趋饱和，但由于数据库、计算机网络、有线电视，以及多媒体终端技术的迅速普及与实用化，数据通信和图像传输等业务量正在逐年增加。计算机技术与通信技术的结合，特别是光纤传输与异步传送模式（ATM）交换技术的迅速发展，使"信息高速公路"的实现成为可能。随着个人计算机、网络通信和互联网的快速发展，作为上游的美国芯片产业也迎来新的机遇。老牌芯片公司，如英特尔、德州仪器、摩托罗拉等，继续固守 IDM 模式，而许多如雨后春笋般涌现的芯片初创公司则只做设计，将芯片制造外包。这些芯片设计公司想要生产芯片产品，与台积电这类新兴的晶圆代工厂合作无疑是最好的选择。1991年成立的博通和 1993 年成立的英伟达，成了第一代美国芯片设计公司的代表，两家公司借助台积电的工厂，开始推出创新的网络芯片产品，并迅速成长为细分市场领导者。1997 年，台积电也顺势在美国纽约证券交易所成功上市，开始成为美国芯片设计公司的"虚拟工厂"。快速发展的台积电，开始反哺美国芯片产业。由于不用再承担建设晶圆厂的巨额成本，大量美国初创芯片设计公司得以轻装上阵、快速发展，美国芯片公司重新占领全球芯片产业制高点。

1995 年 8 月，网景因成功生产了网景浏览器而在美国纳斯达克（NASDAQ）上市，开启了纳斯达克科技造富神话。网景当时还未实现盈利，成立以来累计亏损 1278 万美元。按照以往美国资本市场的经验，一家新科技公司最好在至少连续 4 个季度盈利后再考虑上市，但网景的成功颠覆了华尔街的想象。网景的上市真正点燃了"硅谷梦"，美国资本市场接受了新的估值模式，它基于企业长期价值的最大化，而不是短期利润的最大化。科技企业的商业模式也随之改变，现在被公认为伟大企业的亚马逊，就是当时的典型代表。因为泡沫，亚马逊创始人贝佐斯（图 4.3）得以"基于长期市场领导地位，而非短期盈利和华尔街的短期反应做出投资决策"，亚马逊通过"烧钱"迅速建设基础设施、抢占市场份额。即使泡沫破灭后，泡沫顶峰时的融资也让亚马逊在 2000 年末还拥有 11

图 4.3　贝佐斯（Jeff Bezos）

亿美元的现金，保证其在最低谷也能坚持一直以来的战略。科技股泡沫破灭时，亚马逊一度跌去了 90% 以上的市值。但亚马逊继续推动创新，先后发明电子阅读器 Kindle、推出 Prime 会员计划、开创云计算平台 AWS、制作原创电视和电影节目，甚至还推出了自主研发的人工智能芯片。

以科技股为主的纳斯达克指数从 1994 年 10 月份的 747 点上涨到 2000 年 3 月的 5048 点，涨幅近 600%。平均每年有 200 家科技公司在美国上市，在美国市值规模最大的 10 家公司中，有 6 家属于科技类公司。在 1999 年，美国纳斯达克科技泡沫的巅峰，一年之内便新创造了 250 位亿万富翁和成千上万的百万富翁，其中不乏在芯片行业的创业者。为了一夜暴富的梦想，大量的科技人才和风险投资涌入硅谷，投身到美国高新科技的创业大潮之中。1995—2000 年，硅谷大约新创造了近 20 万个高科技岗位，美国风险投资金额则增加了 100 多倍，由约 7 亿美元增长到了约 770 亿美元。借助"信息高速公路"战略和科技股的创富效应，美国芯片产业和信息经济走在了世界各国的前面，把原先咄咄逼人的日本、欧洲抛到后头。

为了防止经济过热，1999—2000 年，利率被美联储提高了 6 倍。货币政策的收紧，机构和个人都加速从股市回流资金，互联网公司的股票开始受到冲击。

2000 年 3 月，纳斯达克指数到达当时的历史峰值 5132 点后，一路下挫，最低跌至 2002 年 10 月的 1108 点，跌幅 78%。大量科技公司市值暴跌，甚至倒闭。亚马逊、苹果、奈飞、英特尔等巨头无一幸免，最多的甚至跌去了 9 成市值。当时，中国概念股新浪、网易和搜狐，股价都下跌到 1 美元以下。经历互联网股泡沫之后，伴随着世界互联网行业的迅速发展，一些公司重新崛起，如微软和亚马逊依然是互联网行业举足轻重的公司，另外一些公司逐渐冒出并成长为行业巨头，如谷歌、脸书等。微软创始人盖茨在 1999 年就当时的泡沫问题答记者问时曾说，"它们当然是泡沫。但泡沫给网络行业带来了很多新资本，这必将更快地推动创新"。1999—2001 年上市的科技公司，存续率不到 7%，但活下来的那些伟大企业，改变了全人类的生活方式，提高了全人类的生活福祉。从客观上看，科技泡沫对推动技术革命和美国经济的发展是具有积极意义的，通过信息技术革命引领了第二次世界大战以来最长的经济繁荣。

4）移动智能时代的芯片创新

随着 21 世纪初"互联网泡沫"的破灭，人们对新经济的热潮有所降温，但信息技术创新仍沿着其内在规律不断演进发展。经过10 多年的曲折发展，以移动互联网、云计算、大数据、物联网为代表的新一轮信息技术革命蓬勃兴起，正在引领第二次互联网革命，对美国经济社会结构、生产体系组织带来深刻影响。

2007 年，苹果公司推出智能手机 iPhone，2008 年谷歌发布智能手机操作系统安卓（Android），在功能手机向智能手机转型的时候，昔日的欧洲手机霸主诺基亚却故步自封，陷入创新者的窘境，被苹果和三星双双超越。很快，欧洲手机厂商难以为继，轰然倒塌，爱立信手机业务卖给了索尼，诺基亚手机业务卖身给微软，西门子手机业务则卖给了中国台湾的明基。围绕着它们的欧洲手机芯片供应链也随之崩溃。

2009 年，全球移动网络的接入用户首次超过有线用户。移动互联网热潮开启，智能手机驱动着五花八门的创新应用的手机软件（App），各种智能设备开始普及，过去对芯片要求不高的电视和车载产品也成了智能设备，更多工业类智能应用也在开启。智能社会需要全新的信息技术基础设施，所有应用场景都会有芯片及其解决方案的创新空间。受益于智能感应和识别技术的发展，物联网的理念逐渐兴起，促使人与人、人与物、物与物之间实现信息互联，互联网的应用范围出现飞跃，芯片的市场规模大到难以想象。美国公司在移动互联网的核心技术上处于垄断态势，2015 年，以苹果 iOS 和谷歌 Android 生态为代表的智能手机操作系统已经占据了超过 90% 的全球市场份额。

苹果公司的关键技术创新始终以创造完美极致的用户体验为中心，软硬件的高速研发节奏使苹果移动终端始终保持产业竞争优势，苹果手机也因此成为全球销量第一的智能手机。2010 年 6 月，苹果第四代手机首次使用了自主研发的 A4 处理器芯片，其核心的结构和此前使用的三星处理器芯片十分相似。A5 芯片是第一款苹果设计的双核处理器芯片。A7 芯片是全球第一款移动端 64 位处理器，给未来手机处理器发展指出了新的方向。A9 芯片则第一次使用了三星和台积电的双代工策略，进一步加剧了两个晶圆代工巨头的制程竞赛。苹果的芯片设计团队能够提供手机所需要的复杂处理能力，保持创造力，继续引领科技行业的潮流。2020 年 6 月，苹果公布了基于 ARM 架构的自研 Mac 芯片计划，并在 2020 年 10 月开始出货；其后 Mac 逐步转向自研芯片，在两年的时间里完成过渡。苹果此举对英特尔和整个计算机行业来说都将是一个巨大的变化。基于 ARM 处理器的功率和效率的提高可能会使未来的 Macbook 变得越来越薄，ARM 芯片最终将扩展到整个 Mac 产品线。此举表明苹果将通过摆脱英特尔来削减成本，还可能会激发其他笔记本计算机制造商效仿苹果转用自研芯片。

从 2004 年起，美国国防部高级研究项目局（DARPA）开始举办一项奖金为 100 万美元的无人驾驶车挑战大赛（DARPA Grand Challenge），对促进智能汽车的技术交流与创新起到很大激励作用。这场比赛吸引了以谷歌为代表的互联网技术巨头和硅谷创业公司加入到智能汽车的研发中来，由此也引起了传统汽车产业"智能化"的变革，诞生了一个上万亿的新兴产业。智能汽车蕴含极具潜能的高科技生态链，包括计算机、传感、图像识别、通信、人工智能及自动控制等前沿技术。过去，汽车以机械结构为主，而智能汽车中芯片等电子器件的成本占比将会超过 50%，大量的雷达、传感器、通信和控制系统将会被装载。作为自动驾驶的大脑，人工智能芯片绝对是智能汽车的核心技术。L3 级以上的自动驾驶汽车要求安装更多的传感器和处理更多的感知数据，因此对处理器芯片的算力有很高的要求。

智能汽车利用传感识别、自动驾驶、人工智能、高级驾驶辅助系统（ADAS）等技术，通过车载传感系统和信息终端实现与人、车、路等的智能信息交换，是一个集环境感知、规划决策、多等级辅助驾驶于一体的高科技产品。智能汽车能够根据实时路况自动选择到达目的地的最优路径，从而降低能源消耗。还可以自动分析行驶的安全及危险状态，有效减少酒驾、疲劳驾驶、超速等违反交通规则导致的交通事故。近年来，智能汽车已经成为全球各国研究热点和汽车工业增长的新动力，围绕智能汽车开展的工程技术研发如火如荼，相关领域的科技创新成果正在不断涌现。

早在2009年，谷歌就开始了其自动驾驶计划。美国韦莫（Waymo）公司脱胎于谷歌X实验室自动驾驶汽车项目，拥有全球领先的自动驾驶技术，累计测试里程超过了1610万千米。美国新能源汽车领头羊特斯拉，在董事长马斯克（Elon Musk，图4.4）的带领下，从L2级自动驾驶出发，将自动驾驶软件嵌入商业化产品中，通过已售出的汽车系统反馈获得大量的路测数据。马斯克宣称特

图 4.4　马斯克（Elon Musk）

斯拉有信心在不久的将来发布L5级别的自动驾驶系统。

马斯克1971年6月28日出生于南非的行政首都比勒陀利亚。

其父亲是一个英荷混血儿，在南非担任机电工程师，他小时候在父亲的启发下，对科学技术十分痴迷。本科毕业于宾夕法尼亚大学，获经济学和物理学双学位。大学期间，马斯克开始深入关注互联网、清洁能源和太空这 3 个影响人类未来发展的领域。1995 年，24 岁的马斯克进入斯坦福大学攻读材料科学和应用物理博士，但在入学后的第 2 天，他决定离开学校开始创业。马斯克敢于冒险，他的成功并非一帆风顺。面对多次失败、资金不足，以及公司濒临破产，马斯克都表示自己永远不会放弃。2021 年 1 月 9 日，马斯克的个人资产达到 1897 亿美元，成为世界新首富。

2004 年，基于对电动汽车的热爱，马斯克向特斯拉汽车公司投资 630 万美元，出任该公司董事长。特斯拉创业团队主要来自硅谷，用互联网技术理念来造汽车，而不是以底特律为代表的传统汽车厂商思路。2014 年 9 月，特斯拉决定在新车上搭载半自动驾驶系统。得益于以色列芯片公司移动眼（Mobileye）提供的基于图像识别的技术方案，特斯拉自动驾驶系统（Autopilot）成为当时最大卖点之一。Mobileye 采用软硬一体化路线，将算法直接封装在芯片上，虽然带来了使用上的便捷，但无法满足特斯拉自动驾驶能力快速迭代的需求。

借鉴苹果自研芯片的成功经验，2016 年 1 月，马斯克邀请吉姆·凯勒（Jim Keller）加入特斯拉，担任自动驾驶公司副总裁。吉姆·凯勒是硅谷的顶级芯片设计师，曾在苹果公司工作 4 年，并于 2008 年、2010 年分别主导了苹果手机处理器 A4 和 A5 两款芯片的研发工作。值得一提的是，美国加州在政策法规方面比较开放，废除了非竞争协议，鼓励技术天才和商业精英们进行各种技术和商业创新方面的尝试。2016 年 10 月，特斯拉发布了基于英伟达 Drive PX2 计算平台的 Autopilot 2.0 系统，不再使用 Mobileye 的芯片。2019 年 4 月，特斯拉成功推出自主研发的 Full Self-Driving（FSD）芯片，成为当时全球计算速度最快的量产自动驾驶芯片。特斯拉在自动驾驶模块 Autopilot 3.0 中放置了两颗 FSD 芯片。特斯拉试图通过海量的车主驾驶数据，进行神经网络训练，不断覆盖更多的路况与场景，达到其自动驾驶的视觉算法无限接近人类判断的目的。

为了稳固在人工智能和自动驾驶方面的全球领导地位，美国政府积极鼓励对自动驾驶技术的研发及生产。2020 年 4 月，美国发布《确保美国在自动驾驶汽车技术中的领导地位：自动驾驶汽车 4.0》，报告阐述了自动驾驶技术的十大原则，总结了美国 38 个联邦部门和独立机构在自动驾驶汽车领域的工作情况，提出了相关机构要协调全国研究资源、促进有效市场、提高投资效率，确保美国的领先地位。除了联邦政府、各州政府立法支持自动驾驶汽车路测及运营，美国能源部还设立了专项计划以开发新型自动驾驶技术，在保证安全性的同时降低能耗。

5）确保芯片的长期领导地位

芯片行业对美国整个经济的发展起到至关重要的作用，美国政府把半导体看作一种战略产业，对保护高端芯片技术一直相当警惕。2015 年 7 月，中国紫光集团针对美国存储芯片巨头美光科技发出总额 230 亿美元的收购要约，但因未能获得美国外国投资委员会（CFIUS）的批准而放弃。2016 年 2 月，仙童半导体发布公告拒绝了中国华润和华创组成的中资财团发出的收购。2016 年 12 月，时任美国总统奥巴马否决了福建宏芯投资基金收购德国芯片公司爱思强的计划。2017 年 9 月，时任美国总统特朗普否决了中资背景的谷桥基金收购美国 FPGA 芯片公司莱迪思半导体（Lattice Semiconductor）的计划。2018 年 2 月，美国半导体测试设备商科休（Xcerra）称，CFIUS 阻止该公司以 5.8 亿美元出售给中国投资基金湖北鑫炎。

2017 年 1 月，美国总统科学技术咨询委员会（PCAST）发布了一份报告《如何确保美国在半导体行业的长期领导地位》（*Ensuring Long-Term US Leadership in Semiconductors*）。报告称中国芯片产业的发展已对美国芯片制造商及美国国家安全造成了严重威胁，建议美国应对中国芯片行业采取更加严苛的审查制度。同时，还成立了一个由总统科技助理牵头的领导小组。领导小组的联席主席是英特尔公司前总裁，成员包括飞思卡尔、格芯、微软、应用材料和高通等美国高科技公司的高管。2017 年 3 月，以美国半导体协会为首的全球科技、军工及航空航天等 70 多位业界领军人物和知名技术专家，经过 9 个月的研究和讨论，发布了名为《半导体研究机遇：行业愿景与指南》的联合报告。该报告指明了对未来发展至关重要的研究领域。在行业领先的芯片制造商、无晶圆厂设计公司、知识产权供应商、半导体设备和材料供应商，以及科研组织的积极参与下，明确提出未来 10 年推进芯片技术创新发展及实现人工智能、物联网和超算等新兴技术所需的 14 个重点研究领域，包括先进材料、器件与封装，互联技术与架构，智能内存与存储，电源管理，传感器与通信系统，分布式计算与组网，认知计算，仿生计算与存储，先进与非传统架构与算法，安全和隐私保护，设计工具、方法与测试，下一代制造模式，以及与环境、健康和安全相关的材料与工艺，创新的计量与表征。该报告同时呼吁美国政府和芯片工业界加大在开启超越传统硅基半导体技术及发展下一代半导体制造方法等领域的投资力度。

在美国国家科学基金会（NSF）、美国国家标准技术研究院（NIST）、美国国防先期研究计划局（DARPA）和美国能源部（DOE）科学办公室等政府机构的资助下，基础科学研究在推动美国科技发展、巩固和加强美国经济实力及全球竞争力等方面发挥了关键作用，为美国带来了巨大的红利。美国的芯片产业每年在技术与研发上的投入约占总收入的1/5，这一投入比例在所有行业中为最高。但由于美国未能在工业产能和就业方面进行投资，造成了美国苹果、高通、超威半导体和英伟达等公司高度依赖台积电和三星等外国芯片制造商的局面。美国在全球芯片制造产能中的份额已从1990年的37%降至当前的12%，出现了"空心化"的危机。如果按目前趋势发展下去，这一比例可能降至6%，而中国的芯片制造产能则可能增长至24%。美国政府已经提出相关芯片制造补助计划，呼吁国会尽快批准500亿美元资金来补贴在美国境内进行芯片制造的厂商。晶圆代工龙头台积电正考虑在美国亚利桑那州投资250亿美元兴建最先进的3纳米晶圆厂。

2019年5月，美国商务部以国家安全为由，将华为公司及其70家附属公司列入管制"实体名单"，禁止美国企业向华为出售相关技术和产品。2020年5月，美国政府再次发动针对华为的制裁，要求台积电、中芯国际等晶圆代工厂商不能采用美国公司的工具生产华为所用的芯片。台积电已宣布在2020年9月14日之后不再继续向华为供货,华为海思的麒麟系列芯片恐怕也将成为绝唱。2020年12月,中国晶圆代工龙头企业中芯国际被美国国防部列入中国涉军企业名单。美国商务部已向中芯国际的部分供货商发出信函,对于向中芯国际出口的部分美国设备、配件及原物料,会受到美国出口管制规定的进一步限制,须事前申请出口许可证后,才能向中芯国际继续供货。2021年3月,中国、美国两国的半导体行业协会成立"中美半导体产业技术和贸易限制工作组",希望通过工作组加强沟通交流,促进更深层次的相互理解和信任。

2021年5月,美国参议院的商务委员会表决通过了《无尽前沿(Endless Frontier)法案》,批准在5年内拨款1100多亿美元用于基础和先进技术研究,以应对来自中国日益严重的竞争压力。该法案授权将其中的1000亿美元用于未来5年内投资人工智能、半导体、量子计算和先进通信等关键技术领域的基础与高级研究、商业化,以及教育和培训计划。还授权将另外100亿美元用于至少10个地区技术中心的建设,并制订供应链危机响应计划,以解决半导体芯片短缺等影响汽车生产的问题。美国政府将芯片视为战略性、基础性和先导性的产业,不以短期盈利能力为目标。美国政府还正在人才、投资、税收、基础设施建设等方面创造一个良好的产业环境,以确保美国保持其在技术前沿的领先地位。

作为芯片产业的发源地,美国至今仍是全球芯片产业链最完善的国家。美国的苹果、亚马逊、谷歌、微软和特斯拉等科技巨头为美国芯片产业提供了庞大的市场需求。近年来,美国企业在全球芯片产业的市场份额已超过半数,远远领先于其他国家。

美国在芯片设计、晶圆代工、设计生产一体、设备和封测领域均有全球领先的企业。进入芯片设计前十名的美国公司共占据了超过 55% 的全球市场份额，其中高通和博通位居前两名。美国新思科技和楷登电子是全球最大的两家芯片设计软件企业，在先进工艺方面基本处于垄断地位。英特尔和超威半导体是全球最大的两家计算机处理器芯片公司，合计占有 90% 以上市场份额。全球五大芯片设备公司中有三家是美国企业，其中应用材料作为芯片设备龙头，可以提供除光刻机外几乎所有的设备。全球晶圆代工排名第三的格芯是由超威半导体分拆出来的芯片制造厂，占有约 9% 全球市场份额。美光是全球第三大动态随机存取存储器芯片厂商，占有约 21.5% 全球市场份额，同时也名列全球六大闪存厂商。德州仪器和亚德诺是全球最大的两家模拟芯片企业，合计占有近 40% 市场份额。安靠科技是全球第二大封测代工厂，市场份额约为 15%。泰瑞达是全球第二大测试设备公司，市场份额约为 41%。美国芯片产业唯一的短板是半导体材料领域，尤其是在 12 英寸的大硅片市场中日本企业占据超过 50% 的市场份额，并长期保持着竞争优势。目前，其他国家都不具备美国这样完整的芯片生态体系，也缺乏相应的人才和科研资源，短时期内难以撼动美国全球领先地位。

4.2 日本的芯片战略

从 1953 年索尼通过购买美国芯片技术授权，设计出了首款晶体管收音机开始，日本正式踏入全球芯片产业。与美国同期以军用为主的市场不同，日本在引进美国技术后致力于开发民用市场的创新产品。日本政府支持日本企业积极学习美国先进技术，发展本国

the半导体产业。1960年，日本晶体管的年产量突破1亿只，这一规模已经超过了晶体管技术的发源地美国。

日本政府利用融资和税收优惠等手段积极引导日本企业从事芯片的研发和批量生产。对于美国芯片公司，日本政府采取了贸易保护主义措施，严格限制集成电路类产品的进口。日本企业不满足于在应用层面创新，开始在芯片产业上游布局。20世纪70年代，由日本政府牵头，将多个具有竞争关系的企业和科研院所结合在一起，组建技术创新联盟"VLSI联合研究所"，共同进行关键共性技术的开发，整体提升日本芯片产业技术水平。经过10多年的发展，日本形成了完整的芯片产业链，构建了成熟的半导体生态。通过"官产学"一体化的产业发展制度，20世纪80年代，日本厂商在动态随机存取存储器芯片领域开启了一场逆势反超，市场份额达到了80%，迎来了全球夺魁的黄金十年。

1986年，《美日半导体协议》签署，标志着美国从全力扶植转向全面打压日本经济。《广场协议》迫使日元升值，日本房地产泡沫蓬勃兴起，造成了日本芯片产业后继无人。在美国的支持下，凭借高效的生产管理和劳动力成本优势，高性价比的韩国动态随机存取存储器芯片让日本厂商失去了竞争力。韩国厂商通过加大投资来弯道超车。日本芯片产业成于精益求精的"工匠精神"，而败于墨守成规的"工匠精神"。1992年，三星将日本电气挤下了动态随机存取存储器产业世界第一的宝座，全球动态随机存取存储器产业中心开始从日本转移到韩国，标志着日本芯片产业的黄金十年的终结。

在逆周期投资和垂直分工的大背景下，日本芯片企业在与美国

262

联手韩国和中国台湾地区的竞争中已无优势。因此，日本芯片企业通过大规模的业务重组和整合，将资源专注于细分市场。在今天的芯片产业全球分工中，日本厂商在芯片生产设备和半导体材料等领域依旧占据着举足轻重的地位，拥有全球少见的体系完善和专利覆盖全面的全产业链能力。

1）用芯片技术开拓民用市场

1853 年，美国海军准将佩里（Matthew Perry）率领舰队进入日本东京湾，要求同日本建立外交关系和进行贸易。日本人生平第一次见到舰队中的黑色近代铁甲军舰，十分震惊，深切感受到日本与西方列强的巨大差距。日本人称这次事件为"黑船来航"。第二年，双方在横滨签订了《日美亲善条约》，也是日本与西方列强的第一个不平等条约。其他西方列强跟随美国，纷纷向日本提出通商的要求，日本被迫结束锁国时代，幕藩体制也随之瓦解。在富国强兵、殖产兴业、文明开化的口号下，日本政府积极引进西方科学技术，建立了一批以军工、矿山、铁路、航运为重点的企业。日本还向欧美派遣了大量的留学生和使团。这些从西方归来的人都被认为是视野广阔的人才，得到了极大的尊重，不少人最后都成了政府要员。明治维新使日本迅速崛起，而后依靠利用日趋强盛的国力，日本逐步废除与西方列强签订的不平等条约，成为亚洲唯一能保持民族独立的国家。随着经济实力的快速提升，日本的军事力量也快速强化，迅速滑向军国主义。日本先后发动了日俄战争、侵华战争，制造珍珠港事件等，最终导致战败投降。1945 年 10 月，美国驻日本的盟军最高统帅麦克阿瑟率领 46 万名美军陆续进驻日本，控制了日本的各大城市和战略要点。

第二次世界大战之后，日本百业萧条，民生狼藉。麦克阿瑟促成美国政府出台了相关政策和对日经济援助，紧急从美国调拨了350万吨粮食和20亿美元的经济援助。他还大刀阔斧地对日本的政治经济体制进行了全面改革，帮助日本起草了新宪法，规定日本政府由全体选民授权并对全体选民负责。日本各行业也开启了产业复苏模式，一方面，利用美国人的援助政策和外汇补贴，发展本土制造业和国际贸易；另一方面，利用日本的人才教育优势，发展知识密集型产业经济。1946年，38岁的井深大和25岁的盛田昭夫在东京共同创办了日本索尼（SONY）的前身"东京通信工业株式会社"（图4.5）。井深大负责技术和研发，而盛田昭夫则负责技术以外的事宜。1948年，美国晶体管问世不久，日本产学各界就开始联合大学与企业里的技术人员，开展了一系列关于半导体的研讨会，大量阅读和翻译美国的半导体相关文献，希望在其中找到产业机会。

图4.5　索尼创始人盛田昭夫

1950年，朝鲜战争爆发后，日本公司获得了大量的美国军工订单，开足马力生产军需物资。到了1955年，日本工业生产和国民生产总值超过了第二次世界大战前的水平。不仅摆脱了战后经济恶化的困境，更为后面20年的经济高速增长奠定了基础。1953年，盛田昭夫将目光投向贝尔实验室研究出的晶体管，并从父亲那里借来2万美元，前往美国购买当时还无人问津的晶体管技术专利。次年，索尼研制出了日本第一台晶体管收音机"TR–55"。晶体管收音机很快在市场上大获成功，带动了日本晶体管产业链的极大发展。东芝、日本电气等公司纷纷加入了晶体管产业，为此后日本芯片产业链形成打下了基础。与美国同期以军用为主的市场不同，日本在引进美国技术后致力于开发民用市场的创新产品。

1956 年，日本经济企划厅发表了经济白皮书《日本经济增长与近代化》。白皮书称，日本今后必须依靠技术革新带动经济发展和实现现代化。这个白皮书成为日本进入高速增长的一个助推器。1957 年，日本政府颁布《电子工业振兴临时措施法（1957—1971年）》，支持日本企业积极学习美国先进技术，发展本国的半导体产业。同年，在盛田昭夫的主导下，索尼研制出了可放入口袋内的便携式半导体收音机。该产品在推出后销量高达 150 万部，其中大部分销往了美国市场。1955—1965 年的 10 年间，索尼公司依靠晶体管生产出领先于世界的半导体收音机、录音机和家用电视机，获得了先驱者的名声。

1959 年，美国德州仪器申请了首个集成电路发明专利，其最大的竞争对手仙童半导体随即也申请了同领域的专利，两家公司为集成电路的发明权展开了漫长的争执与纠纷。在晶体管产业大赚一笔的日本人并没有意识到集成电路的价值，在布局集成电路产业上明显慢了一步。日本在 1961 年成立了"新技术开发事业团"，其目的就在于以公有资金投资企业开发项目。大量半导体相关基础设施和底层技术，都受到过这一组织的资金帮助。

　　1962 年，日本电气从美国仙童半导体公司购买了平面光刻生产工艺，解决了集成电路制造中的问题。同一时期，日立与美国无线电公司，东芝和通用电气也纷纷签订了技术转让协议。日本政府利用融资和税收优惠等手段积极引导日本企业从事芯片的研发和批量生产。通过立法的形式，日本政府在《电子工业振兴临时措施法（1957—1971 年）》基础上，不仅制定了包括集成电路项目在内的 1966—1971 年"超高性能计算机开发计划"，还对东芝的集成电路自动设计系统、日本电气的硅片工艺自动化、日立的装配工艺自动化等技术开发项目提供直接资助。

　　日本政府采取了贸易保护主义措施，严格限制从美国芯片公司进口集成电路类产品，不仅征缴高额关税，还仅仅允许极少数品种的集成电路进口。这促使日本半导体设备开发急速发展。1968 年，德州仪器担心自己的先发优势日益减弱，决定接受日本通产省提出的同日本企业合资设厂的要求。德州仪器同索尼对半出资建厂，并将集成电路专利转让给日本电气、日立、东芝等日本企业。于是，日本企业公开从事芯片生产、销售的条件便完全具备了。但由于无法像美国企业那样可以获得大量的军工订单，日本芯片企业的规模一直上不去，日本芯片产值只有美国的一成。

　　从 20 世纪 60 年代开始，伴随着全球贸易的崛起，美国科技公司也纷纷开启了第一轮海外布局。通过影响至今的产业迁移，美国企业完成了全球产业链布局的新模式。很多美国企业认为，芯片产业的特点是前期设计和制造复杂，后期产业链，比如封装、检测等工艺相对简单，可以迁移到劳动力成本低的地区。当时，美国技术工人的工资比日本要高十倍。众多美国芯片公司开始向美国军事布局密集的东南亚等地迁移，希望通过廉价的劳动力与日本公司竞争。为了应对美国的东南亚工厂，尚且缺乏全球布局能力的日本企业将目光投向了国内。最终，当时劳动力低廉、经济相对落后的九州岛，成了日本芯片产业的新阵地。

1967 年，三菱电机率先在九州岛创办了芯片厂，之后又有东芝、日本电气、松下、富士通、索尼等著名企业入驻九州，1979 年九州的芯片产量占日本全国的近 40%。在日本芯片最辉煌的日子里，九州变成了全球著名的"硅岛"。伴随着九州芯片产业崛起的，是大量的产业工人培训项目，对日本传统"工匠精神"的宣扬，以及有组织开展的工人间技术研究与管理效率提升。在芯片产业发展过程里，九州岛形成了不断钻研技术、不断提升质量的产业氛围。由工人自己组织的"质量管理小组"模式，成为九州半导体产业独特的风景线。这种对日本劳动力素质与教育基础的有效利用，在与美国的竞争中发挥了支撑作用。在东南亚生产的美国芯片产品，很快出现了大量质量问题，良品率始终无法提升。而精益求精的九州模式虽然在无法达到东南亚的成本低廉程度，却给日本芯片带来了高质量、高良品率、高产业效率的重大优势。

进入 1970 年后，日本的芯片研发和生产情况发生了显著变化。日本政府撤销集成电路产品的进口限制，1974 年开始实施集成电路贸易与资本输入的完全自由化，随后也正式开始面向海外市场出口日本制造的芯片产品。夏普、卡西欧等日本公司陆续将使用芯片的电子计算器推向市场。这种计算器不仅功能强大，而且价格便宜，受到了消费者的追捧。精工集团也在这一期间推出了使用芯片的电子手表，一些日本家用电器公司也在彩电芯片方面取得了成功。这

芯片风云

些民用电子产品的热销拉动了日本国内芯片的研发和生产。这一时期，日本芯片的销售额快速攀升。不过，电子计算器、电子表等民用品需要的都是一些低速廉价芯片产品，在计算机、测量仪器、控制装置用逻辑电路比较多、速度比较快的高端芯片产品的研发和生产方面，日本仍然明显落后于美国。例如，1974 年前后，日本的企业虽然也参与了计算机用 4 千比特动态随机存取存储器芯片的竞争，但其 4K 动态随机存取存储器产值只占到全球的 10%，而美国企业却占据了全球的 85%。

2）"官学研"助力日本黄金十年

1973 年，第四次中东战争导致了石油危机爆发。全球经济放缓，欧美经济停滞，美国工业生产大幅下滑。自由市场经济重获主导，美国的英特尔和德州仪器在动态随机存取存储器芯片市场上展开价格战，导致盈利受损，放缓了对新技术的投资。而同样经济受挫的日本，却采取了闷声追赶的举国模式。由日本政府牵头，将多个具有竞争关系的企业和科研院所结合在一起，组建技术创新联盟，共同进行关键共性技术的开发。通过"官产学"一体化的产业发展制度，日本在芯片领域开启了一场逆势反超，迎来了全球夺魁的黄金十年。

当时，动态随机存取存储器芯片最大的市场在大型计算机，而大型机一般使用周期较长，用户不会随便换购新产品。因此，要求半导体在内的零部件具有较高的可靠性。日本芯片业界在制造工艺上精益求精，不断改进，尽量不生产劣质产品。这使日本动态随机存取存储器芯片不仅可靠性得到提升，而且还提高了良品率和生产效率，因此也降低了芯片成本。日本尽管可以生产动态随机存取存储器芯片，但最关键的制程设备和生产原料要从美国进口。1972 年，美国国际商业机器公司 "FS（Future System）计划" 的部分内容曝光。国际商业机器公司计划投入巨资，在 1980 年前开发出 1M 动态随机存取存储器芯片，应用到下一代计算机。当时，美国最先进的动态随机存取存储器存储芯片不过 4K。这让技术停留在 1K 动态随机存取存储器层次的日本企业产生强烈危机感。

动态随机存取存储器存储芯片技术设计不难，但需要制程、工艺上的长期钻研与演进，并且对良品率有较高的要求。为了攻破技术壁垒，1974 年，日本政府批准了 "VLSI（超大规模集成电路）计划"。1975 年，通产省设立了官民共同参与的 "超 LSI 研究开发政策委员会"。1976 年，通产省启动了 "动态随机存取存储器制法革新" 国家项目。由日本政府出资 320 亿日元，日立、三菱、富士通、东芝和日本电气五大公司联合筹资 400 亿日元。总计投入 720 亿日元（约 2.36 亿美元）为基金，由日本电子综合研究所和计算机综合研究所牵头，组建 "VLSI 联合研究所"，进行芯片产业核心共性技术的突破。日立领头组织 800 多名技术骨干，共同研制国产高性能动态随机存取存储器制程设备，目标是近期突破 64 千比特动态随机存取存储器和 256 千比特动态随机存取存储器的大规模量产，远期实现 1 兆比特动态随机存取存储器的大规模量产。在产业化方面，日本政府为半导体企业，提供了高达 16 亿美元的巨额资金，包括税赋减免、低息贷款等资金扶持政策，帮助日本企业打造动态随机存取存储器芯片产业群。

历史上，日本曾经成立过各种 "研究组合"，但由平时互相竞争的企业各自派人组织在一起，这还是头一次。47 岁的垂井康夫被任命为联合研究所的所长。垂井康夫 1929 年出生于东京，1951 年毕业于早稻田大学，1958 年申请了晶体管相关的专利，是日本半导体研究的开创者，在日本业界颇具声望。垂井康夫对参与方进行积极的引导，指出大家只有同心协力才能改变日本芯片基础技术落后的局面，在基础技术开发完成后各企业再各自进行产品开发，这样才能改变日本在国际竞争中孤军作战的困局。在垂井康夫的领导下，各家力量得到了有效的融合，参与方都派遣了最优秀的工程师，肩并肩地在同一研究所内共同工作、共同生活、集中研究，在微细加工技术及相关设备、硅晶圆的结晶技术、集成电路设计技术、制程技术和测试技术上取得了突破，为日本芯片企业的快速发展提供了支撑平台。在这一技术攻关体系中，日立负责电子束扫描装置与微缩投影紫外线曝光装置。富士通研制可变尺寸矩形电子束扫描装置。东芝负责 EB 扫描装置与制版复印装置。电气综合研究所对硅晶体材料进行研究。三菱电机开发制程技术与投影曝光装置。日本电气进行产品封装设计、测试、评估研究。项目实施的 4 年内共取得了超过 1000 项专利，大幅度提升了成员企业的芯片制作技术水平。

1980 年，日本"VLSI 联合研究所"宣告完成为期四年的技术攻关项目，研发的主要成果包括各型电子束曝光装置，采用紫外线、X 射线、电子束的各型制版装置、干式蚀刻装置等；尼康和佳能研制的光刻机超越了美国同类产品；各企业的技术整合，保证了动态随机存取存储器量产良率高达 80%，远超美国的 50%，构成了压倒性的总体成本优势，奠定了当时日本在动态随机存取存储器市

场的霸主地位。在美国惠普对 16 千比特动态随机存取存储器芯片的
竞标中,日本的日本电气、日立和富士通完胜美国的英特尔、德州
仪器和莫斯泰克,美国质量最好的动态随机存取存储器芯片的不合
格率比日本最差的公司还高 6 倍。经过 10 多年的发展,日本形成了
完整的芯片产业链,构建了成熟的半导体生态,如晶圆制造巨头信
越、三菱住友,光罩领导巨头凸版印刷(TOPPAN),后端材料领域
的京瓷、住友电木,前后端检测有爱德万和东京电子,光刻机巨头
尼康等。

日本存储芯片企业乘胜追击挑起价格战,动态随机存取存储器
单片价格一年内暴跌了 90%,从 1981 年的 50 美元降到 1982 年的
5 美元。日本芯片产品对美国的出口额也从 1980 年不到 90 亿日元,
激增至 1984 年的 400 多亿日元。在整个 20 世纪 80 年代和 20 世纪
90 年代初,全球半导体竞争的主要战场在动态随机存取存储器芯
片。东芝投入了 340 亿日元,1500 人的研发团队,实施"W 计划",
进行动态随机存取存储器研发和生产。1985 年,东芝率先研发出
1 兆比特动态随机存取存储器,一举超越美国,成为当时世界上容
量最大的动态随机存取存储器。1986 年,日本厂商在世界动态随机
存取存储器市场所占的份额达到了 80%。在很长一段时间,全球半
导体企业排名前三位都是由日本电气、东芝和日立包揽,而美国企
业的份额已不足 20%。

20 世纪 80 年代,日本制造所向无敌,日本成了世界工厂。
1980 年,日本汽车产量超美国成全球第一;1983 年,日本机械工业
产品超美国成第一,而且日本船舶制造吨位占世界一半以上。1983
年,美国军方要求日本提供军事技术,因为日本拥有的民用创新技

芯片风云

术具有转化为军事领域的可能性。1986 年，日本的黄金储备达到 421 亿美元，位居世界第二；1988 年，日本的人均收入达 1.9 万美元，超过同期美国的 1.8 万美元。同年，根据美国《商业周刊》统计，世界排名前 30 名的大公司中，日本占了 22 家。

3）"工匠精神"的成与败

日本芯片产业超越美国，使美国对日本公司的态度发生了根本的变化：由扶持转向限制。1985 年 6 月，美国半导体公司联合起来，指控日本的不公正贸易行为，要求美国政府制止日本公司的倾销行为。1985 年 10 月，美国商务部制定了一项法案，指控日本公司倾销动态随机存取存储器芯片。1986 年 9 月，日本通产省与美国商务部签署第一次《美日半导体协议》，标志着美国从全力扶植，转向全面打压日本半导体。美国希望用韩国来牵制日本，由英特尔和国际商业机器公司联手对三星进行技术扶植。1987 年，美国只是象征性地对韩国动态随机存取存储器芯片征收了 0.74% 的反倾销关税，而对日本 3.3 亿美元动态随机存取存储器芯片则是加征 100% 的反倾销关税。

同时，美国联合其他西方国家通过《广场协议》迫使日元升值。此后不久，日元大幅升值近 50%，日本房地产泡沫蓬勃兴起，资本、人才和民众注意力转向了房地产和金融市场，高素质人才被金融、地产行业吸收，造成了日本半导体产业后继无人。大量厂商将资金转投房地产行业，不再青睐芯片这样需要大量前期投资，且短时间内看不到回报的实体产业，从而导致芯片研发投入出现了接近 80% 的断崖式下跌。日本芯片产品的价格竞争力受到了极大影响。而韩国三星则花重金在日本聘请了一个百人规模的资深技术顾问团，由富士通半导体一个高层人物领导，作为三星的决策智囊团。不少日本芯片技术和管理专家被三星以三倍薪资挖走，包括曾经成功实施过东芝"W 计划"的副社长川西刚。

1989 年，日本政府为防止经济泡沫扩大，将基础利率升高至 6%，成为刺破泡沫的导火索，日本经济陷入停滞阶段。进入 20 世纪 90 年代，个人计算机产值开始超过大型机，核心器件动态随机存取存储器芯片的需求结构也发生了变化。由于个人计算机属于消费品，对价格敏感，但与大型机对动态随机存取存储器芯片的可靠性要求完全不同，能够使用 5 年的芯片足以满足消费者的需求，再多就没有必要。韩国企业抓住了动态随机存取存储器市场需求变化的机会窗口，把精力多集中在如何提高生产效率来降低成本，而不是生产使用寿命长的芯片上。但当时的日本动态随机存取存储器的厂商还陶醉在大型机市场的成功之中，并没有注意到市场的变化，还在坚持动态随机存取存储器要能够达到 25 年长期使用。这既可以归结为日本企业对于制造文化的偏执，也就是所谓的"工匠精神"，也可以反映出日本企业对国际计算机市场变化的反应迟钝。凭借高效的生产管理和劳动力成本优势，高性价比的韩国动态随机存取存储器存储芯片让日本厂商失去了竞争力，韩国的三星、现代、乐金等厂商通过加大投资实现超车。1992 年，三星将日本电气挤下了动态随机存取存储器产业世界第一的宝座，全球动态随机存取存储器产业中心开始从日本转移到韩国，标志着日本芯片产业的黄金十年的终结。

20 世纪 90 年代中后期，随着个人计算机、网络通信和互联网的快速发展，一批美国芯片设计公司开始崛起。它们借助中国台湾地区的晶圆代工厂，开始推出创新的网络芯片产品，并迅速成长为细分市场的领导者。1991年成立的博通和1993年成立的英伟达成了第一代美国芯片设计公司的代表。受举国体制成功经验的影响，日本芯片行业习惯于专家领导，由国家和产业联盟选定方向，缺乏来自底层和市场的创造力，像硅谷车库里那种天才式的创新模式在日本很难实现。同时，日本公司融资依赖银行贷款，轻资产的芯片设计公司很难获得资金支持。保持设计生产一体垂直整合模式的日本芯片企业既要研发，又要生产，还要维护和更新设备，因而在捕获市场新机会上，往往落后于美国设计公司。

房地产经济泡沫破灭之后，日本芯片行业的国际竞争力持续下滑。在逆周期投资和垂直分工的大背景下，日本芯片企业通过大规模的业务重组和整合，将资源专注于细分市场。例如，日本电气和日立将各自的存储器业务剥离，整合成立了尔必达（Elpida）；东芝和富士通以汽车电子和数字家电为核心开展业务合作；2008年，东芝和索尼成立合资公司，索尼在长崎的半导体业务出售给这家新成立的合资公司；三菱电机和日立的非存储器业务合资成立了瑞萨科技（Renesas）。21世纪初，尔必达是日本仅存的一家动态随机存取存储器企业，在与三星的竞争中落败，于2012年2月破产后被美光科技并购，这标志着日本厂商彻底退出了动态随机存取存储器产业。

2002年，日本经济产业省推动东芝、日本电气、索尼、三菱电机等11家企业成立尖端系统级芯片基础技术开发公司（Advanced SOC Platform Corp，ASPLA），共同推动系统级芯片工艺标准化和知识产权共享。在向图像传感器、汽车电子和功率半导体等专用集成电路领域的转变中，以三菱电机为代表的日本企业在全球绝缘栅双极型晶体管（IGBT）厂商中占据了优势，索尼在 CMOS 图像传感器领域占据了高端市场，信越化学等企业在全球半导体材料市场中占硅晶圆、光刻胶、键合引线、模压树脂及引线框架等的绝对优势份额。

日本"工匠精神"的优势是拼精细的制造和持久的技术改良。从晶体管、动态随机存取存储器芯片、液晶显示器到晶圆等，无一不是在美国硅谷完成从 0 到 1 的发明后，再由日本进行从 2 到 3 的技术改良和精细制造，从而大规模商业化。日本的"工匠精神"发源于传统制造业，讲究经验的积累和沉淀，在精细复杂的工序基础上改进生产品质。如果所在行业的技术更新换代时间长，日本企业将会保持强劲竞争力，这也是日本长期在汽车和半导体材料和设备领域处于领导地位的原因。在材料领域，住友化学是偏光片的主要生产厂商，旭化成是半导体用光掩膜的主要生产厂商，凸版印刷是全球领先的光掩膜制造厂商之一。在设备领域，东京电子是沉积设备、涂布/显像设备、热处理成膜设备、干法刻蚀设备、清洗设备和测试设备的重要厂商，爱德万是全球最大的集成电路自动测试设备供应商。

但日本"工匠精神"也有其局限性。光刻机被誉为"芯片产业皇冠上的明珠"，每颗芯片都要经过光刻技术的雕琢。2004 年之前，日本尼康占据光刻机市场超过 50% 的市场份额，但墨守成规，不知变通，在关键的技术路线"浸入式光刻技术"选择上犯下错误。与垂直整合的日本公司不同，荷兰阿斯麦实行轻资产和开放式创新策略。在把控核心光刻曝光技术的同时，采取模块化和标准化的外包模式，协同联合开发，例如和德国蔡司合作改进光学系统，和台积电共同研发出全球第一台浸润式微影机，从而聚拢了全球光刻技术领域的优质资源。阿斯麦还推出"客户联合投资项目"，获得英特尔、台积电、三星的响应，以23%的股权共筹得53亿欧元资金。以股权为纽带，加强合作关系，阿斯麦为头部芯片制造厂商筑起了较高的竞争壁垒，阻挡着后来者的进攻。客户入股可以保证最先拿到最新设备，同时可以卖出股票获取投资受益，阿斯麦则抢先占领了市场，降低了经营风险。这种灵活创新的营销手段对于尼康等封闭守旧的日本厂商是难以想象的。阿斯麦生产的光刻机能确保高精度，每台机器的误差范围全部相同，而尼康的产品则是每台的误差范围都不一样。三星和台积电这些后起之秀晶圆代工者对光刻机的需求和日本电气等日本传统芯片制造厂商完全不同，十分重视光刻机的高精度和吞吐量，阿斯麦因此胜出，成为高端光刻机市场的龙头厂商。日本企业往往会把工艺工序搞得很复杂，导致效率低下，推高了产品成本，很容易在技术更新换代时被淘汰。可以说，日本芯片产业成于精益求精的"工匠精神"，而败于墨守成规的"工匠精神"。

在今天芯片产业的全球分工中，日本厂商在芯片生产设备和半导体材料等领域依旧占据着举足轻重的地位，拥有全球少见的体系完善和专利覆盖全面的全产业链能力。20世纪80年代的"VLSI联合研究所"以动态随机存取存储器作为商业契机，推动了日本半导体生产设备与生产材料快速发展，以项目孵化的方式确保了日本在全球产业链中的优势地位。日本是全球最大的半导体原材料出口

国，2019 年，日本政府曾以安全为由，决定加强 3 种芯片核心材料
（高纯度氟化氢、光刻胶、用于显示屏面板的聚酰亚胺）对韩国的
出口管制，暴露了韩国芯片产业发展的安全隐患。在中美科技博弈
的大背景下，中国正在加大对日本半导体设备、原材料、半成品的
采购力度，目前中国已经是日本芯片产业的第一大出口市场。

4.3 韩国的芯片战略

　　韩国芯片产业从无到有，再到跻身于世界芯片强国之列，仅
仅用了 20 多年时间。韩国芯片产业的发展是以三星等大型财团为
核心，而财团利用韩国政府的金融支持，用重金购买技术（包括
技术授权及并购拥有技术的公司）及高薪聘请技术专家带队研发，
推动"资金＋技术＋人才"的高效融合。20 世纪 80 年代美国与
日本的半导体竞争，让韩国得利。为了打压日本动态随机存取存
储器产业，由英特尔和国际商业机器出面，联手对三星进行技术
扶植。在三星的带领下，韩国凭借高效的生产管理和劳动力成本
优势，取代日本成为全球动态随机存取存储器芯片第一生产大国。
全球存储芯片的产业中心从日本转移到韩国，三星和 SK 海力士占
有全球 75% 的份额。2011 年，韩国电子信息产业的出口额超过日
本，存储芯片和液晶面板的产值超过世界总额的 50%。不论是技
术引进还是自主研发阶段，韩国政府对芯片行业的支持贯穿始终，
除了推出系列的行业振兴与共同研发计划，还通过政府订单来帮
助企业成长。

　　三星依靠国际化的研发和销售团队，多次采取逆周期投资策

略，在价格低迷时扩张产能，故意加剧行业亏损来挤垮对手；之后再利用市场垄断地位，抬高价格来获取高额利润。20 世纪 90 年代韩国率先选择美国高通推出的码分多址技术为唯一的 2G 移动通信标准，不仅带动了移动通信业的发展，也促进了整个韩国经济的发展。通过发展码分多址技术，韩国的移动通信普及率迅速提高，高通和三星都成为全球移动通信的霸主。三星已成为在智能手机领域唯一一家既做芯片设计，又做晶圆代工和整机制造的全能型公司。韩国在芯片技术研发中，充分利用了旅美韩裔科学家和工程师的资源，快速获得了技术发展所需的产业知识。

1）引进外资发展电子财团

20 世纪 50 年代，韩国国家财政的一半来自美国援助。特别是朝鲜战争后，韩国满目疮痍，生活用品奇缺。由于日本殖民时期对朝鲜的工业建设主要集中在北方，南方以农业为主，导致韩国的经济发展水平长期落后于北方的朝鲜。1953—1960 年，美国给予韩国经济援助近 20 亿美元，帮助韩国建立了纺织、水泥、化肥、造纸、收音机等 51 个工业项目。1958 年，乐金集团的前身"金星社"成为韩国第一家电器公司，生产出韩国第一台电子管收音机。经过几年的技术积累，金星派遣了一批有经验的工程师到日本日立公司学习技术，随后在韩国率先推出了电风扇、冰箱、电视机等产品。在当时韩国提倡使用国货的浪潮下，金星的家电产品销售旺盛，被誉为"家电之王"。与此同时，上百家韩国的电子公司如雨后春笋般冒了出来。

20 世纪 60 年代中期，美国的仙童半导体和摩托罗拉等公司开始在海外布局来降低生产成本。在美国的帮助下，韩国科学技术研究所（KIST）于 1965 年 5 月成立。韩国政府参考日本的产业发展经验，选择 13 项产业作为出口导向型经济目标。通过合资企业推动外国直接投资，韩国很快就成为进口元器件组装的生产基地之一。随后，日本企业三洋（Sanyo）和东芝也将组装业务交给韩国，韩国制造的 90% 产品都是用于出口，所需的材料和生产设备都是进口的。为了使韩国尽快实现工业化，韩国政府将电子产品列为六大战略性出口产业之一。1969 年，韩国颁布《电子制造业扶持法》，批准了一项《电子制造业长期扶持计划》，通过提供优惠贷款和减税等政策保护本土电子制造业的发展。韩国通过出口主导型政策，推动经济快速发展，从而进入新兴工业国的行列。

1969 年，韩国三星电子公司成立，与日本三洋组建合资企业，为三洋代工组装黑白电视机。1974 年，在日本三洋完成对韩国三星的技术转移后，韩国政府修改外资投资法，坚持不对合资企业开放本国市场，最终迫使日本三洋和日本电气停止了在韩国投资，全面退出韩国市场。而三星和乐金则在韩国家电市场，展开了激烈竞争。韩国电器物美价廉，逐渐在欧美市场站稳了脚跟，三星和乐金也成了名副其实的"韩国制造双子星"

1973 年，韩国发布了《重工业促进计划》（HCI 促进计划），旨在通过重工业和化学工业发展来建立一个自给自足的经济。1975 年，又公布了扶持半导体产业的 6 年计划，准备实现电子配件及半导体生产的本土化。具体的操作模式是，从引进技术和从事硬件的生产、加工及服务开始，对相关技术进行消化吸收，然后研发一些技术等级简单的芯片，逐步提升自主创新能力，最终掌握高端核心技术。1976 年 12 月，就在日本启动 VLSI 研究项目的同时，韩国政府在首尔东南 200 千米的龟尾（Kumi）产业区建立韩国电子技术研究所，分为设计、制程、系统三大部门。每个部门都交由具备美国半导体产业研究经验的专员领导。并从美国高薪招聘韩裔技术人员，设置试验生产线，协助企业研发集成电路关键技术。1978 年，韩国电子技术研究所与美国硅谷的公司合资，比中国台湾的工业研究院晚 1 年，建成了韩国第一条 3 英寸晶圆生产线，并在一年后生产出 16K 动态随机存取存储器。

1974 年，美国摩托罗拉公司的韩裔半导体研究专家姜基东，回到韩国，与美国通用电气合资，成立了韩国第一家芯片企业"韩国半导体（Hankook）"。然而，运营了仅仅 3 个月，姜基东就因投资巨大而难以为继。三星创始人李秉喆和他的儿子李健熙意识到，高附加值的芯片行业应该是韩国的未来。由于三星公司管理层大多数人都反对投资半导体，李氏父子只好先自掏腰包出资收购了姜基东手里 50% 的股权。当时，在三星生产的电视机、电子表等产品上，有一些集成电路需要从国外进口。因此，三星希望通过进入芯片领域，加强产业竞争力。1977 年，三星全资收购了韩国半导体位于富川的工厂，并正式改名为"三星半导体"，姜基东成为技术负责人。1980 年 1 月，三星电子与三星半导体合并，组成新的三星电子，专攻半导体领域。

1982 年，正值日本动态随机存取存储器存储芯片在美国市场上大获成功，韩国政府发布了《半导体工业扶植计划》，加强对集成电路产业技术的研发，"要实现国内民用电子消费产品需求和生产设备的进口替代，形成一个完整的国内自给自足的半导体发展目标"。1983 年，韩国政府采取了金融自由化政策，松绑融资环境，股票价格大幅上涨，韩国三星、现代、乐金和大宇四大财团，能够从资本市场调动大量资金，投入到芯片产业，以较低的成本追赶日本动态随机存取存储器产业。以三星为例，1983 年在京畿道器兴（Giheung）地区建成首个芯片厂，并成功量产 64K 动态随机存取存储器，其设计技术从美国美光公司获得，加工工艺来自日本夏普的许可协议，正式进入全球动态随机存取存储器芯片市场的竞争。韩国政府也给予四大财团强力支持，将大型的航空、钢铁等巨头企业私有化，分配给韩国大财团，并向他们提供多种优惠政策。

继三星之后，乐金、现代，也通过引进国外技术，积累了动态随机存取存储器技术能力。1984 年，乐金半导体接管了韩国电子技术研究所，获得 3 英寸晶圆生产线。1986 年，乐金投资 1.35 亿美元，从美国超威半导体获得技术授权。1989 年，乐金与日立签署协议，日立将 1 兆比特和 4 兆比特动态随机存取存储器量产技术转移给乐金，产品以定点生产（代工）方式直接出口给日立。韩国现代以汽车造船和重型机械为主，几乎没有任何电子产业的经验。1982 年年底，现代投资 4 亿美元，启动半导体研制项目。现代效仿三星，也在韩国和美国硅谷设置了两个研发团队，硅谷研发团队由韩裔美国工程师组成。1985 年，美国德州仪器与现代签订定点生产（代工）协议，由德州仪器提供 64 千比特动态随机存取存储器的工艺流程。1986 年，现代成为韩国第二家量产 64 千比特产品的制造商，比三星晚了两年。由于技术基础薄弱，现代前 3 年承受了数亿美元的巨额亏损，直到 10 年后才收回全部投资。韩国大宇则在技术和资金压力下，很早就退出了动态随机存取存储器市场竞争。

除了引导性的产业政策，韩国还通过政府订单来帮助韩国企业成长。1984年，超过85%的64千比特动态随机存取存储器都是韩国国内消化掉的。1986年，韩国政府为支撑动态随机存取存储器产业发展，将4兆比特动态随机存取存储器列为国家项目。由韩国电子通信研究所牵头，联合三星、乐金、现代与韩国6所大学，以及多家政府机关等组成共同研究开发组织，集中人才和资金，对4兆比特动态随机存取存储器及其制造设备和生产材料进行技术攻关，目标是3年时间追平与日本公司的技术差距。该项目的研发费用约1.1亿美元，韩国政府承担了其中的57%，投资力度远超其他国家项目。1982—1986年，韩国四大财团在动态随机存取存储器领域，进行了超过15亿美元的投资，相当于同期中国台湾地区投入的10倍。

面对韩国企业的追赶态势，日本厂商以低于韩国产品成本一半的价格，向市场大量抛售动态随机存取存储器产品，有意迫使韩国出局。而韩国大型财团不但顶住巨额亏损压力，追加投资，还让日本企业承担了美国反倾销的压力。1985年6月，美国芯片公司联合起来，指控日本不公正贸易行为，要求美国政府制止日本公司的倾销行为。1985年10月，美国商务部制定了一项法案，指控日本公司倾销动态随机存取存储器芯片。1986年9月，日本通产省与美国商务部签署第一次《美日半导体协议》。1987年4月，美国宣布对日本3.3亿美元动态随机存取存储器芯片加征100%关税，同时，美国联合其他西方国家通过《广场协议》迫使日元升值，此后不久，日元大幅升值近50%，日本产品的价格竞争力急剧衰退。美国为了打压日本动态随机存取存储器产业，由英特尔和国际商业机器公司出面，联手对三星进行技术扶植。

1989 年，三星已经能够量产 4 兆比特动态随机存取存储器，几乎追平了与日本的技术差距。1993 年，为攻克生产 256 兆比特动态随机存取存储器所需的 0.25 微米到 0.15 微米芯片精密加工技术，韩国组建了以产学研机构为主体的技术创新联盟"下一代半导体研究开发事业团"。1993—1997 年，韩国政府向该事业团投入了超过900 亿韩元的研发补助资金，占其研发总经费的一半。进入 20 世纪90 年代，个人计算机产值开始超过大型机，个人计算机对动态随机存取存储器寿命的要求比大型机要低，而且对价格更为敏感。曾被日本鄙视为粗制滥造山寨货的韩国动态随机存取存储器芯片，靠高性价比的策略来抢占市场，而日本企业却没有积极应对，动态随机存取存储器产品还是偏向于大型机的需求，导致动态随机存取存储器芯片的价格失去竞争力。1992 年，三星开发出了 64 兆比特动态随机存取存储器芯片，将技术发展达到了世界领先水平，随后开始向惠普、国际商业机器公司等美国大型企业提供产品。同年，韩国三星凭借高效的生产管理和劳动力成本优势，超越日本电气，首次成为世界第一大动态随机存取存储器内存制造商，并在其后蝉联了25 年的世界第一。

2）"逆周期"投资打败对手

1983 年，三星集团创始人李秉喆决定对动态随机存取存储器芯片生产进行大规模投资，这被认为是一个非常大胆的决定。他选择了当时市场上已经供大于求的 64 千比特动态随机存取存储器作为切入口。这是三星第一次采取"逆周期"投资策略，在价格低迷时扩张产能，挤垮对手，以后再利用市场垄断地位，抬高价格来获取高额利润。为了完成开发，三星分别在美国硅谷和韩国组建了两个研发团队，从美国聘请了 5 位有芯片设计经验的韩裔美国科学家，以及数百名美国工程师。在专家小组进行技术攻坚战的同时，三星开始建设第一条芯片生产线。73 岁高龄的李秉喆深入施工现场，带领工人日夜奋战，仅用了 6 个月，就完成了日本需要 18 个月才能完成的建设任务。1984 年，三星 64 千比特动态随机存取存储器开始量产，这比日本晚了 4 年，成本是日本的 4—5 倍。尽管有韩国政府的大力补贴，64 千比特动态随机存取存储器芯片还是给三星带来了 1400 亿韩元的亏损。1985 年，动态随机存取存储器芯片价格不断下跌，李秉喆判断会有一些企业退出动态随机存取存储器芯片的竞争，所以顶着亏损也要扩大产能。1987 年 11 月，李秉喆还没来得及看到他寄予厚望的动态随机存取存储器业务扭亏为盈，便因肺癌不治与世长辞。

45 岁的李健熙继任三星集团会长。他偏爱有个性、能力突出的人才，还花重金在日本聘请了一个百人规模的资深技术顾问团，作为三星的决策智囊团。每到周末，从日本飞往首尔的航班中，坐满了日本半导体制造的技术人员。不少日本芯片技术和管理专家被李健熙以三倍薪资挖到三星，包括曾经成功实施过东芝"W 计划"的副社长川西刚。当时，三星把日本东芝当作最推崇的对象，一切向东芝看齐。1988 年，李健熙还曾邀请正在筹备台积电的张忠谋加入三星。

在李健熙的领导下，日韩半导体展开了惊心动魄的动态随机存取存储器存储芯片争霸战。三星于 1988 年完成了 4 兆比特动态随机存取存储器研发，仅比日本晚 6 个月；1992 年，三星完成全球第一个 64 兆比特动态随机存取存储器研发。此时，美国商务部开始对韩国半导体公司施加反倾销关税，导致三星公司的保证金比例高达87.4%。面对来自美国在贸易方面的威胁，李健熙花了大价钱进行政治游说。"如果三星无法正常制造芯片，日本企业占据市场的趋势将更加明显，竞争者的减少将进一步抬高美国企业购入芯片的价格，对于美国企业将更加不利"。美国希望用韩国来牵制日本，他们高举轻放，最后只是象征性地征收了 0.74% 的反倾销关税，而对日本半导体企业则是 100% 的反倾销关税。

　　日本为了获得韩国的舆论支持，向韩国开放了一定的市场和许多必要的专利许可，三星和东芝、乐金和日立、现代和富士通纷纷建立了联盟关系。韩国便开始了跨越式的提升。1993 年，三星超越东芝，成为全球动态随机存取存储器市场的领军企业；1994 年，三星将研发投入提升至 9 亿美元，国内外两个团队同时进行研发，最终领先美国和日本，率先开发成功 256 兆比特动态随机存取存储器。三星用 11 年的时间，完成了从追赶者到领导者的转变，盈利也首次超过 1 万亿韩元；1996 年，三星完成全球第一个 1 吉比特动态随机存取存储器（DDR2）研发。至此，三星在动态随机存取存储器存储芯片领域一直处于世界领先地位。韩国本土市场狭小，90% 以上的芯片都是出口，只有靠国际市场拼杀才能存活。三星、现代和乐金等韩国大型财团，为了获得海外前沿技术和开拓国际化销售，开始在美国、欧洲和日本等地开设分支机构，并高薪聘请研发人才，逐步具备了与美国、日本企业同台竞技的资本。

　　20 世纪 90 年代，个人计算机取代了大型机成为主流。由于个人计算机属于消费品，对价格敏感，5 年使用寿命的动态随机存取存储器存储芯片足以满足消费者的需求，再长就没有必要。韩国抓住了动态随机存取存储器市场需求变化的机会窗口，把精力集中在如何提高生产效率来降低成本，而不是生产使用寿命长的芯片上。但当时的日本动态随机存取存储器的厂商还陶醉在大型机市场的成功之中，并没有注意到市场的变化，还在坚持动态随机存取存储器使用寿命达到 25 年。凭借高效的生产管理和低劳动力成本优势，高性价比的韩国动态随机存取存储器芯片让日本厂商失去了竞争力，全球动态随机存取存储器产业中心开始从日本转移到韩国。经过 10 年的不懈努力，三星的首次"逆周期"投资策略取得了成功。

1995—1996 年是液晶面板行业的第二次衰退周期，三星再次采用了"逆周期"投资的策略，不但不选择收缩保命，反而在 1996 年建成第一条 3 代线，赶上了日本企业的生产能力。内存和液晶面板处于产业链的中上游，是大多数电子产品的核心零部件，其特点是抗周期性。即使行业有周期，在任何时候都是必需品，三星因此将它视作是确定性的机会，敢于在价格低迷时，继续加大投资来扩张产能和提升技术。

1997 年 11 月，亚洲金融危机爆发，从泰国、马来西亚、中国香港特别行政区，一路蔓延到韩国，使以重度借债维持发展的韩国经济，遭到致命打击。在 1997 年之前，韩国企业为了维持高速扩张，平均负债率超过 400%。韩国排前 30 名的大企业的平均负债，更是超过 500%。韩国外债约为 1633 亿美元，占韩国国内生产总值的 27%。其中，短期外债占 58%，而外汇储备仅有 332 亿美元。危机爆发后，韩国股市随之暴跌，韩元汇率急剧贬值，外国投资大量撤出。韩国前 30 名的大企业全部陷入困境，现代、大宇、起亚等以重工制造业为主的财团，濒临破产倒闭。为了稳定市场情绪，韩国政府出资救市，导致外汇储备几乎耗尽，暴跌至 38 亿美元。韩国政府被迫向国际货币基金组织（IMF）求助 550 亿美元救急资金。1997 年 12 月，韩国政府与国际货币基金组织签订了条件苛刻的协议：对外资开放资本市场，准许外资并购韩国企业。为了帮助国家度过危机，350 万韩国人自愿捐献了 226 吨黄金首饰（价值约 21.5 亿美元）。所有黄金都融化成金锭，送往美国华盛顿的国际货币基金组织总部，用于偿还债务。

作为韩国经济龙头的三星集团也已陷入崩溃，亏损 22 亿美元，负债高达 180 亿美元，几乎是公司净资产的 3 倍，负债率达 366%。1997 年 12 月，三星向美国高盛集团紧急求助。双方协商后，李健熙决定，除了三星电子、三星人寿保险、三星物产等核心业务，其他公司都交由美国高盛集团找买家处理掉。此前，李健熙赴美国考察，已经谋划将三星的业务向电子信息化转型。1998 年 3 月，李健熙发表悲壮的宣言："为了克服危机，我甚至不惜抛弃生命、财产及名誉来挽救三星！"在韩国政府支持下，三星集团裁员三成以上，并处理了 120 多个非核心资产。为了获得现金推进转型，李健熙断臂求生，开始大规模抛售资产，连三星电子当年起家的富川工厂，都以 2000 亿韩元的价格卖了。已经上市销售的三星汽车，后来卖给了法国雷诺。经过上述操作，三星集团的负债率终于在两年后下降到 55%。

在产业结构瘦身后，三星电子制定了专攻动态随机存取存储器半导体、CDMA 手机、薄膜晶体管（TFT）液晶面板、液晶电视的战略。韩国政府随即出台产业政策配合。1998 年，韩国政府在金融危机的背景下，出台了四年发展计划，准备投资 2650 亿韩元（2 亿美元），引导企业向高性能中央处理器、12 英寸晶圆设备等尖端领域发展。其中，韩国政府出资占 1390 亿韩元。调整产业结构需要大规模的资金投入。三星集团为此向外国资本大量出售股权，从美国市场筹集资金。目前，在三星电子普通股当中，外国投资者占比达到了 55%。其中，80% 以上的股份是由美国投资机构所持有，大股东和关联企业持股比例是 21%，而韩国境内机构投资者的持股比例是 19%。

　　液晶和动态随机存取存储器产业的成功，帮助三星集团获得了巨额盈利。1999 年 7 月，三星电子率先将 1 吉比特双倍速率动态随机存取存储器投产。1999 年 10 月，三星电子接到了美国戴尔计算机价值 85 亿美元的液晶显示器订单。苹果向三星投资 1 亿美元，生产手机液晶屏。1999 年年底，三星集团实现利润 3.17 万亿韩元（约 27.94 亿美元）。到 2000 年，三星集团的利润更是高达 8.3 万亿韩元（约 73.19 亿美元），相当于过去 60 年三星集团获利的总额。三星电子成为三星集团名副其实的现金牛。2000 年，三星电子还用英国 ARM 架构授权，开发了第一代移动中央处理器 S3C44B0X。

　　2007 年年初，微软 Windows Vista 操作系统销量不及预期，导致动态随机存取存储器供过于求，价格下跌，加上 2008 年金融危机的雪上加霜，动态随机存取存储器芯片颗粒价格从 2.25 美元暴跌 86% 至 0.31 美元。三星再一次"逆周期"投资扩产，故意加剧行业亏损，动态随机存取存储器价格在 2008 年年底跌破了材料成本。2009 年年初，由于资金链断裂，德国动态随机存取存储器巨头奇梦达宣布破产，欧洲厂商彻底退出了动态随机存取存储器产业。2010年，三星砸下 18 万亿韩元（约 170 亿美元）巨额资金，倾全力发展动态随机存取存储器和 NAND 闪存技术。尽管中国台湾地区的动态随机存取存储器厂商累计投资超过了 500 亿美元，但由于投资规模小而散而彻底退出了市场。之后经过一系列的并购重组，很多被台积电改造成了晶圆代工厂。2012 年年初，日本政府整合日立、日本电气、三菱的动态随机存取存储器业务而组建的"国家队"尔必达也宣布破产。自此，日本厂商彻底退出了动态随机存取存储器产业。三星市场份额进一步提升，成为动态随机存取存储器全球霸主。

动态随机存取存储器芯片市场累计已在全球创造了超过 1 万亿美元产值。50 多年来，美国、日本、欧洲、韩国，以及中国台湾地区的数十家芯片公司，在动态随机存取存储器市场上投入巨资，上演了一幕又一幕的生死搏杀，不少名震世界的芯片巨头轰然倒地，就连开创动态随机存取存储器产业的三大老牌美国芯片巨头，英特尔、德州仪器和国际商业机器公司，也分别在 1986 年、1998 年和 1999 年，黯然退出了动态随机存取存储器市场。过山车般的巨额亏损与盈利，充分显示了动态随机存取存储器芯片行业的市场险恶。没有强力资金支持的企业，根本没有玩下去的勇气。1999 年，现代电子收购乐金半导体，2001 年从现代集团完成拆分，将公司名改为海力士（Hynix）。2012 年年初，韩国第三大财团 SK 财团，以 30 亿美元收购海力士 21% 的股份，将公司名改为 SK 海力士。SK 海力士终于获得了强大的资金靠山，从而与韩国三星一起，成为韩国称霸内存芯片市场的两大豪强。整个动态随机存取存储器行业只剩下三星、SK 海力士和美光三大玩家，其中。三星和 SK 海力士这两大韩国巨头合起来，就占了全球 75% 的份额。2011 年以后，韩国电子信息产业的出口额超过日本，存储芯片和液晶面板的产值超过世界总额的 50%。三星依靠国际化的研发和销售团队，采用"逆周期"投资策略，经过不懈努力，确保在半导体、移动设备和电视等家用电器领域处于全球领先地位。

3）借助 CDMA 领跑移动通信

移动终端的新需求带动韩国芯片产业走出了金融危机，韩国公司开始在手机、液晶屏和存储芯片上称霸全球。韩国发展手机业务，也是依靠美国的扶持。1977 年，三星和美国通信巨头格雅（GET）成立合资公司生产电话设备。1983 年，三星开始涉足移动无线研发，花了很大精力对东芝的一款车载电话进行逆向设计。1988 年，三星将通信业务并入了三星电子。直到 20 世纪 90 年代，三星电子的通信业务还不起眼，研发技术薄弱，产品质量较差，在韩国本土市场一直排在摩托罗拉后面。低成本、大规模生产和逆向工程战略限制了三星电子在全球范围内的竞争力。李健熙不满足于"山寨"供应商的名声，宣布"二次创业"，重组了电子、通信和半导体等部门，明确了电子和重工业两大战略重点，将三星集团的发展方向定为 21 世纪世界级超一流企业。李健熙提出"尊重人格、重视技术、自律经营"的核心原则，狠抓产品质量和研发，认为这是三星集团在竞争中制胜的关键。李健熙向三星集团员工提出了著名的挑战："除了老婆和孩子，一切都要变。"随后，他详细阐述了一系列全面的改革措施，包括所有员工每天提前两小时上班。

1991 年在欧洲开通了第一个全球移动通信系统（GSM），从此移动通信从 1G 模拟技术跨入了 2G 数字技术。欧洲制定了 GSM 行业标准，从芯片设计到方案定型，从设备制造到网络搭建，芬兰的诺基亚、瑞典的爱立信和德国的西门子，开启了对全球手机市场 10 多年的绝对统治。当时，与欧洲的全球移动通信系统竞争的是美国高通推动的码分多址技术标准，尽管在技术上还存在很多问题，但码分多址技术在频谱的利用上有较大优势。当时，韩国电信商和通信设备制造业基础相当薄弱，韩国通信部正在考虑如何推动韩国进入全球电信领域。通过在美国华裔通信专家李建业（William Lee）的介绍，经过数轮密集的交流协商之后，韩国政府宣布码分多址技术为韩国唯一的 2G 移动通信标准，并全力支持韩国厂商投入码分多址技术的商业应用。

1991 年 5 月，高通最终和韩国电子通信研究院签署了一份联合开发协议，双方将共同致力于码分多址技术在韩国的落地。高通答应把每年在韩国收取专利费的 20% 交给韩国电子通信研究院，协助其研究。韩国的四家电子厂商被招募参与开发，目标是在 1996 年推出码分多址技术。通过发展码分多址技术，韩国的移动通信普及率迅速提高，短短 5 年时间，韩国的码分多址技术移动通信用户即达到了 100 万户，韩国 SK 电信成为全球最大的码分多址技术电信商。1994 年 10 月，三星推出了名噪一时的 Anycall 品牌手机 SH-770，第二年便取代摩托罗拉成为韩国手机市场的领导者。不到 10 年，韩国已经拥有了超过 2500 万户手机用户，成为全球最大的码分多址技术市场。与此同时，三星等韩国手机厂商开始大踏步地进军海外市场。

　　码分多址技术不仅带动了移动通信业的发展，也促进了整个韩国经济的发展。三星和高通也从此成为全球性的跨国大公司。韩国选择码分多址技术有效地将外国移动设备供应商和手机供应商拒之门外，让韩国厂商有时间与高通合作开发独特的解决方案。如果码分多址技术在其他国家被采用，韩国CDMA手机厂商可以从出口获利。韩国的成功向市场证明码分多址技术正式商用的可能性，也让美国一些电信商及设备厂商对码分多址技术恢复了信心。1997年6月，三星开始向美国移动运营商斯普林特（Sprint）出口搭载高通芯片的CDMA手机。到1997年年底，三星在全球各地推出了各种款式和配置的手机，迅速占领了全球55%的CDMA手机市场。从3G时代开始，码分多址技术就成为移动通信不可或缺的核心技术，高通和三星都成为全球移动通信霸主。根据研究机构发布的报告，三星在2020年全球智能手机销售量排名第一，市场占有率近20%。

　　2002年，三星和英国ARM宣布了一项全面的长期授权协议，允许三星在协议期限内使用ARM所有当前和未来的知识产权。2005年，三星决定凭借先进制程的优势切入晶圆代工领域。在美国得克萨斯州奥斯汀市的晶圆代工厂开始量产，获得了高通码分多址技术芯片订单。2007年，得益于三星不断增强的芯片制造能力，第一代苹果iPhone使用了三星在ARM 11 IP上开发的移动处理器芯片。当苹果在2010年推出其首款自主研发的移动处理器芯片A4时，其代工订单也就交给了三星。这笔订单帮助三星晶圆代工业务突破了4亿美元的瓶颈。2010年6月，三星旗舰手机产品Galaxy S开始搭载安卓2.2发售，7个月内成为三星1000万部销量俱乐部中的第一款智能手机。它的内部是三星自己的 Exynos 3 处理器芯片，奠定了其在安卓设备阵营中龙头芯片厂商地位。三星成为在智能手机领域唯一一家既做芯片设计，又做晶圆代工和整机制造的全能型公司。2013 年 10 月，韩国产业通商资源部在京畿道城南市举行的韩国半导体会馆开馆仪式上，发布了一项重振半导体产业的计划，将移动处理器列为韩国振兴芯片产业的关键。

尽管在美国芯片设计厂商眼中，台积电的地位要高于三星，但三星仍然能够获得不错的订单。三星多次拿到了苹果 A 系列芯片 30% 左右的份额，这对苹果与台积电谈判中掌握议价权有很大的帮助。2017 年 5 月，三星正式宣布将晶圆代工业务部门独立出来，成为一家纯晶圆代工企业，并计划在未来 5 年内取得晶圆代工市场 25% 的份额。虽然台积电在晶圆代工领域处于龙头的地位，但三星的动作也在明显加快，在客户方面，目前三星晶圆代工业务部门已经获得了高通、英伟达等芯片设计头部公司的订单。随着 5 纳米芯片在 2020 年年底的量产，双方在晶圆代工领域的竞争将会进一步加剧。预计未来在 3 纳米节点处，三星和台积电之间的竞争将达到白热化状态。

芯片产业占韩国整体出口比重已远超钢铁、造船、汽车等传统优势产业。作为产业后进者的韩国，仍然存在着对外国供应商依赖的致命短板。韩国的核心生产设备和原料，主要从美国、日本进口。1994 年，由韩国政府主导，推出总预算 2000 亿韩元（约 2.5 亿美元）的半导体设备国产化项目，鼓励韩国企业投资设备和原料供应链。韩国贸工部在汉城市南部 80 千米的松炭市和天安市，设立两个工业园区，专门供给半导体设备厂商设厂。韩国以优厚条件招揽美国化工巨头杜邦和硅片原料巨头 MEMC 等厂商，在韩国设立合资公司。2017 年，韩国政府还宣布，每年提供 1 万亿韩元（折合约 8.5 亿美元）的预算，来支援半导体材料、设备的国产化。但直到现在，韩国依然对日本生产的、技术先进的零件和材料十分依赖。

2019 年，日本政府以安全为由，决定加强 3 种芯片核心材料（高纯度氟化氢、光刻胶、用于显示屏面板的聚酰亚胺）对韩国的出口管制。日本对原材料的制裁暴露了韩国芯片产业发展的安全隐患。与日本举国体制攻关芯片基础科研的方式不同，韩国的芯片产业主要是在国家资金支持下，大型财团通过购买专利授权、从海外引进技术等方式实现的，这也让韩国芯片产业在市场规模和商业化应用上得以迅速攻占市场，但在上游产业链、基础技术等领域，长期处于不平衡的状态。韩国芯片产业的发展，依然受困于基础技术的"死亡谷"之困。所谓死亡谷，指的是研发与产品商业化之间存在一个高昂的壁垒。

韩国很快就启动了"半导体材料的国产化"政策。对材料、零部件、设备行业进行了扶持，计划实现 100 种材料、零件和制造设备的国内生产，以期在 5 年内结束对日本的依赖。韩国企业界也强化了摆脱对日产业依赖的意识和舆论导向。有韩媒报道说，日方出口管制措施"暴露出韩国产业的脆弱性"，韩国降低对日技术依存度的必要性已经十分明显。韩国半导体产业摆脱制约的根本路径就是增强自身的技术能力，提高生产原材料、零部件的国产化，实现产品采购源地的多元化。韩国秀博瑞殷（Soul Brain）公司、内存技术（RAM Technology）等企业成功量产的液体氟化氢材料已经达到了与日本同等质量的水平。国产化替代的目标，让韩国芯片内需市场进入成长期，也鼓励了许多企业进入半导体产业，基于设计、制造、加工、封装、运输等每个环节的精细分工，从而建构起了完整的产业链条。以三星电子和 SK 海力士为龙头，背后有 20000 多家大中小型配套企业，催生了龙仁、水原、华城、利川等芯片产业城市群，也确保了韩国芯片产业的稳健发展。

总体来看，韩国芯片产业的发展是以三星等大型财团为核心，而财团利用韩国政府的金融支持，用重金购买技术（包括技术授权及购并拥有技术的公司）及高薪聘请技术专家带队研发，推动"资金＋技术＋人才"的高效融合。在芯片技术研发中，韩国从开始就充分利用了旅美韩裔科学家和工程师的资源，从他们那里拿到了专利授权乃至产业情报，快速获得了技术发展所需的产业知识。韩国政府提供住宅、汽车、高薪等优厚待遇吸引在海外获得学位的人才，许多曾在欧美国家留学的韩国学子也陆续回国，进入国立研究机关，以及三星电子、SK 海力士等公司。

另外，韩国政府也十分重视对本土芯片产业人才的教育与培养。1999 年，韩国教育部为建设研究型高校，发起"BK21"（Brain Korea21）计划，向 580 所大学、专业或研究所进行精准、专项支援。目标是打造具有国际竞争力水平的研究中心、大学及具有世界特色的专业。BK21 计划耗资 3.6 万亿韩元，历时 13 年。在此影响下，韩国大学掀起半导体专业热潮。2005 年，成均馆大学与三星电子合作，创办半导体工学系。该系被指定为韩国教育部"创新型专业"，并每年为包括三星电子在内的韩国企业培养芯片产业的人才。

芯片风云

4.4　中国台湾地区的芯片战略

中国台湾地区赶上了 20 世纪 90 年代美国芯片专业化分工和产业转移的红利，迅速成长为全球芯片产业不可或缺的新兴力量。垂直分工与产业群聚，形成了中国台湾地区芯片产业结构的地域特色。1987 年成立的台积电是全球第一家专注于晶圆代工模式的公司。台积电创始人张忠谋为台湾地区芯片产业的崛起贡献卓著。他开创的晶圆代工为台湾地区的科技产业注入了活力，带动了上下游产业链的发展，逐渐形成以台积电、联电、联发科、日月光和环球晶圆等"芯片五强"主导的产业发展格局。台积电和联电并称晶圆代工双雄，合计拥有近六成的市场份额；联发科是全球第四大芯片设计企业；日月光在封装测试行业稳居世界首位；环球晶圆则是全球五大硅晶圆制造商之一。

20 世纪 80 年代初期，台湾地区的电子产业刚刚起步，产业规模远不如日本和韩国。台湾地区公司通过为美国公司代工生产计算机及周边产品，逐渐积累了产业基础。由台湾工业研究院官方力量启动，实现技术研发、引进、生产之后，再转让给民间其他企业，由民间力量促进产业链延伸，直接提升了台湾地区芯片产业的整体水平。

台积电始终坚持"技术领军者"策略，投入大量资金，以保持在芯片制造技术上的绝对优势，成为全球芯片产业链中技术的集大成者，持续为美国的博通、高通和英伟达等龙头设计公司提供优质的专业晶圆代工服务。台湾地区的芯片产业在全球信息技术产业的地位无可取代，如同中东石油在全球经济的角色。目前，台湾地区在芯片制造和封测领域排名均为全球第一，芯片设计排名第二，台湾地区的整体芯片产值位居全球前三名。台湾新竹科学工业园已成为全球芯片制造业最密集的地方。

1）海外引进奠定产业基础

1966 年，台湾地区在高雄市设立了第一个出口加工区。美国通用仪器（GI）在高雄设厂，从事晶体管的封装测试，拉开了美国向台湾地区转移电子代工业的序幕。当时，台湾地区工人薪资不到美国同等职位的 10%。廉价而良好的劳动力优势，吸引了德州仪器、飞利浦和日立等大批外商纷纷在台设厂。台湾地区以劳力密集型的出口加工为主，利用大量的外资和技术，成功创造了经济腾飞，在20 世纪后期与韩国、中国香港特别行政区和新加坡并称为"亚洲四小龙"。

1969 年，台湾地区负责经济部门的孙运璇考察了韩国科学技术研究院。韩国为推动电子、化工和纺织产业发展，通过高薪来聘请留美韩裔研究人员回国传授技术和经验。1973 年，台湾地区效仿韩国，将原有的几家石化类研究所，合并成立了台湾工业技术研究院。第二年，为扶植台湾地区电子产业基础技术研究，台湾工业技术研究院下设了"电子工业研究中心"。

1975 年，台湾工业技术研究院启动了"积体电路示范工厂设置计划"，耗资约 1300 万美元，向美国无线电公司购买了 3 英寸晶圆生产线和相关的芯片技术转让。曾在美国无线电公司担任微波研究室主任的潘文渊是帮助台湾地区产业往高科技转型的关键人物。他在美国召集旅美华人芯片专家组成"电子技术顾问委员会",并担任主任委员,为台湾地区科技产业的发展出谋划策,帮助台湾工业技术研究院选择美国无线电公司作为芯片技术转让的合作伙伴。按照协议,台湾地区出资350万美元,全套引进美国无线电公司的电路设计、光罩制造、晶圆制造、包装与测试技术,还包括生产管理,而且规定美国无线电公司必须回购产品。

1976年4月,台湾工业技术研究院派出首批19位留学人员,分成设计、制造、测试和设备4组,到美国无线电公司进行培训。他们中的很多人成为台湾地区电子科技产业中的重量级领军人物,例如当时设计组的负责人蔡明介,后来成为台湾芯片设计龙头企业联发科的董事长。同年7月,台湾工业技术研究院开始兴建第一座3英寸晶圆示范工厂。1977年10月,示范工厂落成,采用7微米制程工艺,比韩国要早一年。返台留学人员利用在美国无线电公司学习的技术,成功制造出第一批电子表芯片,并从香港获得了10万颗芯片的订单。短短6个月之后,台湾工业技术研究院的芯片生产良率就超过了美国老师美国无线电公司,成为当时电子表芯片的主要供应商。台湾地区也迅速成为全球三大电子表出口地区之一。美国无线电公司技术转让项目的成功,让台湾地区对芯片研发有了信心,开启了高科技产业发展之路。以电子表芯片为开端,台湾地区电子产业也完成了从劳动密集型向技术密集型的跨越。

1979年4月,工业技术研究院电子中心升格为电子工业研究所。同年9月,该所成立了联华电子公司筹备办公室,计划筹资约2162万美元。由于担心技术风险大,台湾企业不愿投入,最终台湾地区财政主动投资占股70%,民营企业占30%。1980年5月,联华电子成立后，进驻新成立的新竹科学园区，由电子所副所长曹兴诚负责，从美国引进 4 英寸晶圆生产线，主要生产电子表和程控电话等芯片产品。5 年后，联华电子的营收超过 3200 万美元，成为台湾地区电子产业新贵。

20 世纪 80 年代初期，台湾地区的电子产业刚刚起步，产业规模远不如日本和韩国。台湾地区公司通过为美国公司代工生产计算机及周边产品，逐渐积累了产业基础，其中代表性的企业就是被称为"电子五虎"的鸿海集团（富士康）、华硕、宏碁、仁宝和广达。自从富士康首先在深圳设厂以来，"电子五虎"都先后完成了在中国大陆的布局，凭借大陆庞大的劳动力资源和便利的基础设施，台湾地区代工产业获得了空前的发展机遇，巅峰时期，全球近 90% 笔记本计算机、80% 的调制解调器、70% 的主板、25% 的台式计算机和通信设备等都是由这些企业生产的。

1983 年，台湾工业技术研究院启动"电子工业研究发展第 3 期计划"，目标是紧跟日本、韩国，投资 7000 万美元，用于发展超大规模集成电路（VLSI），实现 5 年内达到 1.25 微米制程的能力。台湾工业技术研究院试图通过掌握动态随机存取存储器和 SRAM 技术实现跨式发展，但在技术研发出来之后，才发现台湾地区并没有相应的芯片制造能力。外国厂商在台湾地区设厂大多都是封装测试，台湾地区本土公司当时并不具备日韩企业长期形成的芯片制造能力。台湾工业技术研究院耗费重金研发出的技术成了空中楼阁，只能卖给日本和韩国公司。这次挫败使台湾业界意识到了问题，台湾工业技术研究院电子工业研究所开始建设一座 6 英寸晶圆厂。

1984 年，联华学习韩国三星的做法，在美国硅谷设立合资企业，通过并购美国亚瑞科技，使亚瑞科技成为联华在美国硅谷的研发中心，以此来获得美国的先进技术。1985—1990 年，台湾地区共划拨 24 亿新台币设立种子基金，鼓励类似宏大风险基金等民间投资参与。基金投资注重对众多中小科技企业技术能力的培育，而不限于少数大企业技术能力的提升。由台湾工业技术研究院启动，实现技术研发、引进、生产之后，再转让给民间其他企业，由民间力量促进产业链延伸，直接提升了台湾地区芯片产业的整体水平。

1986—1990 年，台湾地区经历了一次前所未有的股市牛市。台股从 1986 年的 1000 点，飙升到 1990 年 2 月的 12000 点，创造了疯狂的股市致富神话。1988 年，宏碁股票上市，筹措到充裕的资金。宏碁创始人施振荣认为必须提升台湾地区在个人计算机关键零组件相关产业的地位，才能进一步在全球市场推广台湾计算机产品。1989 年，宏碁决定投入动态随机存取存储器产业，与美国的德州仪器分别出资 74% 和 26%（总资本约 1.2 亿美元）设立德碁半导体。由德州仪器提供技术，在台湾新竹科学工业园建设 6 英寸晶圆厂，生产 1 兆比特动态随机存取存储器产品。这是台湾地区第一家专业动态随机存取存储器芯片厂商。

面对日本和韩国快速提升的动态随机存取存储器技术能力，1990 年，台湾工业技术研究在美国顾问建议下，启动了"次微米制程技术发展五年计划"，目标是砸下约 2 亿美元，攻克 8 英寸晶圆 0.5 微米制程技术，获得 4 兆比特静态随机存取存储器和 16 兆比特动态随机存取存储器的生产能力。联华电子、台积电、华邦电子、茂矽电子、旺宏电子、天下电子 6 家企业参与其中。由于台湾地区动态随机存取存储器产业技术薄弱，台湾工业技术研究电子工业研究所和从美国回来的研发人员，成为台湾地区动态随机存取存储器芯片产业发展的技术源头。同时，美国芯片公司受日本动态随机存取存储器芯片价格战冲击，大规模裁员也迫使一批硅谷的华人到台湾地区创业。

1994 年 12 月，为了落实次微米计划成果，由台积电占股 30%，投资 5 亿多美元的世界先进积体电路股份有限公司在新竹科学工业园成立，以动态随机存取存储器存储芯片为主攻业务，建设台湾地区第一座 8 英寸晶圆厂。该公司是台湾唯一一家能够进行动态随机存取存储器芯片自主技术研发的企业。其他的动态随机存取存储器企业如德碁半导体，是花费巨资从日本、美国获得动态随机存取存储器芯片制程技术授权，每年付出的技术授权费用占销售额的 3% 以上。再加上巨额进口设备投资，使台湾地区动态随机存取存储器企业根本无法与掌握自主技术研发能力的日本和韩国企业竞争。

然而，德碁半导体和世界先进积体电路的经营状况都不好，加上后来进入动态随机存取存储器产业的茂德、南亚科技和力晶，台湾地区企业投资规模小而散，根本无力与韩国三星和日本电气等巨无霸竞争。尽管台湾公司在动态随机存取存储器产业上面累计投资超过了 500 亿美元，但非常分散，各自为政。为挽救债台高筑的台湾地区动态随机存取存储器厂，台湾曾计划进行产业整合，成立台湾记忆体公司（Taiwan Memory Company，TMC），对 6 家动态随机存取存储器厂进行控股整合。同时，与日本尔必达或美国美光谈判，合作推进自主技术研发。台湾地区官方希望 TMC 是一家民营企业，政府投资越少越好，最多不超过 300 亿元新台币。

由于日本尔必达在 2008 年金融风暴中陷入困境，因此愿意向台湾提供全部核心技术，以换取台湾的援助资金。但是，台湾地区各家动态随机存取存储器厂却并不愿意整合。因为各家公司背后都有不同的技术合作对象，采用的技术不同。而且台湾地区官方的整合计划，并不能挽救各家工厂的财务困境，因此整合工作很难推进。与此同时，台湾地区媒体也在火上浇油，指称 TMC 是个钱坑，动态随机存取存储器产业面临产能过剩、流血竞争等局面。2009 年 10 月，"动态随机存取存储器产业再造方案"在台湾地区立法机构审议时遭到否决，禁止"国发基金"投资 TMC 公司。台湾地区动态随机存取存储器产业整合计划宣告失败。2010 年，韩国三星砸下 18 万亿韩元（约 170 亿美元）巨额资金，倾全力发展动态随机存取存储器和 NAND 闪存技术。于是，台湾地区厂商迅速败下阵来，彻底退出了动态随机存取存储器市场，经过一系列的并购重组，很多被台积电改造成了晶圆代工厂。

2）开创专业晶圆代工模式

早期的芯片公司要完成从设计到生产制造的全部流程，每个环节都需要投资大量的资金，这种模式被称为设计生产一体或者整合元件制造商（IDM）。随着芯片制造技术的发展，制造设备和制程研发成本的急剧增长，芯片设计难度的不断攀升，导致芯片行业的创业门槛越来越高。到了 20 世纪 80 年代后期，芯片产业逐渐走向分工模式：有些公司只做设计，由其他专业公司做晶圆代工。1987 年成立的台积电是全球第一家专注于晶圆代工模式的公司。台积电创始人张忠谋为台湾地区芯片产业的崛起贡献卓著，被誉为台湾"半导体教父"。1990 年代，随着个人计算机和通信产业的快速发展，芯片产业也迎来新的机遇。老牌美国芯片公司如英特尔、国际商业机器公司、德州仪器、摩托罗拉等继续固守 IDM 模式，而许多如雨后春笋般涌现的芯片初创公司则只做设计，将芯片制造外包。1991年成立的博通和 1993 年成立的英伟达，成了第一代美国芯片设计公司的代表，它们借助台积电的工厂，开始生产不同于英特尔中央处理器的产品，并迅速成长为细分市场领导者。

日本和韩国的芯片厂商走的是将设计、制造和封测一体化的 IDM 模式，在半导体发展的早期是非常有竞争力的。日本"工匠精神"的优势是拼精细的制造和持久的技术改良。当时的日本芯片厂商认为，设计部门和生产部门必须同属于一个企业。这是因为设计部门和生产部门需要密切交流，共享信息，否则就无法做出优秀的产品。日本的"工匠精神"发源于传统制造业，讲究经验的积累和沉淀，在精细复杂的工序基础上改进生产品质。日本公司融资依赖银行贷款，轻资产的芯片设计公司很难获得资金支持。保持 IDM 垂直整合模式的日本芯片企业既要研发，又要生产，还要维护和更新设备。因此，在捕获市场新机会上，往往落后于美国设计公司。

在纯晶圆代工公司出现之前，芯片设计公司只能向 IDM 厂商购买空闲的晶圆产能，产量与交期都受到非常大的限制，不利于大规模量产产品，而且还可能面临核心技术外泄的风险。芯片设计公司依赖晶圆代工公司生产产品。由于晶圆代工厂不自己设计和生产自己的芯片，芯片设计公司不存在技术外泄的担忧，尽管会受限于晶圆代工厂当前的产能和技术节点限制，但优点是不必自己负担兴建、运营晶圆厂的庞大成本。而 IDM 厂商，也会基于产能或成本等因素，将部分产品通过晶圆代工厂来生产制造。

　　1985 年，54 岁的张忠谋辞去在美国的高薪职位返回中国台湾地区，受邀出任台湾工业技术研究院院长。张忠谋在美国芯片行业打拼了 30 年，对芯片行业有着深刻的理解。他注意到很多芯片公司通常把主要精力都放在设计和销售产品上，在芯片制造上做得并不好。执掌研究院的张忠谋提出了台湾芯片产业应当走代工之路，"只做代工，不与客户竞争的永续性原则"是他的信条。1987 年，张忠谋出任台积电董事长，以晶圆代工模式切入全球半导体市场，并为台积电定下"要成长为世界级半导体公司"的伟大目标，而当时的家底只有台湾工业技术研究院电子工业研究所的 3 英寸晶圆示范工厂。

　　张忠谋利用自己的人脉，把美国通用电气半导体总裁戴克挖来做了总经理。创办之初，为了寻求 2 亿美元投资用来建设厂房和采购设备，张忠谋四处奔走。然而，德州仪器、英特尔、索尼和三菱在内的大多数半导体公司都拒绝了他，因为它们认为晶圆代工模式行不通。几经辗转之后，台积电获得了荷兰飞利浦的投资，并购买了一些美国、日本，以及欧洲公司淘汰的二手设备。飞利浦还为台积电提供了部分技术授权和研发支持，避免了知识产权纠纷。在创办的第一年，台积电制程落后，良率也不高，基本接不到大公司的晶圆订单，整个公司在以亏损的状态运行。

　　转机发生在 1988 年，格鲁夫接棒英特尔的首席执行官，砍掉了储存器业务，集中力量做中央处理器芯片。他受邀到台湾地区参观台积电的晶圆厂，决定将一部分落后制程的芯片外包给台积电代工，前提是要通过英特尔的认证。张忠谋带领台积电只用一年时间便通过了英特尔的生产认证，获得了主流厂商的认可。1990 年，台积电终于建成了第一条 6 英寸 1 微米芯片制程的产线，而英特尔 0.8 微米芯片制程早在 5 年前就已经量产。1993 年，在英特尔的帮助下，台积电实现了 0.8 微米制程的量产。1994 年，台积电又获得了欧洲芯片巨头意法半导体的订单，开始成为芯片设计公司的虚拟工厂。

1995 年，晶圆代工模式被芯片业界接受，台积电的订单源源不断，但是产能却满足不了需求。台积电选择让客户交订金来预购产能，这一策略引发了某些客户的不满。抓住这个机会，同在台湾新竹科学工业园的联电（UMC）将旗下的联诚、联瑞等 5 家公司进行合并，与台积电展开了市场争夺战。联电前董事长曹兴诚 1974 年进入新成立的台湾工业技术研究院，从研究员一路升至电子工业研究所副所长。当研究院出资成立联电时，曹兴诚主动争取机会，于 1981 年被任命为联电副总经理，隔年转任总经理。1985 年，张忠谋从美国回到台湾地区后，以工研院院长身份兼任联电董事长。1987 年，张忠谋又身兼台湾工业技术研究院、联电与台积电董事长三重身份。曹兴诚对此十分不满，他宣称在张忠谋回来的前一年便已向张忠谋提出晶圆代工的想法，却未获回应。由于张忠谋在担任联电董事长的情况下，另外创办台积电来做晶圆代工，因此，曹兴诚宣布联电将扩建新厂以和台积电抗衡，并联合其他董事以竞业回避为由，逼张忠谋辞去了联电董事长职务。

曹兴诚还发展出所谓的"联电模式"，与美国、加拿大等地的 11 家芯片设计公司合资成立联诚、联瑞、联嘉晶圆代工公司。然而，此举却伴随技术外流风险，因此，大型芯片设计公司开始不愿意让联电代工，导致联电的客户群以大量的中小型芯片设计公司为主。1996 年，因为受到客户质疑在晶圆代工厂内设立芯片设计部门，有盗用客户设计的嫌疑，联电又将旗下的芯片设计部门分出去成立公司，包括后来的联发科技、联咏科技、联阳半导体、智原科技等公司。由于和不同芯片设计公司合资所采购的芯片制造设备会有差异，"联电模式"还面临制造设备未统一化的问题，当一家晶圆代工厂订单爆量时，却不容易转单到其他合资代工厂。相较之下，台积电用自己的资金自行建造工厂，不但让国际大厂愿意将先进制程交由台积电代工而不用担心其商业机密被盗取、更能充分发挥产线产能。

1997 年，张忠谋率台积电在美国纽交所成功上市。为了缩小与国际商业机器公司和英特尔的技术差距，台积电在 1998 年开始实施酝酿了长达 5 年时间的"群山计划"战略：台积电给 5 家使用先进制程的设计生产一体厂商制定专属的技术支撑计划，来适应每家企业不同需求。其本质就是先做技术服务、辅助技术升级、更新设备产能，然后获取订单。台积电通过与他们的合作，打磨技术、降低成本、提高良率，让自己成为设计生产一体厂商的备用生产车间。这一计划巩固了台积电与大客户的关系，保持台积电在市场份额上的领先地位，也为台积电独立制程研发体系的建立打下了基础。0.18微米制程的量产，是台积电第一次与设计生产一体厂商在制程技术上实现同步。这一时期，台积电的芯片制程技术仍旧是来自国际商业机器公司 / 英特尔主导的美国公司技术联盟。

在 2000 年以前，台联电和台积电的技术和营收的差距并不大，甚至在 0.18 微米制程时代，联电还曾领先台积电，两个公司一度被称为台湾"晶圆代工双雄"。2000 年，12 英寸晶圆厂成为主流，建厂成本增加到 25 亿美元以上。在求新求快的晶圆代工产业，只要

晚别人一步将技术研发出来，就是晚一步量产将价格压低，可以说
时间就是竞争力。为了持续地扩宽及加深自身的护城河，台积电在
晶圆代工领域打响了制程之战。过硬的技术队伍是台积电在晶圆代
工行业的立身之基和制胜法宝。一场关键的战役发生在 2003 年，由
于联电与国际商业机器公司联合研发 0.13 微米铜制程量产出现良率
（良品率）问题，而台积电自主研发 0.13 微米铜制程取得成功，这
使台积电彻底与联电拉开了距离。

　　台积电始终坚持"技术领军者"策略，投入大量资金，以保持
在芯片制造技术上的绝对优势，成为全球芯片产业链中技术的集大
成者。即使在 2001 年，台积电利润暴跌，张忠谋还坚持将晶圆厂
的研发支出上升到净利润的 80%。除了制程技术领先，保障良率与
背后的一连串客户设计支持服务，也是晶圆代工的关键价值链。台
积电提出了"虚拟晶圆厂"的概念，让客户能随时掌握晶圆制造进
度，从而争取到了设计生产一体厂商（IDM）的订单，也从单纯的
代工演变成了一个综合制造及服务的科技公司。

　　2017年5月，三星电子正式宣布将晶圆代工业务部门独立出来，
成为一家纯晶圆代工企业，并计划在未来 5 年内取得晶圆代工市场
25% 的份额。2020 年 5 月，台积电宣布将投资 120 亿美元在美国亚
利桑那州建设 5 纳米晶圆代工厂。工厂将在 2021 年正式动工，计划
于 2024 年正式投产。目前，台积电的主要客户苹果、博通、高通、
英伟达、超威半导体等公司总部均在美国，如果在美国本土设厂，
可以在量产前更好地沟通协调和生产后的交付。为了应对台积电在
美国的投资设厂，三星电子已经考虑在美国的半导体工厂投产更先
进的工艺，希望能够从台积电手机抢夺更多的订单。三星晶圆代工

已经获得了高通、英伟达等芯片设计头部公司的订单。随着 5 纳米在 2020 年年底的量产，2021 年双方在晶圆代工领域的竞争进一步加剧。预计未来在 3 纳米节点处，三星和台积电之间的竞争将达到白炽化状态。在 7 纳米制程研发不顺的情况下，英特尔的芯片制程将至少落后台积电两代，英特尔产品在芯片工艺上已经落后于老对手超威半导体和移动芯片厂商高通、三星、苹果等公司。英特尔面临艰难抉择，正评估是否委托其他公司代工生产芯片。在芯片制程上，每进步 1 纳米都需要大量的成本投入。2021 年台积电的研发投入为 44.1 亿美元，2022 年计划投资 440 亿美元扩大产能。

3）产业链的抱团发展

20 世纪 70 年代后期，中国台湾地区开始以硅谷为榜样，规划半导体科学园区。借鉴美国斯坦福大学和加州大学伯克利分校等名校与产业集群合作的模式，将园区建在了与台湾清华大学、台湾交通大学和台湾工业研究院等比邻而居的新竹。新竹科学工业园于 1980 年 12 月建成，汇聚了集成电路、计算机及周边、通信、光电、精密机械、生物技术六大产业，成为中国台湾地区的高科技基地，被称为"台湾硅谷"。多年来与园区管理局及厂商形成产、官、学、研密切合作的架构。新竹科学工业园的诞生，带动了台湾地区经济的蓬勃发展，还使台湾地区的许多科技产业名列世界前茅。

台湾地区"半导体教父"张忠谋开创的晶圆代工为台湾地区的科技产业注入了活力，带动了上下游产业链的发展，逐渐形成以台积电、联电、联发科、日月光和环球晶圆等"芯片五强"主导的产业发展格局。台积电和联电并称晶圆代工双雄，合计拥有近六成的市场份额；联发科是全球第 4 大芯片设计企业；日月光在封装测试行业稳居世界首位；环球晶圆则是全球五大硅晶圆制造商之一。新竹科学工业园已成为全球芯片制造业最密集的地方之一。

通过园区的聚合效应，产业上、中、下游体系几乎全部聚集在相邻的地理区域里，从某个企业单纯的代工模式到产业链全环节分布，形成联合生产群。这种群落之间的相互竞争、紧密合作、人才流动等，形成了资讯与技术快速交流、市场竞争优势培育的土壤。就像是一个"虚拟大公司"，随时可以将旗下的各个"部门单位"整合起来，投入各自擅长和专精的领域，用更高效率的方式来完成协作，从而壮大了整体产业的实力，形成弹性高、速度快、定制化、低成本的竞争壁垒。

联发科董事长蔡明介被誉为台湾地区芯片设计"教父"。1976年，被台湾工业技术研究院派往美国无线电公司学习芯片设计。受训完成后，蔡明介在台湾工业技术研究院电子工业研究所的芯片产品开发部门工作。1983年，蔡明介加入联电，逐渐从技术人员转变为管理人员。1995年，联电希望全力从事晶圆代工业务，将芯片设计部门分拆出来成立联发科。联发科依靠研发光盘存储技术和数字通用光盘（DVD）芯片起家，2001年在台湾地区成功上市，首日便涨停为股王。2003年，联发科正式跻身全球前五大芯片设计公司。

2004年，蔡明介率领联发科进入中国大陆市场。联发科充分利用之前的技术积累，整合了一整套的多媒体解决方案放入到手机设计中。同时，联发科首创了"交钥匙解决方案"，将手机产业的上游与中游环节整合，把芯片、软件平台和设计全部完成，手机厂商只需要购买屏幕、摄像头、外壳、键盘等简单零部件，再对软件进行少量的定制开发，就可以出品手机。这种创新的芯片解决方案显著降低了手机厂商的开发难度，降低了行业门槛。于是，联发科加速了大陆手机产业蓬勃发展，也带动了大陆手机产业布局全球新兴市场。联发科高度集成的芯片方案是山寨机们梦寐以求的神器。2007 年 10 月，中国取消手机牌照核准制度，转而对手机颁发进网许可证，让生产手机的门槛大幅降低。因此，联发科一度占据了中国大陆大部分手机制造的市场。到了 2008 年，联发科一跃成为世界前三大芯片设计厂商。联发科长期将自家芯片定位于中低端市场，其主要竞争对手高通则主攻高端市场，形成了"高端用高通，中低端用联发科"的印象。近年来联发科发力高端手机处理器，尽管会面临着不小的挑战。

20 世纪 80 年代，美国很多芯片公司将制造部门和封测部门剥离，技术含量和利润较低的封装测试环节被转移至日本、韩国，以及中国台湾地区等亚洲地区。1984 年，张虔生和弟弟张洪本，共同在台湾创办了日月光集团，将家族地产事业转向新兴的电子行业。日月光从芯片封装的低级供应商起步，通过一系列的海内外并购扩张，逐渐成长为全球最大的封装与测试服务供应商。张氏兄弟从花旗银行挖来多位财技高超的金融专家，借助多层次的国际募资渠道，为日月光的并购策略提供了充足的资本。日月光的收购通常采取分阶段的模式，先收购部分股权形成控制，然后再逐步收购全部股权。这样的操作不仅稳健务实，也降低了并购资金的压力。

1990 年，日月光首次试水并购，以 1 亿元新台币的价格收购了福雷电子，进军芯片测试业。1996 年，日月光控股的福雷电子在美国纳斯达克挂牌，成为中国台湾地区第一家在美国上市的半导体公司。1997 年，日月光与晶圆代工龙头台积电缔结策略联盟，芯片设计公司在台积电下单后，由台积电代工制造的晶圆直接交给日月光封装测试，大幅缩短了芯片产品的交付时间。2003 年，日月光的营收超过美国安靠科技，成为全球芯片封测龙头老大。日月光继续不断向外扩张，一方面向日韩和欧美进军，一方面向中国大陆转移。日月光在并购扩产时，战略目标明确，就是要建立"一体化半导体封装及测试中心"，使客户可以一次完成晶圆测试、封装、芯片测试，甚至延伸到末端产品的系统制造。

2015 年 8 月，日月光对全球封装排名第四，台湾地区第二大的矽品精密发起公开收购。经过几轮交锋，2016 年 6 月，日月光和矽品正式通过双方共组控股公司的协议，并于 2016 年 11 月获得中国台湾地区公平会的审查通过。2017 年 5 月获美国联邦贸易委员会的审查准许。2020 年 3 月，最终获中国国家市场监督管理总局反垄断局批准，历时 4 年半的并购案圆满结束。日月光和矽品合并后的市场份额超过 30%，综合研发实力强，会更有竞争力。

台湾地区大硅片龙头公司环球晶圆的前身是成立于 1981 年中美硅晶集团。2011 年，中美硅晶集团将半导体业务分拆，成立了环球晶圆公司。接下来便开启了一系列并购，2012 年收购当时排名第六的日本共价集团（Covalent）公司，2016 年收购丹麦的鼎硅（Topsil）公司，2017 年以 6.83 亿美元的价格收购当时排名第四的美国 SEMI 公司，一跃成为全球第三大硅片制造商。通过对 SEMI 的技术吸收，在提高工艺水平的同时，进一步降低成本，向由两家日本企业垄断的高纯度 12 英寸大硅片市场发起挑战。

4.5 欧洲的芯片战略

　　20世纪的前两次工业革命使英国、法国、德国、荷兰等一批欧洲国家在科技、工业、经济等领域大幅领先于世界各地。但两次世界大战导致欧洲人才外流，生产力遭到严重破坏，世界科技中心也从欧洲转移到了美国。第二次世界大战结束后，科技产业在欧洲各国都得到政府的高度重视，早期芯片公司都是依托欧洲的工业巨头，如飞利浦、汤姆逊、西门子等，发展起来。随着产业的不断竞争，欧洲的芯片公司逐渐从所依附的企业中独立和发展起来，它们避开了竞争激烈的移动终端和计算机等消费级芯片市场，专注于工业和车用两个细分芯片市场长期耕耘。近年来通过一系列的跨国并购重组，最终形成了目前的产业格局。

　　欧洲既有位居全球芯片制造商10强的老牌设计生产一体制造商"三巨头"英飞凌、恩智浦和意法半导体，也有占据关键细分市场核心地位的荷兰阿斯麦和英国ARM。阿斯麦通过开放式创新模式，快速集成各领域最先进的技术，在极紫外光刻机领域，阿斯麦是唯一能够设计和制造的设备厂商。ARM通过开放式创新的"知识产权授权模式"，形成了一个以ARM为核心的生态圈，全球超过90%的智能手机和平板计算机采用ARM架构。比利时的微电子研究中心、德国的弗劳恩霍夫（Fraunhofer）研究所，以及法国的电子和信息技术（CEA-Leti）研究所是欧洲3个世界级的芯片研发机构。随着5G网络普及，智能汽车、无人驾驶、车联网、物联网等新兴市场的到来，欧洲芯片厂商有望迎来新一轮增长周期。

1）欧洲芯片三巨头的前世今生

近现代科学起源于古希腊的朴素唯物论和逻辑学。17 世纪初，在欧洲文艺复兴运动的影响下，人们的思想获得解放，在自然科学方面取得了显著成果，完成了以牛顿力学体系为标志的近代科学革命。1776 年，英国格拉斯哥大学的技师瓦特（James Watt）改良蒸汽机，标志着第一次工业技术革命的兴起，引发了从手工劳动向机器生产转变的重大飞跃，极大地推进了英国社会生产力的发展。1810 年，德国教育改革家洪堡（Wilhelm von Humboldt）在柏林创办了世界上第一所将科学研究和教学相融合的新式大学，确立了"学院自治，科研与教学统一和学术自由"三原则。洪堡教育改革为德国工业化提供了大量人才，使德国在 20 世纪反超英国，成为欧洲的工业强国和经济中心。20 世纪初，半导体理论模型在欧洲科学家的努力下不断完善，1928 年德国物理学家、"量子物理之父"普朗克（Max Planck）提出了固体能带理论；1931 年英国物理学家威尔逊（Charles Wilson）在能带理论的基础上，提出半导体的物理模型；1939 年，英国物理学家莫特（Nevill Mott）和德国物理学家肖特基（Walter Schottky）各自独立地提出了解释金属—半导体接触整流作用的理论。

不幸的是，20 世纪爆发的两次世界大战的主战场都在欧洲，导致欧洲人口急剧减少，大量人才外流，生产力遭到严重破坏。欧洲的大批科学家惨遭家园破碎，纷纷投奔远离战火的美国。美国本土未受攻击，工业、经济和科技各方面反而大大受益，大量军工订单换回了巨额财富。全球顶尖人才大量涌入美国，世界科技中心也开始从欧洲转移到美国。交战各国倾尽人力、物力和财力，发展相应的科学技术，研制新式武器。军事的研发和实践带动了工业生产、科技理论、政府组织的进步，进而影响战后科技水平的整体提高。

第二次世界大战期间持续的轰炸使欧洲大多数大城市遭到了严重破坏，特别是它们的工业生产。1947 年 7 月，美国协助重建欧洲的马歇尔计划（The Marshall Plan）正式启动，英国、法国、联邦德国等西欧国家通过参加经济合作与发展组织（OECD），总共接受了美国包括金融、技术、设备等形式的援助合计 131.5 亿美元，其中 90% 是赠予，10% 为贷款。1948—1952 年是西欧历史上经济发展最快的时期。工业生产增长了 35%，农业生产实际上已经超过了战前的水平。战后前几年的贫穷和饥饿已不复存在，西欧经济开始了长达 20 年的空前高速发展。从 20 世纪 50 年代开始到 70 年代末期，欧洲各国采取了政府干预的产业政策，将航空航天和计算机产业列为重点发展产业，通过打造大型的科技领军企业来缩小同美国之间的技术差距。

1953 年，荷兰电子行业巨头飞利浦在欧洲率先成立了半导体部门，并在 1965 年生产出第一个集成电路芯片。1975 年，飞利浦收购了原仙童半导体员工创办的西格尼蒂克（Signetics）半导体公司，这成为飞利浦日后芯片发展的核心技术来源。20 世纪 80 年代，飞利浦一直处于全球芯片生产商前十名的位置。值得一提的是，1987 年，张忠谋在台湾新竹科学工业园创办台积电时，为了寻求 2 亿美元的投资而四处奔走。德州仪器、英特尔和索尼等大多数公司都认为晶圆代工模式行不通。几经辗转之后，台积电终于获得飞利浦的投资，并得到部分芯片技术授权和研发支持，避免了知识产权纠纷。在张忠谋的带领下，台积电不负众望，成长为晶圆代工龙头和芯片产业链中技术的集大成者。2021 年 3 月，台积电成为全球市值最高的芯片制造商，飞利浦的早期投资也获得了丰厚的财务回报。

2000 年之后，随着企业业务战略调整和半导体业务上面的持续亏损，飞利浦决定将半导体业务出售给一家荷兰的私募财团。新公司恩智浦（NXP）半导体在 2006 年独立，NXP 这个名字来自"新的体验"（Next Experience），也保留了飞利浦的基因，强调恩智浦累积了过去在飞利浦的宝贵经验与丰富资源。2007—2010 年，恩智浦先后将手机芯片和家庭应用芯片业务予以出售或剥离。2015 年，恩智浦以 118 亿美元的价格，收购了由美国摩托罗拉创立的飞思卡尔（Freescale）半导体，一举成为全球最大的车用芯片制造商。

2016 年，美国高通尝试以 380 亿美元收购恩智浦，成为当年金额最高的收购计划。当时，恩智浦尽管表示出浓厚的兴趣，但大幅提高了报价至 440 亿美元。高通同意了这一价格，并且收购案先后获得了美国、欧盟、韩国、日本、俄罗斯等全球 8 个主要监管部门的同意。但在中国监管部门的反垄断审核期内，高通在其收购期内宣布放弃这些收购计划，并为此向恩智浦支付了 20 亿美元的分手费。2017 年，恩智浦将其语音及音频应用芯片业务以 1.65 亿美金出售给中国深圳市的汇顶科技。2019 年，恩智浦以 17.6 亿美金收购美国的美满科技（Marvell）公司的 Wi-Fi 和蓝牙连接芯片业务，加强在工业和汽车领域的无线通信技术。2019 年，恩智浦全年营收为 88.77 亿美元，净利润为 2.43 亿美元。

20 世纪 60 年代，面对美国国际商业机器公司计算机的崛起，法国开始重视本土计算机产业的培养，将法国三家电气公司的下属企业合并成法国国际信息公司（CII）。为保障法国国际信息公司能够从国内获得半导体元件，法国政府启动"元件计划"，推动了法国工业巨头汤姆逊公司对法国半导体总公司的控股，使之成为法国芯片产业的领军企业。在法国政府的大力支持下，汤姆逊于1986年收购了陷入困境的美国动态随机存取存储器芯片厂商莫斯卡特（Mostek），导致汤姆逊半导体事业部此后一直亏损。在法国政府的斡旋下，1987年，汤姆逊半导体与意大利SGS微电子合并成立了意法半导体（ST Microelectronics），并将总部设在瑞士日内瓦。

基于法国和意大利两国的强强技术联合，自1999年起，意法半导体始终位居全球芯片厂商前十名，是业内产品线最广的芯片厂商，在工业半导体、模拟芯片、分立器件、车用芯片等领域居世界前列。2016年8月，意法半导体宣布收购奥地利微电子公司（AMS）的近场通信（NFC）和射频识别技术写读器（RFID reader）的所有资产，以强化其在安全微控制器解决方案的实力。意法半导体的主要晶圆制造厂分布在意大利的亚格雷特布里安萨（Agrate Brianza）和卡塔尼亚（Catania）、法国的克罗勒（Crolles）、鲁塞（Rousset）和图尔市（Tours）、美国的菲尼克斯（Phoenix）和卡罗敦（Carrollton），以及新加坡。同时在中国、马来西亚、马尔他、摩洛哥和新加坡拥有封装测试厂。意法半导体在中国一汽技术中心成立了"一汽—意法半导体汽车电子联合实验室"，主要研发方向是先进的汽车电子应用。2019年，意法半导体全年营收95.6亿美元，毛利率为38.7%，净利润达10.3亿美元。

1982年，欧洲电信标准协会技术委员会下的移动通信特别小组（Group Special Mobile，GSM）成立，联邦德国工业巨头西门子参与了全球移动通信系统（GSM）标准的制定。随后，西门子开始了移动电话的研制。在联邦德国政府的支持下，西门子和荷兰的飞利浦公司成立了合资公司，随后意法半导体也加入这项合作。同时，西门子也和日本东芝、美国国际商业机器公司合作，获得了独立的半导体专利使用权。1999 年 4 月 1 日，西门子半导体部门独立出来发展，2000 年上市。2002 年后更名为英飞凌科技（Infineon）。2006 年 5 月，英飞凌分拆而成立奇梦达（Qimonda），成为欧洲最大的动态随机存取存储器芯片公司。但好景不长，2007 年初动态随机存取存储器供过于求，价格下跌，加上 2008 年金融危机的雪上加霜，导致动态随机存取存储器芯片颗粒价格从 2.25 美元暴跌 86% 至 0.31 美元。韩国三星逆周期投资扩产，故意加剧行业亏损，动态随机存取存储器价格在 2008 年年底跌破了材料成本。2009 年年初，奇梦达宣布破产，欧洲厂商彻底退出了动态随机存取存储器产业。

2015 年，英飞凌以 30 亿美元并购美国国际整流器公司（IR），以巩固在功率半导体全球第一的领先地位。2016 年，英飞凌尝试以 8.5 亿美元收购美国碳化硅龙头科锐（Cree）旗下的（Wolfspeed）功率与射频部门，但被美国外资投资委员会（CFIUS）以国家安全为由否决。2019 年 6 月，英飞凌宣布以 90 亿欧元并购美国芯片厂商赛普拉斯（Cypress）。赛普拉斯拥有包括微控制器和连接组件等产品组合，与英飞凌的功率半导体、传感器和安全解决方案高度优势互补。结合双方的技术优势将能为电动机、电池供电装置和电源供应器等高增长应用领域提供更全面先进的解决方案。合并后，英飞凌预计 2021 财年营收将达 105 亿欧元。

自 2010 年以来，欧洲三巨头一直位居全球芯片制造商 10 强。

它们避开了竞争激烈的移动终端和计算机等消费级芯片市场，专注于工业和车用两个细分芯片市场长期耕耘。工业和车用领域，与消费级芯片最大的不同之处就在于其进入门槛相对较高，各领域都有特定的安全规范必须遵守。这一选择既有延续欧洲传统产业优势的考虑，又有对新能源汽车和物联网市场趋势的判断。欧洲国家有良好的汽车工业和制造业基础，拥有包括宝马、奔驰、大众、菲亚特和博世等汽车企业，而欧洲三巨头具备设计生产一体的垂直整合技术优势，能够在设计、制造、封测等环节上全部满足相关安全规范，同时打造极具竞争优势的产品。受区域标准和法规影响，欧洲三巨头在建立汽车电子标准方面将继续处于领导地位，从而在欧洲车用芯片市场上继续保持长期的竞争优势。随着 5G 网络普及，智能汽车、无人驾驶、车联网、物联网等新兴市场的到来，欧洲三巨头有望迎来新一轮增长周期。

2）开放式创新的生态核心

光刻机被誉为"芯片产业皇冠上的明珠"，每颗芯片都要经过光刻技术的雕琢。随着制程发展到 10 纳米以下，全球只有荷兰公司阿斯麦的极紫外光刻系统能满足需求。每台高端极紫外光刻机价格超过 1 亿美元，且产量有限，供不应求。

荷兰的飞利浦从 1971 年就开始研究光刻设备，20 世纪 80 年代初研发出了自动化步进式光刻机的原型，但对它的商业价值缺乏信心，计划要关停光刻设备研发小组。1984 年，荷兰小公司 ASM 国际主动要求合作，与飞利浦成立股权对半的合资公司阿斯麦。阿斯麦早期的产品没有技术优势，难以与美国和日本的芯片巨头合作，主要面向刚起步的台积电和三星等公司合作来维持公司生存。

2004 年之前，伴随着日本芯片产业的迅速崛起，日本尼康占据光刻机市场超过 50% 的市场份额。与垂直整合的日本公司不同，阿斯麦实行轻资产策略，在把控核心光刻曝光技术的同时，采取模块化外包，聚拢了全球光刻技术领域的优质资源，例如，和德国蔡司合作改进光学系统，和台积电共同研发出全球第一台浸润式微影机。阿斯麦通过这种开放式创新模式，快速集成各领域最先进的技术，把供应商作为研发伙伴，让出部分利润换取供应商的支持。阿斯麦不断推出最先进的光刻机产品，帮助芯片企业跟上摩尔定律的节奏。

阿斯麦还推出"客户联合投资项目"，以股权为纽带绑定大家的风险和收益。在研发极紫外光微影量产设备时，获得英特尔、台积电、三星的响应，以 23% 的股权共筹得 53 亿欧元资金。客户入股可以保证最先拿到最新设备，同时可以卖出股票获取投资受益，阿斯麦则抢先占领了市场，降低了经营风险。这种灵活创新的营销手段对尼康等封闭守旧的日本厂商是难以想象的。2009 年，阿斯麦反超尼康，占据了 70% 的全球市场份额。尼康在高端光刻机上的溃败，也间接导致了大量使用其设备的日本芯片厂商的集体衰败。而阿斯麦的成功，则直接带动了台积电和三星的崛起。

2013 年，阿斯麦收购美国准分子激光源企业西盟半导体（Cymer），进一步打通了极紫外光刻机的产业链。最初，美国政府以国家安全为由百般阻挠收购案，但阿斯麦保证各种技术和人才留在美国，收购最终成功落地。而尼康则被排除在美国极紫外光刻机研发联盟外，相当于美国帮助阿斯麦清除了一个强劲竞争对手。自此，在极紫外光刻机领域，阿斯麦是唯一能够设计和制造的设备厂商，等于垄断了这个超高端市场。开放式创新是阿斯麦的生命线，是推动其业务发展的引擎。通过资本市场打通了产业上下游的利益链，与供应商和客户建立了密切的合作；在政府协助下与外部技术合作伙伴、研究机构、学院展开密切合作，建立开放研究网络，合理共享技术与成果。2019 年，阿斯麦的光刻机营收约为 108 亿美元，在芯片设备市场上仅次于美国应用材料，为欧洲在全球芯片产业链的江湖地位争得了关键一席。

手机处理器负责处理、运算手机内部的所有数据，是手机性能最核心的决定性芯片。2019 年，智能手机处理器市场规模约为300 亿美元。无论苹果还是三星的手机处理器芯片，都有一个共同的特点：它们都是基于英国 ARM 公司授权的处理器架构。全球超过 90% 的智能手机采用了高性价比、耗能低的 ARM 处理器架构，2019 年 ARM 公司取得了将近 20 亿美元的技术授权费和版税提成。

ARM 公司之所以能有在手机处理器市场的核心地位，既有外部的机遇因素，也有内部的战略因素。他们选择了一条和英特尔截然相反的道路。英特尔一直以来坚持的是重资产的、封闭的全产业链设计生产一体模式，而 ARM 是轻资产的、开放创新的 "IP 授权模式"。作为知识产权供应商，ARM 本身不从事芯片生产，靠转让设计许可，由合作公司生产各具特色的芯片。对 ARM 来说，合作伙伴的成功就意味着自己的成功。与 ARM 开展业务往来的每家公司均与 ARM 建立了双赢的共生关系。ARM 公司通过出售芯片技术授权，建立起新型的微处理器设计、生产和销售商业模式。ARM 将其技术授权给世界上许多著名的半导体、软件和原始设备制造厂商，每个厂商得到的都是一套独一无二的 ARM 相关技术及服务。利用这种合伙关系，既分摊了成本，又提高了生产效率和新工艺迭代的速度，从而也形成了日益繁荣的 ARM 生态。

ARM 公司总部位于英国剑桥市，其前身为 1978 年创立的艾康计算机。剑桥大学附近有一个与硅谷类似的科技聚集区，被称为"硅沼泽"（Silicon Fen），里面约有上千家高科技公司，有些还是本国甚至全球的市场领导者。艾康计算机创业之初开始研发定位中低端的精简指令集计算机（RISC）处理器。1985 年，艾康计算机的芯片代工厂美国 VLSI 公司生产出了世界上第一款使用 RISC 指令集的处理器芯片。虽然在英国的教育市场获得了一定的成功，但很快被英特尔和微软的 Wintel 联盟击败了，财务也陷入了困境。1990 年，苹果、艾康计算机和 VLSI 联合出资，艾康计算机把 RISC 处理器相关的知识产权和 12 名员工放在了新成立的 ARM 公司里。创立之初，ARM 公司定下的使命是"设计有竞争力的、低功耗、高性能、低成本的处理器，并且使它们成为目标市场中广为接受的标准"，目标市场包括手持设备、嵌入式和汽车电子。为了节省成本，新公司在剑桥大学附近租了一间谷仓作为办公室。在成立后的那几年，ARM 工程师们人心惶惶，害怕因产品失败而失业。在这个情况下，ARM 公司决定改变他们的产品策略：他们不再生产芯片，转而以授权的方式，将芯片设计方案转让给其他公司。即使客户的项目失败了，也不会让 ARM 蒙受亏损。

ARM 公司成立后的第一个重要项目就是为苹果的掌上计算机 Newton 研发 ARM6 处理器。由于 Newton 技术过于超前，加上用户体验上的缺陷，未能被市场接受。但 ARM 在设计过程中积累了经验，继续改良技术。没过多久，ARM 迎来了手机大客户诺基亚。当时，诺基亚被建议在即将推出的 GSM 手机上使用德州仪器的系统设计，而这个设计是基于 ARM 芯片的。诺基亚 6110 成为第一部采用 ARM 处理器的 GSM 手机，上市后获得了极大的成功。第二年 ARM 又拿到了三星的订单。随后推出了 ARM7 等一系列芯片，授权给超过 100 家公司。随着智能手机市场的爆发，ARM 的业务飞速发展。

目前，ARM 在全球拥有 1000 多家处理器授权合作企业、320 家处理器优化包和物理 IP 包授权伙伴，15 家架构和指令集授权企业。在众多授权企业的支持下，ARM 处理器累计出货总量超过了 1000 亿个。ARM 每次在研发新一代处理器 IP 时，最多会挑选 3 家合作伙伴。这些被选中的公司能更早地了解 ARM 的设计，会在新产品研发上占据领先地位，但它们也要帮助 ARM 进行调试、测试，并向 ARM 提供反馈，ARM 也因此能够确保顺利研发，加快应用的速度。在盈利模式上，ARM 的利润完全依赖 IP 授权，利润完全取决于授权人、伙伴、客户能卖出的芯片数量，这样就与芯片的设计、生产、销售的企业紧密绑定，合力实现产品的利益最大化，实现共赢。正是 ARM 的这种授权模式，极大地降低了自身的研发成本和研发风险。它以风险共担、利益共享的模式，形成了一个以 ARM 为核心的生态圈。全世界超过 90% 的智能手机和平板计算机采用 ARM 架构。

3）欧洲各国的合作与发展

1965 年 4 月，法国、意大利、联邦德国、荷兰、比利时、卢森堡 6 国签订了《布鲁塞尔条约》，决定将欧洲煤钢共同体、欧洲原子能共同体和欧洲经济共同体统一起来，统称"欧洲共同体"，简称"欧共体"。欧共体总部设在比利时布鲁塞尔。20 世纪 70 年代中期，受石油危机影响，欧洲遭遇了经济衰退，在高科技方面渐渐落后于美国和日本，各国政府开始认真审视市场一体化和科研合作的必要性。1982 年 2 月，欧共体制定了为期 10 年的《欧洲信息技术战略性科研方案》，目的是通过各成员国在科研上的合作，共同确定科研战略目标，实现在微电子技术、软件工程、高级信息处理、办公室自动化系统，以及计算机辅助生产等技术上的突破，使欧洲在 10 年以内赶上甚至超过日本。

1985 年，法国提议成立一个欧洲研究协调机构（European Research Coordination Agency），后来被简称为"尤里卡"（Eureka）。借鉴日本和美国组织大规模集成电路技术合作研究的经验，在 1988 年 6 月召开的尤里卡部长会议上，欧共体通过了一项由"欧洲联合开发亚微米硅技术"（JESSI）规划小组提出的计划方案，并决定从 1989 年开始实施。JESSI 计划的执行期间为 8 年，目标是在 1996 年前研制出 64 兆比特动态随机存取存储器的实用化芯片生产技术。总投入 30 亿欧元。其中，50% 由参与企业自筹，25% 通过尤里卡项目资助，余额则由参与 JESSI 的企业所在国政府支付。进行项目主导的是当时欧洲最大的 3 家电子集团：飞利浦、西门子和汤姆逊，并吸引了来自 16 个国家的 190 个机构，以及超过 3000 名科学家和工程师共同参与，最终将欧洲的芯片制程技术推进到 0.35 微米。JESSI 计划之后，欧洲又推出了欧洲微电子应用发展计划（MEDEA），目标是推动芯片制程技术达到 0.18 微米，并帮助欧洲芯片公司在汽车电子、多媒体、通信等领域占据领先地位。两个计划的实施花费了欧洲巨大的资金、人力、物力，显著增强了欧洲芯片产业的技术竞争力，为欧洲微电子工业的持续发展打下了良好的基础。

1991年在欧洲开通了第一个全球移动通信系统，从此移动通信从1G模拟技术跨入了2G数字技术。欧洲制定了全球移动通信行业标准，从芯片设计到方案定型，从设备制造到网络搭建，芬兰的诺基亚、瑞典的爱立信和德国的西门子，开启了对全球手机市场10多年的绝对统治。1998年，诺基亚取代摩托罗拉成为最畅销的手机品牌，当年的销售收入达到200亿美元，实现盈利26亿美元。然而，好景不长，当2007年苹果推出智能手机iPhone，2008年谷歌发布智能手机操作系统安卓（Android），从功能手机向智能手机转型的时候，诺基亚却故步自封，陷入创新者的窘境，被苹果和三星双双超越。很快，欧洲手机三巨头难以为继，轰然倒塌，爱立信手机卖给了索尼，诺基亚手机卖身微软，西门子手机则卖给了中国台湾地区的明基电子。围绕着它们的欧洲手机芯片供应链随之崩溃。

2013年5月，欧盟发布了旨在提高产业竞争力的"欧盟新电子产业战略"。计划在2020年之前增加1000亿欧元的产业投资，为25万人提供就业岗位。并为实现这一目标，提出了以下3项提案：①制定欧洲产业蓝图以使欧盟及其成员国顺利进行投资；②设立支援微电子、纳米电子研发投资的共同技术倡议组织；③在加强欧洲竞争力方面采取措施。

2020年12月，欧洲国家，包括德国、法国、西班牙在内的10多个国家，发表了关于《欧洲处理器和半导体科技计划》的联合声明，宣布未来 3 年内将投入 1450 亿欧元发展欧洲的芯片技术，以增强欧洲的芯片设计能力，并最终制造出下一代可信赖的低功耗处理器。其中还专门提到了 2 纳米制程，将其作为欧洲半导体计划的主要目标。欧洲应当具备设计和制造全球顶级芯片产品的能力，应当加强欧盟成员国间在芯片和半导体产业领域的合作，加大对包括设备、原材料、设计、先进制造和封装等环节在内的全产业链投资。2021 年，由于芯片短缺，全球汽车行业减产将高达 100 万辆。欧洲汽车业作为芯片产业的重要用户，深刻体会到了缺芯之痛。欧盟在其公布的"2030 数字化远景目标"中，再次强调要加强欧洲从芯片设计、研发到制造等环节的全产业链建设，从而确保未来欧洲能够在全球芯片产业中占有 20% 左右的市场份额。

欧洲目前有 3 个世界级的芯片研发机构：比利时的微电子研究中心（IMEC）、德国的弗劳恩霍夫研究所（Fraunhofer），以及法国的电子与信息技术实验室（CEA-Leti）。该中心创办于 1984 年，位于比利时弗拉芒区鲁汶，拥有来自全球近 80 个国家的 4000 名研究人员，是世界领先的纳米电子和数字技术领域研发与创新中心。作为全球知名的独立公共研发平台，IMEC 是半导体业界的指标性研发机构，拥有全球先进的芯片研发技术和工艺，与美国的英特尔（Intel）和国际商业机器公司（IBM）并称为全球微电子领域"3I"，与包括英特尔、三星、微电子研究中心、高通、ARM 等全球芯片产业链巨头有着广泛合作。

弗劳恩霍夫研究所是德国，也是欧洲最大的应用科学研究机构，成立于 1949 年。该研究所在德国有 72 个研究机构，约 24500 名员工，总部位于德国慕尼黑。弗劳恩霍夫研究所的科研使命在于为市场提供具有相当产品成熟度的科研创新服务，使科技成果能够迅速地转化为市场成熟产品，在德国有着"科技搬运工"之称。在世界各国对芯片之争愈演愈烈的当下，作为欧洲最大的研究机构之一，弗劳恩霍夫研究所近年来也对微纳电子领域的发展作出了战略布局，研发工作主要瞄准4个未来技术领域：硅基技术、化合物半导体、异质整合和设计检测及可靠性。

电子信息技术实验室作为法国原子能委员会的技术研究机构，成立于1967年，曾率先研发微纳米技术，以及创新医疗保健、能源、运输和信息通信等重要技术，为法国国防安全、工业技术研究和生命科学领域的研究做出了重要贡献。电子信息技术实验室是全球领先的微电子技术研发中心，拥有1900名员工，为半导体产业及物联网领域提供技术研发与服务。目前已经孵化59家初创公司。拥有200/300毫米晶圆工艺线，提供微纳米技术和应用解决方案，掌握先进的SOI、MEMS和3D集成技术。2016年3月，电子信息技术实验室和上海微技术工业研究院（SITRI），宣布联合法国格勒诺布尔的全球领先的技术研发园区MINATEC，签署合作协议，共同研发"超越摩尔"创新技术及物联网应用。该项协议结合了电子信息技术实验室和上海微技术工研院各自的优势，双方将增强在"超越摩尔"技术领域的创新合作，共同建立"超越摩尔"半导体技术和企业所需的生态系统。研究领域包括MEMS及先进传感器、5G射频前端、超低功耗、RF-SOI和FD-SOI技术。

第 5 章

中国芯片

CHAPTER

FIVE

20 18年"中兴芯片断供"事件引发了媒体和公众对"中国芯"的广泛关注。中国芯片产业的发展经历了诸多波折：从20世纪50年代开始，黄昆等一批学者从欧美陆续学成回国，奠定了中国芯片的研发基础，并培养了一批芯片科研人才；从20世纪60年代中期到70年代，中国以计算机和军工配套为目标，初步建立了芯片工业基础，但在"文化大革命"中生产条件和设施受到严重破坏；20世纪80年代改革开放后，转向"以市场换技术"的中外合作和合资阶段；20世纪90年代"908工程"和"909工程"取得了令人瞩目的攻关成果；2000年的"18号文件"《鼓励软件产业和集成电路产业发展的若干政策》发布，一批海外人才回国创业，并在日后成长为中国芯片产业的领军人物；2014年，国家集成电路产业基金设立，芯片产业提升至国家战略高度，中国芯片企业开启了海外并购和跨越发展之路；2015年，美国频频以国家安全为由，全面干涉中国资本收购海外的芯片企业；2018年，美国陆续将华为等30多家中国公司列入出口管制"实体清单",限制从美国购买芯片等关键零部件;2019 年开市的科创板为中国芯片企业上市融资提供了绿色通道,在自主可控、国产替代的趋势下,中国芯片投资热在迅速升温。

5.1 海归学者创立学科

中国芯片产业起步并不算晚。1956 年 1 月,中国政府提出"向科学进军",国务院制定了为期 12 年的《1956—1967 科学技术发展远景规划》,将半导体、计算机、电子学和自动化列为优先发展的"四项紧急措施"。中国科学院应用物理所首先举办了半导体器件短期培训班,聘请从欧美回国的半导体专家黄昆、王守武、林兰英、吴锡九、黄敞、成众志等讲授半导体理论、晶体管制造技术和半导体线路。1956 年 8 月,北京大学、复旦大学、南京大学、厦门大学和东北人民大学(后改为吉林大学)5 所高校联合在北京大学开办了半导体物理专业,共同培养第一批半导体人才。海归学者黄昆、谢希德、王守武、洪朝生、汤定元等一道开设了固体物理、半导体实验、晶体电路、半导体器件等专业课程。37 岁的黄昆任教研组主任,35 岁的谢希德任副主任。他们联合编著了中国半导体领域的第一部著作《半导体物理》,为培养早期中国芯片人才奠定了基础。中国科学院院士、北京大学教授王阳元,中国工程院院士、华晶集团原总工程师许居衍院士,原电子工业部总工程师俞忠钰等芯片专家都曾在这里学习。

黄昆祖籍浙江省嘉兴市,1919 年 9 月 2 日出生于北京市。1941

年毕业于燕京大学物理系。1942 年，黄昆考取西南联合大学理论物理研究生，他与小他 3 岁的杨振宁曾同住一间宿舍，经常在茶馆里辩论，成为一生的好友（图 5.1）。1944 年夏，黄昆通过了庚款留英的考试，申请到英国著名物理学家莫特（Nevill Mott）任教的布里斯托大学（University of Bristol）攻读博士学位。1947 年 5 月，黄昆到英国爱丁堡大学，与量子力学奠基人之一、诺贝尔奖获得者玻恩（Max Born）合作，共同撰写固体物理的经典著作《晶格动力学理论》。1951 年 10 月，在书稿尚未完成的时候，黄昆应邀回国到北京大学任教。1955 年，36 岁的黄昆当选为最年轻的中国科学院学部委员。黄昆完成了两项开拓性的学术贡献。一项是提出著名的"黄方程"和"声子极化激元"概念，另一项是与他的英国裔妻子里斯（A. Rhys）共同提出的"黄 – 里斯理论"。他把自己的一生科学研究经历归结为：一是要学习知识，二是要创造知识。1977 年，黄昆调任中国科学院半导体研究所所长，亲自给研究人员讲课，组织全所

图 5.1　黄昆（左）与杨振宁（右）合影

学术交流。2002 年，黄昆获得国家最高科学技术奖。杨振宁曾经说过："中国搞半导体的，都是黄昆的徒子徒孙！"

　　女科学家谢希德 1921 年 3 月 19 日出生于福建省泉州市。1946 年，她从厦门大学数理系毕业。次年赴美国史密斯学院留学，之后转入麻省理工学院，专攻理论物理。1951 年，谢希德获得麻省理工学院博士学位，在固体分子研究室任博士后研究员。1952 年，通过英国著名教授李约瑟的帮助，31 岁的谢希德绕道英国回到中国，被分配到复旦大学物理系任教授。谢希德是中国半导体物理学科和表面物理学科的开创者和奠基人。1956 年秋被国务院调到北京大学共同开办半导体物理专业；1958 年夏，又调回上海，进入复旦大学与中国科学院上海分院联合主办的上海技术物理研究所，并任该所副所长（图 5.2）。1965 年冬，谢希德作为中国固体物理代表团团长，出席了英国物理学会固体物理学术会议。回国后，她继续筹建现代化实验装置，开展固体能谱的研究。1980 年，谢希德当选为中国科

图 5.2　半导体物理学家谢希德

学院学部委员。1983 年 1 月，当选为复旦大学校长。她注重学科建设，坚持学术开放的优良传统，为提高复旦大学的全球影响力做出了重大贡献。

　　除了培养人才，海归学者们还在非常简陋的条件下，开启了

中国芯片的研发之路。王守武是中国科学院半导体研究的主要开拓者。他 1919 年 3 月 15 日出生于江苏省苏州市。1935 年，考入同济大学预科，次年进入工学院电工机械系学习。1941 年春，在抗日战争期间颠沛流离的迁校过程中，王守武结束了大学学习。1945 年 10 月，王守武赴美国普渡大学攻读工程力学，次年转向物理学，1949 年 2 月获得博士学位。1950 年，王守武夫妇怀抱不满周岁的女儿，乘船经香港回国。1956 年，中国科学院应用物理所电学组扩建为半导体研究室，成为中国最早的半导体研究机构。37 岁的王守武任研究室主任，还兼任其半导体材料和物理大组组长，组织全国有关科研院所及大专院校的科技人员进行半导体设备、半导体材料、半导体器件和半导体测试的科研攻关，取得了一系列成果（图 5.3）。1957 年年底，中国第一支锗合金晶体管在半导体研究室研制成功。1960 年，中国科学院半导体研究所正式成立，王守武任业务副所长。

图 5.3　芯片事业的开拓者王守武院士

两年后，美国和苏联相继研制成功半导体激光器。王守武开始组织半导体所进行探索，领导并参与了中国第一台半导体激光器的研制。

被誉为"中国半导体材料之母"的林兰英 1918 年 2 月 7 日出生于福建省莆田市。1940 年毕业于福建协和大学。1948 年赴美留学，1949 年秋在宾夕法尼亚大学开始了对半导体材料的研究。1955

年夏，林兰英成为美国宾夕法尼亚大学第一位获得博士学位的中国人，也是该校有史以来的第一位女博士。1957 年 1 月，林兰英冲破重重阻挠回国，并将 500 克锗单晶和 100 克硅单晶无偿地赠给了中国科学院。王守武动员她到中国科学院半导体研究室工作，并担任材料研究组组长。1958 年，林兰英成功拉制出了中国第一根硅单晶。

图 5.4 "中国半导体材料之母"
林兰英院士

终身未婚的林兰英全身心投入到了中国的芯片事业当中，先后负责研制成功中国第一根硅、锑化铟、砷化镓、磷化镓等单晶（图 5.4）。她的工作极大推高了我国半导体材料的研究高度，为微电子和光电子学的发展奠定了基础。她还培养了包括吴德馨和王占元两位院士在内的大批优秀科研工作者。

处理器芯片是计算机的心脏，中国计算技术的奠基人之一是女科学家夏培肃。她 1923 年生于重庆市一个教育世家，从小就展露了她的数学天赋。1945 年 10 月，夏培肃从重庆市的国立中央大学（1949 年更名为南京大学）电机系毕业，免试进入交通大学重庆分校电信研究所攻读研究生。1947 年，夏培肃赴英国爱丁堡大学电机系留学，1950 年获博士学位。在英国的学习为她从事计算机电路研究和设计工作奠定了坚实的基础。1951 年 10 月，夏培肃夫妇应邀回国到清华大学任教。1952 年，中国科学院数学研究所所长华罗庚提出要在中国研制电子计算机，年仅 29 岁的夏培肃被选中，走上了开拓中国计算技术之路。在逐渐弄明白电子计算机的原理后，夏培肃开始着手编写讲义。1956 年 3 月，夏培肃创办了中国第一个计算机原理讲习班。1956 年 6 月，她调入新成立的中国科学院计算技术研究所。从 1956 年到 1962 年，计算技术研究所和清华大学、中国科学技术大学等高等学校合作举办了 4 届计算机训练班，夏培肃主讲"电子数字计算机原理"课程，培养了 700 多名计算机方面的专业人才（图 5.5）。夏培肃曾多次建议中国应开展高性能处理器芯片

图 5.5 中国计算机之母
夏培肃院士

的设计，为了纪念她从事计算机事业 50 周年，中国首款龙芯处理器芯片被命名为"夏 50"。

"两弹一星"的发展离不开高性能的芯片，中国航天微电子的主要奠基人黄敞祖籍江苏省无锡市，1927 年 5 月 1 日出生于辽宁省沈阳市，早期跟随父母辗转于南京市、香港和昆明市等地。1943 年，考入西南联合大学电机系，之后随清华大学回迁北京，于 1947 年毕业并留任电机系当助教。1948 年，黄敞赴美国留学，于 1953 年获得哈佛大学博士学位。26 岁的黄敞随后入职美国喜万年（Sylvania）公司，从事半导体前沿科学研究工作。两年后，24 岁的张忠谋从 MIT 获得机械工程硕士，也在这家公司踏入了芯片行业。据说，张忠谋后来是由黄敞推荐进入德州仪器工作。1958 年，黄敞以环球旅行的名义回到中国，在北京大学和中国科学院计算技术研究所工

图 5.6　中国集成电路引领者黄敞院士

作。由他主编的《大规模集成电路与微计算机》一书，对推动芯片技术发展和科技人才培养发挥了重要作用。1965 年，黄敞调至同年组建的中国科学院 156 工程处，开始从事航天微电子与微计算机事业。黄敞带领团队成功研制出固体火箭用 CMOS 集成电路计算机，使中国卫星运载技术跨上了新台阶（图 5.6）。

　　1965 年 12 月，河北半导体研究所（又称"中电科 13 所"）率先召开 DTL 型数字电路鉴定会，标志着中国已研制成功集成电路，时隔美国发明集成电路仅 8 年。1966 年，"文化大革命"开始后，高校和科研院所受到冲击，与国际学术界基本隔离。黄昆等海归科学家被调离研发岗位，参加劳动改造，受到了不公正待遇。有些地方违背科学规律，采用群众运动的方式大搞半导体，不重视产品质量，严重冲击了正规的芯片生产研发流程。1968 年，北京组建东光电工厂，上海组建无线电十九厂，在 20 世纪 70 年代形成了中国计划经济时期芯片产业的南北两个基地，主要生产小规模集成电路以满足工业应用和军工需求。尽管中国自力更生建立了一个门类齐全的工业体系，但历时十年的"文化大革命"让中国企业的生产条件和设施受到严重破坏，加之冷战背景下的技术封锁与禁运，中国芯片产业的工业化水平较低，与美国和日本的先进技术水平有着很大的差距。1977 年夏，30 位中国科技界代表应邀在人民大会堂召开科教工作者座谈会，王守武发言说："全国共有 600 多家半导体生产工厂，其一年生产的集成电路总量，只等于日本一家大型工厂月产量的 1/10。这种分散而低效率的生产方式应该尽快改变。"他建议抓住要害，解决提高大规模集成电路成品率的问题。集中力量把几百家工厂的人力物力集中使用到两三家重点厂上去，使重点厂的设备条件能够赶上国际水平。

5.2　中外合资引进技术

1978 年 12 月，中共十一届三中全会重新确立了"解放思想、实事求是"的思想路线，明确指出党在新时期的历史任务是把中国建设成为社会主义现代化强国，拉开了改革开放的序幕。被誉为"中国改革开放总设计师"的邓小平指出，"任何一个民族、一个国家，都要学习别的民族、别的国家的长处，学习人家的先进科学技术"。国外的资金、资源、技术、人才，以及作为有益补充的私营经济，都应当而且能够为中国所利用。1979 年，党中央、国务院批准广东省、福建省在对外经济活动中实行"特殊政策、灵活措施"，并决定在深圳市、珠海市、厦门市和汕头市试办经济特区。1981 年1 月，国务院颁发了《技术引进和设备进口工作暂行条例》，将"与外国企业合作设计、合作制造产品"作为从外国获得发展国民经济和提高技术水平所需要的技术和技术装备的一种方式。"引进、消化、吸收、再创新"的学习路径提上了日程，中国芯片产业开始由"自力更生"阶段转向"以市场换技术"的中外合作和合资阶段。深圳市等经济特区的创建成功，为进一步扩大开放积累了经验，有力地推动了中国改革开放和现代化的进程。

1982 年 10 月，国务院为了加强全国计算机和大规模集成电路的领导，成立了以国务院副总理万里为组长的"电子计算机和大规模集成电路领导小组"，制定了芯片产业发展规划，提出"六五"期间要对半导体工业进行技术改造。1983 年 5 月，针对当时多头引进、重复布点的情况，领导小组明确提出要"治散治乱"，建立"南北两个基地和一个点"的发展战略。其中，南方基地包括上海市、江苏省和浙江省，北方基地包括北京市、天津市和沈阳市，一个点指的是西安市，主要为航天配套。1986 年，集成电路发展战略研讨会在厦门市召开，提出"七五"（1986—1990 年）期间中国集成电路技术的"531"发展战略，即普及 5 微米技术，同时研发 3 微米技术，并进行 1 微米技术攻关。

位于江苏省无锡市的江南无线电器材厂（又称"742 厂"）率先从日本东芝公司全面引进了彩色和黑白电视机集成电路生产线，其中既有 3 英寸全新工艺设备的晶圆生产线，又有相应的芯片制造工艺技术。从拉单晶开始，包括制版、5 微米芯片工艺和封装测试。这是中国第一次从国外引进工业化大生产的集成电路技术。该项目总投资 2.7 亿元（约合 6600 万美元），建设目标是每月 1 万片 3 英寸硅片的生产能力，年设计产能是 2600 万块集成电路，主要是给当时大量引进彩色电视机生产线的各生产厂商提供芯片。1987 年，742 厂的集成电路产量超过 3000 万块，占全国总产量的 40%，一跃成为当时中国规模最大的先进技术专业化工厂。同时，742 厂还积极响应国家"531"芯片发展战略，向各地推广已掌握的 5 微米芯片技术，免费发放技术资料，并与东南大学联合办学，培养芯片人才。1988 年，中国的集成电路年产量突破 1 亿块，标志着中国芯片产业开始进入工业化大生产阶段，但是比美国和日本晚了 20 年。

1989 年 2 月，"八五"（1991—1995 年）集成电路发展战略研讨会在无锡市召开，提出了"加快基地建设，形成规模生产，注重发展专用电路，加强科研和支持条件，振兴集成电路产业"的发展战略。同年 8 月，742 厂和重庆永川半导体研究所无锡分所合并成立了中国华晶电子集团公司。华晶电子集团被誉为中国芯片行业的"黄埔军校"，培养了一大批集成电路人才。据统计，500 多位中国芯片公司的管理人员和技术骨干有过在华晶的工作和学习经历，包括原华晶电子集团总工程师许居衍院士、华进半导体董事长于燮康、华虹半导体副总裁倪立华、中芯国际副总经理彭进等。

1990 年 2 月，机械电子工业部组织专家编写 6 英寸 1 微米芯片项目建议报告，并于当年 8 月份立项，命名为"908 工程"。中央财政投资 20 亿元，地方配套 7 亿元，由刚成立不久的无锡华晶集团（以下简称华晶）承担建设一条月产 2 万片的 6 英寸 1 微米芯片生产线，以满足国内日益增长的芯片需求。但由于审批流程过于烦琐，"908 工程"从立项到投产历时 7 年之久，直到 1998 年 1 月才通过对外合同验收。建成投产时，华晶的技术水平已大大落后于国际主流技术，投产当年亏损 2.4 亿元，被当成了"投产即落后"的失败案例。1998 年 2 月，华晶将部分设备租给香港上华半导体公司（以下简称上华），通过香港上华来承接国内外芯片设计公司的委托加工。香港上华由美籍华人芯片专家陈正宇创办，聚集了一批来自台湾的半导体人才。陈正宇拥有美国康奈尔大学电机工程博士学位，曾在美国仙童半导体工作，也是台湾茂矽电子（Mosel）的创始人。1999 年，华晶和上华合作的工厂转制为合资公司"无锡华晶上华半导体公司"，陈正宇引进美国技术和中国台湾管理团队，使华晶上华迅速扭亏为盈，开创了中国大陆 6 英寸晶圆代工模式的先河。2002 年，华润集团完成对无锡华晶集团的整体收购，并将其更名为无锡华润微电子。华润微电子聚焦模拟与功率半导体等领域，以设计生产一体模式为主运营，即从芯片设计到晶圆制造和封装测试全产业链一体化，在特色芯片制造工艺技术方面国内领先，连续多年位居中国半导体企业十强。2020 年 2 月 27 日，华润微电子正式挂牌上海证券交易所科创板。

1995 年，时任中共中央总书记、国家主席江泽民出访韩国，在三星公司考察了先进的超大规模集成电路生产线，受到极大的触动，认识到发展芯片工业的重要性和紧迫性。回国之后，他在中央经济工作会议上表示，必须加快发展我国芯片产业，就是"砸锅卖铁"也要把半导体产业搞上去。1996 年 3 月 29 日，国务院正式批准"909 工程"项目立项，其核心工程是投资百亿元建设一条 8 英寸 0.5 微米超大规模集成电路生产线，达到国际先进水平。这也是当时中国电子行业最大的投资项目。作为"909 工程"的主体承担单位，上海华虹微电子有限公司于 1996 年 4 月正式成立，时任电子工业部部长的胡启立以 66 岁的年龄兼任华虹董事长，直接主持"909 工程"。为建设"909 工程"，电子工业部和上海市都成立了领导小组。为推进项目迅速开展，并借鉴了之前"908 工程"的经验教训，很多事情都按照"特事特办"的原则，实施落地非常快。百亿元总投资采用部、市联合出资和部分银行贷款的形式，60% 由电子工业部代表中央出资，上海市出资 40%。

"909 工程"采取跨越式发展新思路，力图引进世界先进的芯片技术，高起点建设。然而，在 1996 年，以美国为主导的西方各国签署了《瓦森纳协定》，规定限制先进的技术、材料、电子器件等商品出口，中国则是这个协定的"禁运国家"之一。对中国出口半导体技术要比市场上最先进的晚两代，中国无法直接购买先进芯片制造设备等相关协定的产品，只能通过中外合资的方式来引进。日本电气积极寻求与上海华虹合作，合作条件是既提供技术，又负责员工培训，并且提供订单，还负责经营，保证合资公司能够盈利。出于学习先进技术和管理经验、获取市场和保证投资效益等方面的权衡，1997 年 5 月，中日双方正式签订协议，决定合资成立上海华虹 NEC 电子有限公司，建设一条 8 英寸 0.5 微米的芯片生产线。从 3 月开始接触，到 5 月正式签订合同，在短短的两个月的时间，双方完成了当时中日之间最大的一笔合作项目。1997 年 7 月，华虹 NEC 公司正式成立，注册资本 7 亿美元。其中，中方出资 5 亿美元，占 71.4% 股份；日方出资 2 亿美元，占 28.6% 股份，合资期限为 20 年。1999 年 2 月，华虹 NEC 的 8 英寸线提前 7 个月建成投产，依靠日本电气的 64M SDRAM 存储器芯片订单，实现投产即盈利。2000 年销售额达 30.15 亿元，利润达 5.16 亿元，出口创汇 2.15 亿美元。

但后续发展并不是一帆风顺。上海华虹 NEC 的管理由日本电气派团队负责，订单也主要由日本电气提供，相当于日本电气在上海的一个车间。而如果没有自主开发设计的产品，只满足成为日本电气的加工厂，不能掌握核心技术，就不能起到振兴中国半导体产业，带动中国信息产业升级与发展的作用。"909 工程"的领导者深谙自己肩负的使命。在最初与日本电气合资谈判的过程中，就非常明确地指出，在当时 2 万片晶圆产能中，必须有 20% 留给中国企业，为国内设计公司服务。华虹还与欧洲微电子研究中心（IMEC）签订了合作协议，派遣技术人员参与前沿芯片技术的开发，共享知识产权。

2001年，全球存储器芯片市场陷入低迷期。在逆周期投资和垂直分工的大背景下，日本芯片厂商在与美国联手韩国和中国台湾地区的竞争中失去了优势。日本电气遭遇巨额亏损，自顾不暇，华虹NEC的业绩也显著下滑，2001年亏损超过10亿元。部分媒体开始宣扬"砸钱是搞不成集成电路的"，导致政府层面对华虹的未来发展信心不足。2003年5月，上海华虹全面收回华虹NEC的委托经营权，日方管理团队退出。10月，为增强在晶圆代工业务上的综合实力，华虹NEC吸引混合信号和射频技术代工市场的领导者美国捷智（Jazz）半导体公司以5亿美元加盟，占股份的11.32%。华虹NEC实现自主经营后，在引进、消化、吸收的基础上，通过自主创新，突破和掌握了一大批关键核心芯片技术，并进一步加大了对国内芯片设计企业的支持。举个例子，在华虹NEC建成之前，中国移动通信SIM卡芯片全部依赖进口，平均采购价为每片82元人民币，华虹NEC投产后，支持4家中国集成电路设计公司自主设计开发SIM卡芯片，并为其加工。到2004年，SIM卡芯片平均价格下降了90%，仅此一项就为中国消费者节省了千亿元的支出。

2010年，"909工程"迎来了第一阶段的升级改造，目标是在上海张江建设一条12英寸、90—65—45nm工艺等级，月产3.5万片的晶圆厂。2016年，52岁的张素心担任华虹董事长（图5.7）。他毕业于清华大学热能工程系，曾任上海市发展和改革委员会副主任。同年，"909工程"二次升级改造项目启动，目标是投资387亿元，建设一条 28—20—14nm 工艺等级、月产 4 万片的 12 英寸晶圆厂。上海华虹充分运用"8 英寸 +12 英寸"的产能布局优势，2020 年晶圆代工收入近 10 亿美元，在全球晶圆代工市场排名第九，在中国晶圆代工市场

图 5.7　华虹董事长张素心

居第二位，已连续 40 个季度实现盈利。

　　为了配套华虹 NEC 的 8 英寸 0.5 微米芯片生产线，"909 工程"还投资建设了多家芯片设计公司，进行重点培养。早期的芯片设计公司包括深圳国微、深圳华为、成都华微、上海华虹设计和北京华大。"909 工程"通过与 NEC 合作解决了技术、市场和人才的问题。华虹在芯片产业生态构建、国产化替代、市场化方面的探索是成功的。"909 工程"积累了集成电路建设经验、培养了众多的人才、经历了行业发展起伏，初步建立起了中国芯片产业链和产业配套的环境。

5.3　新世纪海归创业潮

　　虽然"908 工程"和"909 工程"取得了令人瞩目的攻关成果，但中国集成电路产业仍存在着发展基础较为薄弱、企业科技创新和自主发展能力不强、应用开发水平亟待提高、产业链有待完善等问题。2000 年 6 月，国务院颁布了《鼓励软件产业和集成电路产业发

展的若干政策》（业内又称"18号文件"），在审批程序、税收支持、进出口、投融资、人才培养等方面给予了集成电路行业重点扶持。随后，科技部依次批准了上海、西安、无锡、北京、成都、杭州、深圳共7个国家级集成电路设计产业化基地。2001年11月10日，世界贸易组织（WTO）部长级会议审议通过了中国加入WTO的申请。这为中国芯片产业进入新世纪的快速发展吹响了进军号。2011年1月，国务院又印发了关于《进一步鼓励软件和集成电路产业发展若干政策》的通知，完善了各项政策，加大了扶持力度。

2000年4月，52岁的美籍华人张汝京（Richard Chang）与北京大学微电子学研究所所长王阳元院士，带领上百名海外芯片技术人才和管理团队，在上海市的张江高科技园区创办了中芯国际集成电路制造有限公司（SMIC）。中国芯片制造厂商以前主要由国家投资建设和运营，而张汝京率先打破传统，带来了国际专业人才和10亿美元的风险投资。张汝京1948年出生于江苏省南京市，父母是抗战时期的兵工技术专家，1970年从台湾大学机械工程系毕业后赴美国留学，获得了纽约州立大学的工程科学硕士和南卫理公会大学电子工程博士学位。1977年入职美国德州仪器，成功主持了在美国、日本、新加坡、意大利，以及中国台湾地区的10座晶圆厂的建设，被称为"盖厂高手"。1997年，他回中国台湾创办世大半导体，3年后世大半导体被台积电并购。在时任北京大学微电子研究所所长的王阳元院士，以及上海市经济委员会副主任的江上舟热情相邀和推动下，张汝京决定在上海市建晶圆厂（图5.8）。美国投资机构高盛、华登国际和上海实业成为中芯国际的首批投资人。受限于《瓦森纳协定》的技术管制，张汝京找到美国五大教会为他背书，承诺中芯国际的产品只用于工业、民用，取得了美国半导体设备的出口许可。仅用 13 个月，中芯国际的 8 英寸晶圆厂就在上海市浦东新区建成投产。张汝京深知芯片行业"不景气时建厂最好"的周期规律，在 2001 年美国科技股泡沫破灭引发的芯片低迷期，中芯国际 3 年时间建成了 4 条 8 英寸和 1 条 12 英寸的生产线。2004 年销售额近 10 亿美元，并成功在中国香港特别行政区和美国两地挂牌上市，跻身全球第四大晶圆代工厂。从 2005 年起，中芯国际通过收购、与地方政府合资、代管等方式快速扩张，在北京市、天津市、上海市、武汉市、成都市和深圳市等城市都建起了晶圆厂。危机不期而至，美国次贷危机引发的 2008 年金融风暴席卷全球，中芯国际亏损高达 4.4 亿美元，股价从 1.4 港元跌至 0.4 港元。2008 年 11 月，大唐电信以 1.76 亿美元，占股 16.6% 成为中芯国际第一大股东。融资的巨额缩水和原有股东股权被大幅稀释，引发了董事会部分董事的不满。台积电自 2003 年就以侵犯专利及窃取商业秘密为由起诉中芯国际，2009 年 11 月，美国加利福尼亚州法院判决中芯国际败诉。势单力薄的张汝京宣布离职，中芯国际分 4 年向台积电赔偿 2 亿美元，同时向台积电支付 8% 股权，外加 2% 的认股权。之后，命运多舛的中芯国际又经历了 4 任首席执行官的更迭和股东控制权之争，在本应高速发展之际，无奈成为各方资本角力的平台。

图 5.8　中芯国际创始人张汝京

2001 年 7 月，46 岁的陈大同和 38 岁的武平，带领 30 多名海归团队组成的豪华芯片设计团队，在上海张江创办了展讯通信（Spreadtrum），产品目标直指"有自主知识产权的手机基带芯片"。当时，美国科技股低迷，融资环境恶劣，展讯通信费尽周折才获得富鑫与联发科的 650 万美元投资，代价是过半的股份。2003 年，完成第二轮 1985 万美元的融资，投资方包括富鑫和华虹等。陈大同 1955 年 4 月出生于北京，"文化大革命"期间在北京郊区农场劳动，1977 年考入清华大学。在清华大学获得学士、硕士、博士学位，是中国首批半导体专业的博士。其后留学美国，先后在伊利诺伊大学和斯坦福大学从事博士后研究。1995 年，陈大同在硅谷联合创办豪威科技（OminiVision），开发了全球首颗彩色 CMOS 图像传感器芯片。武平 1963 年 8 月出生于陕西省榆林市，1979 年考入清华大学，后在中国航天研究院师从黄敞院士，获得博士学位。1990 年起在瑞士与美国学习和工作，曾在美国移动链接（MobileLink）公司负责开发手机基带芯片。当时，国内 3G 标准 TD-SCDMA 面临着"标准存在，芯片空缺"的尴尬境地，没有一家中国公司能做出商用的 TD-SCDMA 3G 手机核心芯片。2004 年 8 月，展讯通信不负众望，推出全球首颗 TD-SCDMA 3G 手机核心芯片，打破了手机芯片核心技术长期以来一直被国外公司垄断的技术壁垒，使中国无线通信终端技术水平实现了质的飞跃。2007 年 6 月，展讯通信成功在美国纳斯达克上市。2008 年金融风暴后，展讯通信股价一度跌到了 1 美元以下。陈大同和武平也陆续离开展讯通信，分别在北京市和上海市成立了投资基金，转行做芯片领域的投资和并购（图 5.9）。2013 年，紫光集团以 17.8 亿美元收购展讯通信，进军手机芯片产业。2014 年，紫光集团以 9.07 亿美元，收购锐迪科，拓展物联网芯片市场，加强在芯片产业的整合与协同。2018年，展讯通信和锐迪科被整合为"紫光展锐"，成为全球最大的手机芯片厂商之一。

图 5.9　武平（左）和陈大同

　　2001 年 8 月，45 岁的戴伟民，放弃美国加利福尼亚大学终身教授的铁饭碗，在上海张江创办了芯原（Verisilicon）微电子，首开国内芯片设计及服务平台先河。戴伟民祖籍浙江省宁波市，1956 年出生于上海市，"文化大革命"期间被安排到崇明农场种菜。1978 年考入上海交通大学应用物理专业。1980 年全家移民美国，1988 年获得加利福尼亚大学伯克利分校计算机博士学位。1990 年荣获美国总统青年研究奖。仅用 4 年就提前取得了加利福尼亚大学圣克鲁兹分校终身教授职位。美国强调实用性的教学模式，让戴伟民和企业界建立了良好联系。1995 年，他和自己的博士研究生在风险投资的支持下，创办了计算机辅助设计公司终极软件（Ultima）。2000 年，终极软件与胡正明教授创办的伯克利技术公司（BTA）合并成为思略科技（Celestry）。2002 年，美国 EDA 巨头楷登电子以 1.35 亿美元收购思略科技。戴伟民看好大陆芯片产业的发展前景，他创办的芯原微电子是国内第一家提供芯片标准单元库的公司（图 5.10）。2002 年和中芯国际达成合作，为其提供包括标准单元库在内的标准设计平台。芯原微电子最基本的业务模式就是帮助芯片设计公司到

图 5.10　芯原微电子董事长戴伟民

晶圆代工厂去完成流片。除了帮助设计企业完成部分设计，芯原微电子一项稳定的收入来源就是提供芯片设计所需的标准单元库。2020 年，芯原微电子实现 15 亿元营收，尚未实现盈利。8 月，顶着"中国半导体 IP 第一股"的光环，芯原微电子成功登陆上海证券交易所科创板。

　　2004 年 5 月，60 岁的尹志尧带着 10 多位海外半导体设备人才在上海市浦东新区创立了中微半导体（AMEC）。尹志尧 1944 年出生于北京，父亲是留日回国的电化学专家（图 5.11）。他 1967 年毕业于中国科技大学化学物理系，"文化大革命"期间供职于兰州炼油厂和中国科学院兰州物理化学研究所。1978 年考入北京大学化学系，两年后获硕士学位。1980 年赴美国留学，1984 年获加利福尼亚大学洛杉矶分校物理化学博士学位。经过 20 年的持续努力，尹志尧从英特尔的研发工程师，到泛林半导体的新产品开发主管，直到担任全球最大的半导体设备公司美国的应用材料的副总裁兼等离子体刻蚀

图 5.11　中微半导体董事长尹志尧

事业群总经理，成为国际上几代等离子体刻蚀技术及设备的主要发明人和推动者之一。他既懂技术，又擅长经营，曾联合发起硅谷中国工程师协会（SCEA），并担任过两任主席，被誉为"硅谷最有成就的华人之一"。等离子体刻蚀机是芯片制造仅次于光刻机的最重要的微观加工核心设备，一直被美国和日本公司垄断。尹志尧形容中微半导体的"等离子刻蚀机在芯片上的加工工艺，相当于可以在米粒上刻 1 亿个字到 10 亿个字的水平。"2015 年 2 月，美国商务部宣布，解除等离子刻蚀机对中国的出口限制，理由是中微半导体已经可以生产相同水平的设备。经过 10 多年的研发，中微半导体已将产品打入台积电、联电、中芯国际等晶圆代工厂的 40 多条芯片生产线，并实现了量产。中微半导体在全球范围内申请了 1200 余项专利，国外半导体设备巨头曾相继对中微半导体提起专利诉讼，都以中微半导体获胜告终。2018 年年初，美方涉嫌侵犯中微半导体专利权的设备从上海浦东国际机场进口，随着上海海关介入执法，美方主动与中微半导体展开谈判，双方最终达成全球范围相互授权的和解协议。2019 年 7 月，中微半导体成为科创板的首批挂牌上市公司。2020 年，中微半导体实现 22.73 亿元营收，并宣布已开发出小于 5 纳米刻蚀设备。

　　2005 年 4 月，38 岁的姚立军从日本回国，在浙江省宁波市创立了江丰电子材料股份有限公司，专门从事芯片制造用超高纯度金属材料及溅射靶材的研发和生产（图 5.12）。姚力军 1967 年出生于黑龙江省哈尔滨市。1985 年就读于哈尔滨工业大学，获哈尔滨工业大学工学博士学位。1994 年赴日本留学，在广岛大学取得博士学位后，姚力军在短短几年内就从研发工程师迅速成长为工业巨头霍尼韦尔

图 5.12　江丰电子材料股份有限公司
董事长姚立军

（Honeywell）日本公司的重要管理者。江丰电子创业初期，从高纯溅射靶材研发成功到被市场认可，姚力军经历了漫长的挫折与煎熬，尤其是 2008 年金融危机期间，一度连工资都发不出。最终，江丰电子打破了美国和日本等跨国公司的垄断格局，填补了国内同类产品的技术空白，产品包括铝靶、钛靶、钽靶、钨钛靶等。2017 年，江丰电子在深圳证券交易所创业板成功挂牌上市。2020 年实现营收 11.67 亿元，客户包括台积电、联电、中芯国际等晶圆代工龙头企业。

21 世纪初的海归创业者还包括中星微电子创始人邓中翰和杨晓东，兆易创新的创始人朱一明和舒清明，格科微创始人赵立新，卓胜微的创始人许志翰和冯晨晖，博通集成创始人张鹏飞，澜起科技创始人杨崇和，圣邦股份创始人张世龙，安集科技创始人俞昌等。他们都曾留学美国，并在美国芯片公司工作多年，积累了丰富的工业界经验和人脉资源，在创业过程中也成功获得了多轮知名风险投资基金的支持。经过近 20 年的不懈努力，他们都在各自的芯片细分领域实现了爆发式的成长，成功登陆了资本市场，创造了"科技造富"的传奇。兆易创新已建立起了以存储器、微控制器和传感器三大核心业务为主体的生态系统，并在 SPI NOR Flash 存储芯片领域进入了全球三强。格科微在 2020 年全球 CMOS 图像传感器出货量排名第一，市场占有率近 30%。卓胜微填补了国产射频前端芯片的空白，成为三星、华为、小米和 OPPO 等智能手机厂商的核心供货商，在射频开关领域已达到国际先进水平。博通集成设计了中国第一款国标 ETC 芯片，自主研发了 ETC 设备需要的所有芯片，已成为物联网无线连接芯片领域的领军企业。澜起科技的内存接口芯片已成功进入国际主流内存、服务器和云计算厂商，有望成为国产数据中心自主可控的领军企业。圣邦股份是国内领先的高性能模拟芯片设计企业，已拥有超过 1200 款产品。安集科技主营关键半导体材料的研发和产业化，率先在国内实现了高端化学机械抛光液（CMP）量产。这些海归企业已成为中国芯片产业链中不可或缺的中坚力量。

5.4 海外并购跨越发展

2014 年 6 月，国务院颁布了《国家集成电路产业发展推进纲要》，提出设立国家集成电路产业基金，将芯片产业新技术研发提升至国家战略高度。明确提出了 15 年发展目标：到 2020 年，集成电路产业与国际先进水平的差距逐步缩小，全行业销售收入年均增速超过 20%，企业可持续发展能力大幅增强；到 2030 年，集成电路产业链主要环节达到国际先进水平，一批企业进入国际第一梯队，实现跨越发展。2014 年 9 月，国开金融、中国烟草、亦庄国投、中国移动、上海国盛、中国电科、紫光通信、华芯投资等企业发起设立国家集成电路产业基金，一期规模近 1400 亿元。基金在制造、设计、封测、设备材料等芯片产业链各环节进行全覆盖投资布局，各环节承诺投资占总投资的比重分别是 65%、17%、10%、8%。基金按照风险投资的方式进行运作，投资期和回收期均为 5 年，会择机退出所投资的项目。此外，北京市，上海市，湖北省和广东省等多个省、直辖市也相继成立或准备成立芯片产业投资基金，预计由国家集成电路产业基金撬动的地方芯片产业投资基金规模将超过 5000亿元。

自芯片技术与产业在美国诞生之日起，便伴随着企业间的并购与技术路线之争。发展芯片产业，最快的方式就是并购，不仅可以获得产品和技术，还能获得核心研发人才。2015 年，全球芯片产业并购总金额超过 1200 亿美元，强强联手或者大鱼吃小鱼的并购事件频频上演。经过多年的并购整合，全球主要芯片公司已从早期的上百家变成目前的十几家国际巨头，加剧了寡头垄断趋势。不同于传统行业的产品规模寡头，芯片公司主要是技术寡头与专利寡头。为了改善国产芯片厂商技术落后和创新能力不强的局面，在国家集成电路产业基金的支持下，中国芯片企业开启了海外并购和跨越发展之路。

2013 年，在紫光集团董事长赵伟国的主导下，紫光集团斥资17.8 亿美元对美国上市的展讯通信实施收购，进军芯片产业，中国进口银行和国家开发银行为其提供了大约 9 亿美元的贷款。2014年，紫光集团斥资 9.07 亿美元收购美国上市的锐迪科微电子，拓展物联网芯片市场，加强在芯片产业的整合与协同。2015 年 2 月，国家集成电路产业基金和国家开发银行与紫光集团签署合作协议，国家集成电路产业基金拟对紫光集团投资不超过 100 亿元，国家开发银行则给予紫光集团 200 亿元的融资支持。2015 年 7 月，紫光集团拟以 230 亿美元收购美国存储芯片巨头美光科技，但未通过美国严

格的审查，最终交易被终止。2016 年 7 月，在国家集成电路产业基
金和湖北省芯片产业基金的支持下，紫光集团收购武汉新芯，并组
建长江存储，总投资 240 亿美元的存储器基地项目在武汉正式启动。
2017 年 3 月，国家集成电路产业基金携手国家开发银行拿出了新的
合作协议，"十三五"期间，国家开发银行意向支持紫光集团融资总
量 1000 亿元，国家集成电路产业基金则拟对紫光集团意向投资不超
过 500 亿元，重点支持紫光集团发展集成电路相关产业板块。2018
年 6 月，展讯通信和锐迪科被整合为"紫光展锐"（UNISOC），成
为全球最大的手机芯片厂商。2019 年 6 月，紫光集团组建动态随机
存取存储器事业群，"台湾存储教父"高启全出任首席执行官，进一
步深化和完善"从芯到云"产业链建设。紫光集团对多家芯片公司
的并购整合，提升了中国芯片产业整体水平，一定程度上改变了中
国芯片产业格局。

　　2015 年 10 月，国内封测龙头长电科技在国家集成电路产业基
金的支持下，以 7.8 亿美元收购新加坡上市企业星科金朋（STATS
ChipPAC）。星科金朋的业务横跨多个国家和地区，2013 年营收约
为 16 亿美元，在全球封测领域排名第四，资产总额约是长电科技
的两倍。由于双方在资产规模、营业收入等方面存在显著差异，长
电科技单凭一己之力难以完成此次收购。2014 年 12 月，长电科技、
国家集成电路产业基金和中芯国际子公司芯电半导体分别出资 2.6
亿美元、1.5 亿美元和 1 亿美元设立长电新科，长电新科再与国家集
成电路产业基金分别出资 5.1 亿美元和 1000 万美元成立合资公司长
电新朋，同时长电新朋向国家集成电路产业基金发行 1.4 亿美元可
转债。然后，长电新朋以 6.6 亿美元在新加坡设立收购公司，收购

公司最后再向金融机构获得 1.2 亿美元贷款，最终完成对星科金朋的收购。星科金朋主要客户来自欧美等地区的芯片设计企业，丰富的高端客户是长电科技一直以来期望获得却拓展相对较慢的资源。通过此次并购，长电科技获得国际一流的晶圆级封装技术，全球排前 20 名的芯片公司中有 85% 成为长电科技的客户。经过重组，长电科技与晶圆代工龙头中芯国际联合形成从晶圆制造到封测的一体化服务能力。2020 年长电科技实现近 265 亿元营收，大幅领先于国内其他封测企业。

2015 年 12 月，武岳峰资本领衔的中国资本联合体以近 8 亿美元的价格完成了对美国芯片设计公司芯成半导体（ISSI）的整体收购和私有化，收购主体为北京矽成。这是中国资本首次成功私有化一家总部位于美国的芯片设计上市公司。芯成半导体成立于 1988 年，产品覆盖汽车及工业级应用，其存储芯片 SRAM 产品收入在全球位居第二位，动态随机存取存储器产品收入在全球位居第九位。武岳峰资本由展讯通信联合创始人武平、前美国新思科技亚太区总裁潘建岳和亿品传媒创始人李峰三位清华大学校友合伙成立，三位创始人的名字中各取一字作为公司名。上海市创业引导基金与武岳峰资本共同发起设立了总体规模 100 亿元的上海武岳峰集成电路信息产业并购基金，国家开发银行等金融机构为武岳峰并购基金未来开展全球并购业务提供总额 300 亿元人民币的信贷额度，共同支持上海市芯片产业的发展。武岳峰资本在此次收购过程中遇到来自美国赛普拉斯（Cypress）的竞购，双方经过了多轮竞价，最终武岳峰资本以微弱的优势赢得竞购。2018 年 11 月，被誉为"中国 CPU 上市第一股"的北京君正以 26.4 亿元，间接收购了北京矽成 51.59%

的股权。2019 年 11 月，北京君正收购芯成半导体的申请获得了美国外资投资委员会（CFIUS）的审批，价格为 72 亿元。北京君正通过并购芯成半导体可以获得先进的技术、知识产权和专利，以及经验丰富的技术和管理人员，从而缩短研发周期和降低研发成本。同时，把自身在处理器芯片领域的优势与芯成半导体在存储器芯片领域的竞争力相结合，形成"处理器 + 存储器"的技术和产品格局。

2016 年 2 月，美国最大的 CMOS 图像传感器（CIS）厂商豪威科技（OmniVision）被清芯华创联手中信资本和金石投资以约 19 亿美元收购，成为北京豪威的全资子公司。从 2014 年发起收购邀约，到 2016 年初完成私有化，交易历时近两年的焦灼等待终于尘埃落定。豪威科技私有化后业绩逐渐回升，毛利率稳中上涨。CMOS 图像传感器是技术与资金密集型行业，具备较高的技术与人才壁垒、规模与资金壁垒以及客户认证壁垒。在 2020 年高端 CMOS 图像传感器领域中，豪威科技以 10% 的市场份额排名全球第三，仅次于索尼和三星（市场占有率分别约为 48% 和 22%）。清芯华创（简称"华创投资"，2019 年更名为"璞华资本"）由展讯通信联合创始人陈大同于 2014 年创办，管理着北京市集成电路产业基金旗下的设计与封测子基金。陈大同也是豪威科技的联合创始人之一，并曾于 1995—2000 年担任该公司的技术副总裁。2019 年 8 月，韦尔股份耗资 153 亿元以"蛇吞象"的方式收购豪威科技，从芯片分销商成功转型为芯片设计厂商，业绩也从此脱胎换骨。韦尔股份董事长虞仁荣 1966 年出生于浙江省宁波市，1985 年考入清华无线电系，就读于清华芯片圈著名的"EE85 班"，同届同学有不少是中国芯片行业的领军人物，包括紫光集团董事长赵伟国、兆易创新联合创始人舒清明、卓胜微联合创始人冯晨晖、格科微创始人赵立新和燧原科技创始人赵立东。1998 年，虞仁荣创建了华清公司，开始做芯片分销代理；2007 年在上海成立韦尔股份，从事功率芯片设计与销售；2017 年在上海证券交易所挂牌上市。韦尔股份依靠"外延式发展"战略，陆续收购了 CMOS 图像传感器设计厂商豪威科技和思比科，形成新的利润增长点，2020 年实现营收近 200 亿元，利润超过 27 亿元。

2017 年 2 月，北京建广资产和荷兰的恩智浦半导体（NXP）共同宣布，恩智浦半导体旗下的标准产品业务部门正式完成交割，交易金额为 27.6 亿美元（约合 181 亿元），创造了中国资本最大的一笔海外芯片并购案。除了设计部门，该交易还包括恩智浦半导体位于英国和德国的两座晶圆制造厂和位于中国、马来西亚、菲律宾的三座封测厂和位于荷兰的恩智浦半导体工业技术设备中心，及标准产品业务的全部相关专利和技术储备，涉及约 1.1 万名员工。恩智浦半导体的标准产品业务的覆盖率、生产能力和盈利能力均为全球领先，客户数量超过 2 万家，应用领域包括汽车电子、工业控制、电信通信、消费电子等。交易完成后，恩智浦半导体的标准产品业务部门成为一家总部在广东省东莞市，名为安世半导体（Nexperia）的独立公司，拥有包括芯片设计、晶圆制造和封装测试的全产业链。2019 年 6 月，闻泰科技以小博大，借助财务杠杆斥资 268 亿元收购安世半导体，完成了从手机代工厂商到芯片设计生产一体化企业的华丽转身。闻泰科技董事长张学政 1975 年出生于广东省梅州市，1997 年毕业于广东工业大学，1998—2002 年任中兴通讯总经理助理，2006 年在上海创办手机方案公司闻泰通讯，2014 年就读于清华大学五道口金融学院。2016 年闻泰通讯"曲线借壳"中茵股份上市后，更名为"闻泰科技"。闻泰科技收购安世半导体后积极扩充产能，2021 年宣布在中国（上海）自由贸易试验区临港新片区建造 12 英寸车规级功率半导体晶圆厂，预计总投资 120 亿元，年产晶圆 40 万片。2020 年，闻泰实现营收 517 亿元，利润超 24 亿元。

中国芯片厂商的海外并购之旅并非一帆风顺。从 2015 年下半年开始，美国频频以国家安全为由，全面干涉中国资本收购海外的芯片企业。华创投资曾联合华润微电子在 2015 年 12 月对美国仙童半导体发起竞购，但最终遭到美方拒绝。2016 年 12 月，美国总统奥巴马否决了福建宏芯基金 FGC 收购德国半导体设备供应商爱思强（Aixtron）及其美国分支机构项目。美国海外投资委员会（CFIUS）"额外审查"来自中国的投资，导致中国对美直接投资的整体数额骤降，2017 年相比 2016 年减少了 97%。

虽然通过海外并购能解决中国芯片企业急需的技术和专利，研发人才和国际客户等难题，但也蕴藏着一定的风险，包括核心技术的消化吸收和再创新、人才和客户的流失、企业文化的冲突等。中国芯片产业链的完善，需要依靠中国高端制造、人工智能，新材料和通信产业等综合科技实力的提升。2020 年 4 月，募资超 2000 亿元的国家集成电路产业基金二期开启其首次投资，向紫光展锐投资 22.5 亿元。国家集成电路产业基金二期除了继续支持芯片制造环节，将重点扶持半导体设备和材料国产化，以及人工智能、5G、物联网等终端应用产业。国家集成电路产业基金二期已经陆续投资了多家芯片企业，包括出资 15 亿美元参与中芯南方的增资扩股；与中芯国际和亦庄国投共同成立中芯京城，开展总投资 76 亿美元的 12 英寸晶圆厂项目等。

5.5 芯片断供封锁技术

2017 年，美国时任总统特朗普将中国的崛起视为美国国家安全一大威胁，逐步将大国战略调整为对华竞争，进一步压缩对华经济合作空间。2018 年 3 月 22 日，美国政府宣布"因知识产权侵权问题对中国商品征收 500 亿美元关税，并实施投资限制"。2018 年 4 月 16 日，美国商务部宣布，未来 7 年将禁止美国公司向中兴通讯销售零部件、商品、软件和技术。禁售理由是中兴通讯违反了美国限制向伊朗出售美国技术的制裁条款。中兴通讯立即陷入了"芯片断供"危机，76 岁的中兴通讯创始人侯为贵再度出山，积极奔走寻求对策。这一事件也引发了媒体和公众对"中国芯"的广泛关注。在中美贸易战的背景下，美国商务部虽然是拿中兴通讯开刀，但是枪口对准的中国高新技术企业，尤其选在美国极具优势，而中国高度依赖的芯片领域"开火"，无疑给中国整个科技界敲响了警钟。

美国是芯片产业的发源地，具有先发优势，引领着全球芯片产业发展。美国政府将芯片视为战略性、基础性和先导性的产业。美国在芯片设计、晶圆代工、设计生产一体化、设备和封装测试领域均有全球领先的企业。芯片设计前十名的美国公司合计占据了超过 55% 的全球市场份额。英特尔和超威半导体是全球最大的两家计算机处理器芯片公司，合计占有 90% 以上市场份额。全球五大芯片设备公司，有三家是美国企业。全球晶圆代工排名第三的格芯占有约 9% 全球市场份额。美光科技是全球第三大动态随机存取存储器存储芯片厂商，同时也名列全球六大闪存厂商。德州仪器和亚德诺半导体是全球最大的两家模拟芯片企业。安靠科技是全球第二大封测代工厂。泰瑞达是全球第二大测试设备公司。目前，其他国家都不具备美国这样完整的芯片生态体系，也缺乏相应的人才和科研资源，短时期内难以撼动美国全球领先的地位。20 世纪 80 年代，美国在芯片产业的领先地位曾被日本超越。美国对日本经济从全力扶植转向全面打压，于 20 世纪 90 年代初又夺回在芯片领域的霸主地位。2017 年 1 月，美国总统科学技术咨询委员会发布一份报告，称中国芯片产业的发展已对美国芯片制造商及美国国家安全造成了严重威胁，建议美国应对中国芯片行业采取更加严苛的审查制度。

侯为贵 1941 年出生于陕西省西安市，毕业于南昌大学。1969 年分配到航天部设在西安的 691 厂，从技术员一直干到技术科长。20 世纪 80 年代初，时任航天部副部长钱学森要求跟进研究芯片技术，侯为贵曾被派往美国负责技术引进。1985 年，44 岁的侯为贵被派到深圳市创办的、与中国香港特别行政区合资的中兴半导体（中兴通讯前身）工作。侯为贵抓住了中国通信行业大发展的机遇，于 1989 年研制出中国第一台拥有自主知识产权的数字程控交换机。1997 年，改组后的中兴通讯正式成立，侯为贵就任总经理（图 5.13）。1997 年，中兴通讯在深圳证券交易所上市。2004 年营收超过 200 亿元，并于香港

图 5.13　中兴通讯创始人侯为贵

上市，成为内地第一家 A+H 股上市公司。中兴通讯早在 1996 年就组建了芯片设计部门，通过自研芯片替代进口，来降低采购成本。2003 年，中兴通讯分拆芯片设计部门成立中兴微电子，并在美国设立研发中心，主攻高端通信芯片，包括 WCDMA 3G 核心芯片。2014 年，中兴微电子营收超过 30 亿元，并获国家集成电路产业基金的 24 亿元投资。中兴微电子累计研发并成功量产各类芯片 100 余种，是中国芯片产品布局全面的厂商之一。具备从前端设计、后端设计到封装测试的全流程定制能力，可以提供整体芯片解决方案。尽管如此，中兴通讯依然会长期依赖美国高通、博通和英特尔等公司提供的芯片来完成终端产品和系统集成。历时 53 天的交涉和博弈，中兴通讯危机终于化解。2018 年 6 月 7 日，美国商务部宣布与中兴通讯公司达成新和解协议。在中兴通讯支付 10 亿美元罚款，另外准备 4 亿美元交由第三方保管后美国商务部将中兴通讯从禁令名单中撤除。

2018 年 6 月 12 日，美国国会发布《5G 移动通信技术对国家安全的影响》的报告，指出 5G 技术在自动驾驶、指挥控制，以及情报、监视和侦察等领域具有巨大军事应用潜力，还可以实现"蜂群"等新作战概念。美国高度重视 5G 在未来军事上的应用，将其视为改变未来战争的关键技术之一。美国司法部部长在《中国行动计划会议》的演讲中提到，"中国已经在 5G 领域建立了领先地位，占据了全球基础设施市场的 40%。这是历史上第一次，美国没有引领下一个科技时代"。在全球范围内，华为公司拥有的 5G 专利数量最多，已经向海外安装了超过 10000 个基站。华为公司在 5G 领域的领先地位使美国的危机感尤为强烈。美国要掌控技术和品牌，不希望华为成为新兴产业领导者。

2018 年 12 月 1 日，华为公司副董事长兼首席财务官孟晚舟（华为公司创始人任正非之女）在加拿大转机时，被加拿大警方代表美国政府暂时扣留，涉嫌违反美国对伊朗的贸易制裁而面临被引渡至美国。一向低调的任正

图 5.14　华为技术有限公司创始人任正非

非开始接受媒体访问（图 5.14）。2019 年 2 月 18 日，英国广播公司（BBC）网站播出了对任正非的采访。任正非明确反对美国的指控，并表示孟晚舟事件"对华为的生意没有影响，事实上我们发展得更快了"。他说："所以他们抓了孟晚舟，可能是抓错人了。他们可能是想抓了她，华为就会衰落，但我们没有衰落，仍然在继续前进。我们公司已经建立程序规章，再也不用依靠某个人。就算我自己哪天不在了，公司也不会改变前进轨道。"2019 年 3 月 2 日，华为发布律师声明称，美国的指控是出于政治动机，在这种情况下，加拿大司法部部长仍然决定签发授权推进令，华为对此感到失望。孟晚舟没有任何不当行为，美国对她的起诉与引渡是对司法程序的滥用。

任正非祖籍浙江金华，1944 年出生于贵州省安顺市镇宁县，1963 年就读于重庆建筑工程学院（现重庆大学）。1974 年，应征入伍成为基建工程兵。1983 年，任正非转业至深圳南海石油后勤服务基地。1987 年，43 岁的任正非用 2 万元创办华为公司，靠代理香港公司的程控交换机赚得了第一桶金，随后开始自主开发通信

产品，以低成本战略迅速占领了市场，并成长为营收超 9000 亿元（2020 年）的通信业龙头。1991 年，华为成立专用集成电路（ASIC）设计中心。2004 年，华为成立海思半导体。任正非对芯片研发一直非常重视。他曾明确表示，芯片业务是公司的战略旗帜，一定要站起来，适当减少对美国的依赖。华为意识到要在中高端手机市场上完成突破，就必须具备自己设计芯片的能力。海思在手机芯片的研发上大力投入，2014 年初，首款以"麒麟"命名的手机处理器芯片"麒麟 910"发布，随后麒麟系列芯片开始在华为手机中放量使用。2019 年，华为超过三星，以 690 万台、37% 的市场份额，位居全球 5G 手机出货量第一。

2019 年 4 月，美国国防部发布《5G 生态：国防部的风险和机遇》报告。报告声称，随着 5G 在全球范围技术的应用，中国的智能手机和互联网应用及服务会占据主导地位，即使它们被美国排除在外，也将给美国国防部的未来带来严重的潜在风险。如果中国在 5G 基础设施和系统领域处于领先地位，那么未来国防部的 5G 生态系统可能被迫会将中国组件嵌入其中，这将对国防部业务和网络安全构成严重威胁。该报告中提出建议国防部应倡导积极保护美国技术知识产权，以减缓中国电信生态系统的扩张。美国应该利用出口管制来减缓西方供应商的市场损失率，即使它可能会增加中国实现自给自足的速度。

2019 年 5 月 16 日，美国商务部工业和安全局（BIS）以国家安全为由，将华为及其 70 家附属公司列入管制"实体名单"，禁止美国企业向华为出售相关技术和产品。美国官员甚至妄称华为的手机网络可能会帮助中国政府开展间谍活动。实际上，更令他们担忧的是中国日益增长的技术实力。但是，华为通过更换供应商和从非美国工厂采购，有效地避开了美国的制裁。一年后，美国商务部不断加码，多次修改对华为进行技术封锁的禁令：2020 年 5 月 15 日，禁止华为使用美国芯片设计软件；2020 年 8 月 17 日，禁止含有美国技术的晶圆代工企业生产芯片给华为；2020 年 9 月 15 日，禁止拥有美国技术成分的芯片出口给华为。这几乎封锁了华为所有核心部件的供应商。台积电已宣布在 2020 年 9 月 15 日之后不再继续向华为供货，华为海思的麒麟系列芯片恐怕也将成为绝唱。尽管未来充满挑战，但华为宣布不会放弃芯片研发，将继续投资海思，并计划补足在芯片制造上的短板。

2020 年 7 月 21 日，美国政府要求中国政府在 72 小时之内关闭中国驻休斯敦总领事馆，并撤离所有人员。近年来，美国以知识产权泄露以及科研成果流入国外为由，严厉审查华人学者。在美华人科研人员频遭打压，中美战略竞争波及美国华侨华人的科技和人文交流，国际合作和科学事业受到重挫。美中学术交流以及全球学术交流都受到影响，不少赴美开会和访问学者的签证被无故延误或拒绝。美国多所大学发表声明，表达对包括华人在内的国际学生、学者的支持，强调学术自由，反对族裔标签。

2020 年 12 月 4 日，中国晶圆代工龙头中芯国际被美国国防部列入所谓的"中国涉军企业名单"，美国人士被限制对中芯国际所发行的有价证券进行交易。2020 年 12 月 18 日，美国商务部工业和安全局以保护美国国家安全和外交利益为由，将中芯国际及其部分子公司及参股公司列入管制"实体清单"。对于适用于美国《出口管制条例》的产品或技术，供应商必须首先获得美国商务部的出口许可，才能供应给中芯国际；在先进技术节点（10 纳米或以下）生产芯片面临全面封禁。另外，如果美方对中芯国际的制裁范围，包括所有涉及美方技术的、可被用于生产 10 纳米及以下制程工艺芯片的设备及材料，那么 14 纳米及以上工艺制程产线上的设备及材料，也面临被迫停摆的风险。就在一年前的 2019 年 9 月，中芯国际在上海浦东的生产线上成功实现了中国第一代 14 纳米 FinFET 工艺芯片的量产，代工客户包括华为海思的麒麟系列手机处理器芯片。根据中芯国际此前规划，14 纳米及后续先进工艺在 2020 年年底将扩产至每月 1.5 万片。由于需求强劲，中芯国际宣布追加全年资本开支 11 亿美元至 43 亿美元。光刻机是最具科技含量、技术门槛最高、难度最大的芯片制造设备，目前全球顶级的极紫外线 EUV 光刻机只有荷兰光刻机巨头阿斯麦尔公司能够生产制造，小于 5 纳米的芯片晶圆，只能用 EUV 光刻机生产。早在 2018 年 4 月，中芯国际就向阿斯麦尔订购了一台 EUV 光刻机，价格为 1.2 亿美元，原计划在 2019 年底交付设备，2020 年正式安装，但在美国的阻挠下阿斯麦尔始终没有交付。全球"芯片荒"爆发之际，晶圆代工产能供不应求，中芯国际的订单量大幅增长。2021 年 3 月，中、美两国半导体行业协会成立"中美半导体产业技术和贸易限制工作组"，希望通过工作组加强沟通交流，促进更深层次的相互理解和信任。

5.6 科创板掀起投资热

2019 年 6 月 13 日，中国证监会主席易会满主持上海证券交易所科创板开板仪式。科创板定位是面向世界科技前沿、面向经济主战场、面向国家重大需求的新生板块，主要服务符合国家战略、突破关键核心技术、市场认可度高的科技创新企业，重点支持新一代信息技术、高端装备、新材料、新能源、节能环保，以及生物医药等高新技术产业和战略性新兴产业。芯片是信息产业的基础与核心，相当于现代工业的粮食，对经济建设和国家安全具有重要的战略意义，是衡量一个国家或地区综合科技实力的重要标志。由于技术门槛高、投资规模大、高端人才稀缺，中国芯片企业与国际巨头相比还有相当大的差距，需要经历较长的培育和发展，只有借助资本市场的支持才能做大做强。

长期以来，中国资本市场中短期投机和"羊群效应"显著，资金快进快出，大量资金无法转化为长期资本，创新型芯片企业难以获得足够的权益型资本，全社会创新资本形成能力严重不足。资本市场证券发行实行核准制，核准上市的核心条件之一为是否有持续盈利能力。而新股发行市盈率受到行业均值约束，并不是发行人与投资人经过充分博弈后形成的市场化定价。在证券发行过程中，发行公司和中介公司通常会花费很多精力粉饰报表，使其满足监管要求。因此，只有通过注册制改革，才能有效解决资本市场功能不完备、制度不完善、监管不适应等实质性矛盾和问题，打造一个规范、透明、有活力的资本市场。

科创板是中国资本市场注册制改革的"试验田"。为了让更多资源向芯片等科技创新聚集，并遵循科创企业的发展规律，科创板构建了更加科学合理的上市指标体系：引入"市值"指标，与收入、现金流、净利润和研发投入等财务指标进行组合，设置了 5 套差异化的上市指标，允许存在未弥补亏损、未盈利企业上市，不再对无形资产占比进行限制，允许存在表决权差异安排等特殊治理结构的企业上市。在发行、上市、退市、再融资、并购重组各个环节，一系列制度创新稳步推进。同时，科创板降低准入门槛并不意味着放低审核要求，在共性的信息披露要求基础上，监管部门着重针对科创企业特点，强化行业信息、核心技术、经营风险等事项的信息披露，加大审核问询力度。科创属性评价体系也在不断明确细化，为有硬科技实力、符合国家战略的创新企业提供更加便捷的上市路径。

2019 年 7 月 22 日，科创板首批公司上市仪式在上海市举办。科创板第一批 25 家挂牌企业中，就有 6 家是芯片相关的企业，占比最高，包括澜起科技、中微公司、睿创微纳、乐鑫科技、华兴源创和安集科技。这表明科创板为中国芯片企业上市融资提供了绿色通道。从受理申请到完成注册平均用时 6 个月，科创板审核周期大幅缩短，接近海外成熟市场，让更多科创企业更快获得创新支持。大幅放宽的股权激励实施条件，可以有效调动科技人才的积极性和创造性。

2021 年 7 月 22 日，科创板迎来了两周岁生日。科创板上市公司已达 313 家，总市值近 5 万亿元，集中于重点支持的六大产业领域，首次公开发行筹资超过 3800 亿元，日均成交金额达 200 多亿元，日均参与交易人数超过 20 万人。科创板为越来越多的芯片企业创新发展提供了更好的机遇，显现出鲜明的"硬科技"成色，激发了全社会对科技创新的投资热情。

芯片股已经成为科创板富有特色的板块之一，尤其是中芯国际于 2020 年 7 月 16 日在科创板上市创下许多纪录，成为首家回归 A

股的境外上市红筹企业。其融资规模高达 532 亿元，不仅创下科创板最大融资规模的纪录，也是 10 年来 A 股市场最大的首次公开募股。上市首日按总股本计算，中芯国际的市值突破 6000 亿元，成为科创板的"芯片一哥"。从业务方向来看，科创板上市的 30 多家芯片企业已经形成一条较为完备的产业链布局。

在芯片产业上游支撑环节，主要涉及半导体设备、芯片知识产权和半导体材料等方面，共有 10 多家相关领域的科创板上市企业。上海中微半导体是科创板首批挂牌上市的半导体设备公司，产品包括刻蚀设备和金属有机化学气相淀积设备。已将产品打入台积电、联电、中芯国际等晶圆代工厂的 40 多条芯片生产线，并宣布开发出小于 5 纳米的刻蚀设备。沈阳芯源微的光刻工序中高端涂胶显影设备已经向中芯国际和长江存储等晶圆代工厂供货。北京华峰测控是中国最大的芯片自动化测试设备供应商。上海芯原股份拥有自主研发可控的芯片知识产权库及全流程多领域一体化芯片定制平台，是全球排名第七、中国最大的芯片知识产权供应商。

科创板上市的 8 家半导体材料企业包括沪硅产业、安集科技、清溢光电、神工股份、华特气体、正帆科技、金宏气体和联瑞新材。上海市的沪硅产业突破了多项大硅片制造领域的关键核心技术，在国内率先实现 12 英寸大硅片规模化量产。上海市的安集科技是国内目前唯一实现高端化学机械抛光液量产的企业。深圳市的清溢光电是国内掩膜版的领军企业。锦州市的神工股份是国内领先的半导体级单晶硅材料供应商。连云港市的联瑞新材是国内硅微粉的龙头企业。佛山市的华特气体、上海市的正帆科技和苏州市的金宏气体是国内芯片制造领域高端特种气体的领军企业。

在芯片产业中下游的设计制造环节，涉及芯片设计、晶圆代工和封测等，共有 20 多家相关领域的科创板上市企业，大部分是所在细分市场的领军企业。中芯国际是全球第四大晶圆代工厂，也是科创板市值最大的芯片企业。无锡市的华润微电子聚焦于模拟与功率半导体等领域，以 IDM 模式为主运营，在特色芯片制造工艺技术方面国内领先。上海市的格科微电子在 2020 年全球互补金属氧化物半导体图像传感器出货量排名第一，市场占有率近 30%。上海市的澜起科技的内存接口芯片已成功进入国际主流内存、服务器和云计算厂商。烟台市的睿创微纳和苏州敏芯微电子是国内微机电系统传感器芯片的领军企业。上海市的乐鑫科技主打物联网无线网络通信技术 MCU 芯片。北京市的寒武纪是人工智能芯片的先行者。深圳市的芯海科技和苏州市的思瑞浦专注于中高端模拟芯片。上海市的恒玄科技深耕智能音频 SoC 芯片细分市场。上海市的晶晨股份是智能机顶盒 SoC 和智能电视 SoC 芯片的主要供应商，在中国智能机顶盒芯片市场排名第一。上海市的普冉股份主营非易失性存储芯片，同时具备非易失闪存技术芯片（NOR Flash）和带电可擦可编程只读存储器（EEPROM）产品线。上海复旦微电自主研发的单相智能电表 MCU 芯片和智能卡芯片处于行业先进水平。上海艾为电子是国内智能手机数模混合信号、模拟、射频芯片的主要供应商。无锡芯朋微电子和上海晶丰明源是电源管理类芯片的主要供应商。深圳市明微电子是 LED 驱动芯片的领军企业。深圳市力合微电子是电力线载波通信领域芯片的先行者。东莞市的广东利扬芯片是国内知名的独立第三方集成电路测试技术服务商。相比国际芯片巨头，这些科创板上市芯片企业在技术先进性、营收规模和研发投入等方面都还存在着很大的差距。相信未来中国芯片企业也会通过强强联手或者大鱼吃小鱼的并购整合形成几家具备国际竞争力的行业巨头。

美国硅谷的高科技企业长盛不衰的秘诀是以风险投资为核心的创新体系，风险投资非常关注良性的投资环境。科创板为以芯片为代表的中国硬科技创业投资带来了重大的战略机遇。近年来，美国商务部多次将 30 多家中国公司，包括华为、海康威视、大华科技、科大讯飞、旷视科技、商汤科技和依图科技等列入出口管制"实体清单"进行制裁，限制这些公司从美国购买芯片等关键零部件。转向国内芯片供应商已成为这些公司的当务之急，仅华为在 2018 年的芯片采购支出就超过 200 亿美元。在构建自主可控供应链，加快国产替代进口产品的趋势下，国产芯片厂商纷纷加紧研发高端产品，同时由芯片引发的投资热也在迅速升温。

在清科集团发布的"中国半导体领域投资机构 10 强"榜单中，既有老牌的风险投资机构华登国际和深创投，也有海归创业者转型投资的元禾璞华，还有具有浓厚产业背景的中芯聚源。投资版图覆盖芯片产业链的材料、设备、设计、制造、封测和 EDA 工具等。其中，设计环节投资案例最多，占比约为 70%；材料和设备的投资占比约为 15%。2020 年的投资总额超过 1000 亿元，约为前一年的 3 倍。

华登国际（Walden international）由美籍华人陈立武于 1987 年在美国旧金山创办。1994 年设立了首个专门投资中国的创投基金，开创了中国风险投资的先河。华登国际已经投资了全球 500 多家高科技公司，其中 120 家以上都是芯片公司，包括中芯国际、澜起科技和中微公司等。陈立武是中芯国际唯一一位长年不变的董事，被

图 5.15　华登国际创始人陈立武

誉为"中国芯片创投教父"（图 5.15）。深创投的前身是 1999 年成立的深圳市创新科技投资有限公司。目前，该公司管理各类基金规模约 4000 亿元，投资企业数量和投资企业上市数量均居国内创投行业第一位，已投资上千个项目。其中，近 200 家投资企业分别在全球 16 个资本市场上市，包括复旦微电和睿创微纳等。

元禾璞华由璞华资本（展讯联合创始人陈大同于 2014 年创办）与苏州元禾控股、国家集成电路产业基金合作设立。团队成员拥有 20 多年海内外芯片行业创业和投资经验，投资的企业包括兆易创新、韦尔股份、豪威科技、恒玄科技和晶晨股份等。中芯聚源是中芯国际于 2014 年成立的投资平台，已投资超过 120 家芯片企业，包括沪硅产业，博通集成、芯朋微和芯海科技。中芯聚源投资团队来自中芯国际、德州仪器、联发科和硅谷天堂等国内外知名科技企业，不仅对芯片产业有深刻理解，还拥有优质的行业人脉和产业资源，可以在客户、市场和技术方面为团队提供帮助。

从 2019 年 4 月成立哈勃科技投资有限公司开始，华为也通过投资来构建国内芯片领域自主可控的产业链。华为计划在武汉建立一座晶圆厂，需要一系列相关材料、设备和软件等国内公司合作。仅 2020 年，哈勃科技就投资了 25 家芯片企业，涉及产业链的各个环节，包括设备、材料、设计、封装、测试和 EDA 工具等。相比商业价值，华为旗下的哈勃科技投资更看重技术价值，重点在"卡脖子"技术，以及未来技术路线上布局。在哈勃科技投资的技术公司中，大多处于早期研发阶段，华为倾向于和他们共同成长。在投资之外，华为也会给予被投企业订单支持，这对构建中国芯片自主产业链有极大的推动作用。与此同时，小米、OPPO 等华为的竞争对手也在利用多种方式，包括对外投资和战略合作，来构建芯片产业链的自主能力。

5.7 中国芯片产业分布与发展

2020 年中国芯片产业规模近 9000 亿元，其中设计业、制造业和封测业分别占比约为 42%、29% 和 29%。长三角地区，包含"沪苏浙皖"一市三省，拥有强大的经济和人才优势，是国内最主要的芯片研发和生产基地，拥有最完整的芯片产业链，产业规模约占全国半壁江山。京津冀地区起步较早，有坚实的工业基础和科研院所的聚集效应，芯片产业规模和技术水平位居全国前列。粤港澳大湾区开放程度最高，是中国芯片产业的最大应用市场，占比约 60%。但芯片产业链的发展较晚，设计领域全国第一，芯片制造和封测短板明显，人才供需矛盾突出。中西部地区处在芯片产业发展的第二梯队，正在通过优惠政策和大力投资来实现赶超。

1）长三角地区的芯片产业

长三角地区拥有中国芯片产业链最完整、基础最扎实、技术最先进、规模最大和产值最高的城市集群，其中尤以上海市、无锡市、杭州市、苏州市、南京市、合肥市和绍兴市等为代表。上海市的全产业链、江苏省的封测、安徽省的制造、浙江省的设计各有侧重，已形成很好的产业互补，一市三省 2020 年的芯片产业规模占全国半壁江山，约为 4500 亿元。长三角地区还拥有众多高校和国家级研发机构，具有较大的人才优势。随着长三角一体化的推进，芯片产业链上的企业将会合作得更加紧密。

2020 年，上海芯片产业销售规模超过 2000 亿元，占全国总比超过 1/5。其中，设计业实现销售收入约 950 亿元，制造业实现销售收入约 460 亿元，封装测试业实现销售收入约 430 亿元，装备材料业实现销售收入约 220 亿元。上海市芯片产业聚集地是浦东新区的张江地区，未来将在临港新片区汇集。张江已成为国内芯片产业最集中、综合技术水平最高、产业链最完整的产业聚集区，汇集了超过 200 家芯片设计、晶圆制造、封装测试、专用装备、核心零部件及关键材料等领域的企业。芯片产业链在上海市浦东新区的聚集能有效发挥上下游协作效应，提高生产效率。

上海市的芯片设计公司包括韦尔股份、紫光展锐、格科微、澜起科技、复旦微电、博通集成、恒玄科技和艾为电子等近 20 家本地龙头企业，其中不乏在科创板上市的细分市场领军企业。华为海思、中兴微电子和闻泰科技等也在上海设立了研发中心。上海市芯片设计人才的集中有利于技术交流与创新。韦尔股份 2019 年依靠"外延式发展"战略，陆续收购了 CMOS 图像传感器（CIS）设计厂商豪威科技和思比科，2020 年实现营收近 200 亿元，利润超 27 亿元。紫光展锐由紫光集团于 2018 年将旗下收购的展讯和锐迪科整合而成，是全球最大的手机芯片厂商。格科微在 2020 年全球 CMOS 图像传感器出货量排名第一，市场占有率近 30%。澜起科技的内存接口芯片已成功进入国际主流内存、服务器和云计算厂商。复旦微电自主研发的单相智能电表 MCU 芯片和智能卡芯片处于行业先进水平。博通集成是物联网无线连接芯片领域的领军企业。恒玄科技是智能音频 SoC 芯片领导者。艾为电子是国内智能手机数模混合信号、模拟、射频芯片的主要供应商。

上海市的晶圆制造包括两大晶圆代工龙头中芯国际和华虹集团。中芯国际是全球第四大晶圆代工厂，也是科创板市值最大的芯片企业。2019 年，中芯国际在上海市浦东新区的生产线上成功实现了中国第一代 14 纳米 FinFET 工艺芯片的量产。2020 年实现营收约 275 亿元，利润超 43 亿元。华虹集团是"909 工程"的主体承担单位，充分运用"8 英寸 +12 英寸"的产能布局优势，2020 年晶圆代工收入约 62 亿元，利润约 6.5 亿元。

上海市的封装测试公司以外资为主，包括台湾地区封测巨头日月光和美国安靠科技的封测厂，以及美国存储巨头西部数据旗下的晟碟半导体。上海市的芯片设备公司包括刻蚀设备龙头中微半导体，清洗设备龙头盛美半导体和填补国内光刻机空白的上海微电子设备集团。上海市的芯片材料公司包括大硅片龙头沪硅产业，抛光液龙头安集科技，电子电镀和电子清洗材料龙头上海新阳和高端特种气体的领军企业正帆科技。沪硅产业旗下上海新昇半导体的 12 英寸硅片产品已经通过中芯国际的认证，并得到长江存储的采购。2016 年，沪硅产业入股全球最大的 SOI 硅片企业法国上市公司绝缘体技术（SOITEC），并完成对原全球第八大硅片企业芬兰新欧科技（OKMETIC）的私有化收购，实现了在硅片领域的国际化产业布局。

2021 年 3 月，中国（上海）自由贸易试验区临港新片区发布

《集成电路产业专项规划（2021—2025）》，推动更多芯片产业资源和创新要素向临港新片区集聚，建设世界级的"东方芯港"。临港新片区集聚了总规模 100 亿元的上海集成电路装备材料产业基金、总规模 100 亿元的上海超越摩尔产业基金和总规模 400 亿元的上海集成电路产业投资基金二期等。已引进华大、新昇、格科微、闻泰、中微、寒武纪、地平线等 40 余家行业标杆企业，初步形成了覆盖芯片设计、特色工艺制造、新型存储、封装测试，以及装备、材料等环节的芯片全产业链生态体系。

江苏省是中国芯片产业起步早、基础好、发展快的地区之一，2020 年芯片生产总量超过了 830 亿块，位居全国第一。芯片设计、制造、封测和支撑服务业销售收入超过 2800 亿元。并以苏南地区的无锡市、苏州市和南京市为中心，形成了涵盖 EDA、设计、制造、封装、设备、材料等较为完整的芯片产业链，汇集了华润微、卓胜微、长电科技、通富微电、晶方科技等知名芯片企业。

无锡市是继上海市之后全国第二个芯片产业产值突破千亿元的城市，2020 年销售收入为 1420 亿元，其中设计业约 180 亿元。由于"908 工程"的落地实施，芯片产业在无锡市快速发展，形成了先发优势。无锡市的 SK 海力士和华润微电子代表了国内高端芯片的制造水平。SK 海力士为江苏省单体投资规模最大和技术水平最高的外资投资企业。华润微电子在无锡市的 5 家子公司各自负责芯片的设计、制造、掩模以及封测，形成了完整的产业链。华虹集团 2018 年开工建设总投资 100 亿美元的华虹无锡集成电路研发和制造基地。卓胜微（Maxscend）填补了国产射频前端芯片的空白，成为三星、华为、小米和 OPPO 等智能手机厂商的核心供货商，在射频开关领域已达到国际先进水平。芯朋微是电源管理类芯片的主要供应商。长电科技 2015 年以 7.8 亿美元收购新加坡上市企业星科金朋，并与中芯国际联合形成从晶圆制造到封测的一体化服务能力。2020年，长电科技实现近 265 亿元营收，成为全球第三大芯片封测企业。

苏州市 2020 年芯片产业销售收入超过 625 亿元，其中设计业约 75 亿元。已形成涵盖设计、制造、封测、设备等的芯片产业链。设计企业主要集中在苏州工业园区、高新区，以及昆山市等区域。产品方向主要包括电源管理、物联网、网络通信、存储及信息安全等领域。敏芯股份是国内 MEMS 传感器芯片的领军企业。思瑞浦是中高端模拟芯片的主要供应商。芯片制造业主要包括台湾地区的第二大晶圆代工厂联电集团（UMC）旗下的和舰公司的两条 8 英寸生产线。金宏气体是国内芯片制造领域高端特种气体的领军企业。通富微电 2016 年收购超威半导体旗下的苏州工厂后，成为超威半导体在封测环节的核心配套企业。晶方科技是先进封装技术的引领者，2019 年通过海外并购拓展了晶圆级微型光学器件核心制造技术。三星半导体、华为海思、中国科学院微电子学研究所苏州研究院、澜起科技、华天科技等均在苏州设有分公司或生产基地。苏州市芯片业未来突破的主要方向是细分领域的芯片设计、特色半导体制造，以及设备和材料。

南京市近年来聚力打造芯片产业地标，设立了 500 亿元专项基金支持芯片产业发展，江北新区被规划为南京市芯片产业聚集地。2016 年，全球晶圆代工龙头台积电在江北新区投资 30 亿美元建设新厂，带动了大批上下游企业快速集聚。目前，江北新区已集聚 200 余家芯片企业，覆盖设计、制造、封测等全产业链。南京市

2020 年芯片产业规模超过 500 亿元，其中设计业近 150 亿元。在设计领域，紫光展锐、创意电子、安谋、新思科技等国内外龙头企业相继落户；制造领域，有台积电 12 英寸晶圆项目；封测领域，华天科技投资 80 亿元在浦口经开区建设集成电路先进封测产业基地项目。南京集成电路产业服务中心集人才资源、开放创新、公共技术和产业促进四大特色功能为一体，高标准打造专业化、市场化的综合服务平台，助力产业高质量发展。

浙江省 2020 年芯片产业销售规模约为 1168 亿元，位居全国第六。形成以杭州市、绍兴市为引领，宁波市、嘉兴市、衢州市、金华市等地特色发展的"两极多点"格局。在专用制造装备和测试装备、材料、设计、晶圆制造、封装测试、产品应用等方面建立起了比较完整的芯片产业生态链。在设计领域，聚集了士兰微、华澜微、中电海康、格科微等一批国内知名企业，在微波毫米波射频集成电路、嵌入式处理器、存储控制器等细分领域形成了国内领先的技术水平。在制造领域，已聚集起包括士兰集成、东芯半导体、立昂微在内的一批重点企业。

2020 年，杭州市芯片产业规模达 340 亿元，其中设计业销售额超过 200 亿元，跻身全国芯片设计业百亿元城市榜单，居深圳市、上海市、北京市之后，位列全国第四。杭州市共有 41 家年销售收入超亿元的设计企业，超过全省总数量的 75%，聚集起士兰微、矽力杰等上市公司，以及平头哥半导体、国芯科技等一批在细分领域处于国内领先地位的中小设计企业。杭州市在芯片特色工艺制造领域也有较强优势。士兰微董事长陈向东 1982 年毕业于复旦大学半导体专业，曾任绍兴华越微电子常务副厂长。1997 年，陈向东等七人（业内称"士兰微七君子"）凑出 350 万元注册成立杭州士兰微。2002 年，士兰微第一条 6 英寸芯片生产线在杭州市建成投产。2003 年 3 月士兰微在上海证券交易所上市，成为中国境内第一家上市的芯片企业。2020 年 12 月，士兰微 12 英寸 90 纳米特色工艺芯片生产线正式投产。士兰微 2020 年实现营收约 42 亿元，是国内不多的拥有从芯片设计、晶圆制造到封装测试全业务覆盖的 IDM 领军企业。矽力杰（Silergy）于 2008 年在杭州成立。创始人陈伟于 1992 年从浙江大学毕业，1998 年获美国弗吉尼亚理工大学博士学位。矽力杰主攻电源管理芯片，终端应用包括 LED 照明、消费电子及通信产品等，2013 年 12 月在台湾地区挂牌上市。

　　绍兴市的芯片产业发展可以追溯到 20 世纪 80 年代的华越微电子（又称"871 厂"）。作为甘肃省和浙江省两省合办的企业，华越微电子一度成为当时长三角仅次于无锡华晶的芯片企业，并为浙江省芯片产业培养了大批人才。华越微电子 1998 年建设完成了 5 英寸生产线，但由于体制问题，部分华越微电子的高管和高层技术人员纷纷出走，华越微电子于 2018 年 5 月停工停产。绍兴的芯片产业近几年再出发，聚焦内地龙头企业，和中芯国际、长电科技、豪威科技进行合作，致力构造区域 IDM 特色产业发展新形态。加快形成涵盖芯片设计、晶圆制造、封装测试、装备材料等领域的全产业链。2019 年，绍兴市集成电路产业平台被列入浙江省首批"万亩千亿"新产业平台培育名单，平台主要有三大战略定位，分别是打造长三角芯片产业制造基地，打造以 MEMS、功率器件为代表的特色工艺芯片产业高地，打造面向 5G 通信、智能汽车等未来产业的半导体应用创新中心。2020 年，绍兴市 100 多家芯片企业实现产值近 300 亿元。

宁波市近年来加速布局芯片产业，引进培育了中芯国际、江丰电子、甬矽电子等一批产业链龙头企业，着力打造了鄞州区的"微电子创新产业园"、北仑区的"芯港小镇"等一批产业集聚区，形成了集成电路产业园和材料基地、制造与封测基地、设计基地等"一园三基地"的发展格局。嘉兴市的斯达半导深耕车规级 IGBT 芯片 10 余年，创始人沈华 1995 年获得麻省理工学院材料工程博士，曾在英飞凌工作，有着深厚的技术积累，2020 年斯达实现营收入近 10 亿元。

近年来，安徽省紧紧抓住芯片产业发展的战略机遇，实现了"从无到有、从有到多"的跨越发展，增速居全国前列。合肥市正在建设国家动态随机存取存储器存储产业基地，现已集聚芯片上下游企业超过 200 家，形成了以长鑫存储、晶合等为代表的晶圆制造产业，以通富微电、沛顿、矽迈微、新汇成等为代表的封测产业，以联发科、格易、君正等为代表的芯片设计产业，以芯碁、大华、空气化工、北方华创等为代表的半导体装备材料产业。2020 年合肥芯片产业规模超过 300 亿元，并获批全国首个"海峡两岸集成电路产业合作试验区"。长鑫存储（CXMT）成立于 2017 年，由兆易创新与合肥市产业投资控股集团共同投资，其中一期总投资 80 亿美元，研发 19 纳米制程的 12 英寸晶圆动态随机存取存储器，技术专利主要来自已破产的德国动态随机存取存储器厂商奇梦达。2020 年起长鑫存储开始量产，市场份额约为 2.9%，成为继三星、海力士和美光之后全球第四大动态随机存取存储器存储芯片企业。

2）京津冀鲁的芯片产业

京津冀地区是中国北方经济的重要核心区，芯片产业起步较早。北京市是中国最早的三大微电子基地之一，拥有高质量人才优势和科研院所的聚集效应，芯片产业规模和技术水平一直位居全国前列。2020 年，实现销售规模近千亿元，其中设计业约 500 亿元，但面临一定的下行压力。目前已形成"亦庄制造、海淀设计、顺义化合物"的空间格局，呈现出制造带动、设计引领、设备材料稳步成长的发展态势。

北京经济技术开发区作为中国芯片产业聚集度最高、技术水平最先进的区域之一，聚焦了中芯国际、北方华创等龙头企业，已初步形成涵盖"芯片设计、晶圆制造、封装测试、专用设备及关键材料"等较为完备的芯片产业链生态，产业规模约占北京市芯片产业产值的 50%。屹唐半导体、电科装备和华卓精科等一批芯片设备企业均在亦庄聚集，亦庄已成为中国最重要的芯片设备产业集聚区。北方华创 2016 年由七星华创和北方微电子战略合并而成，是中国最大的芯片设备制造企业，产品已覆盖刻蚀、薄膜沉积、清洗、热处理和扩散等重要工艺。其中，刻蚀和热处理及扩散设备可满足 14 纳米制程的需求，薄膜沉积和清洗设备可满足 28 纳米制程的需求。2020 年，实现营收超 60 亿元，利润约 5.4 亿元。屹唐半导体成立于 2015 年，主攻干热去胶设备，核心技术力量来自 2016 年以 3 亿美元私有化收购的美国半导体设备厂商马特森半导体科技（Mattson Technology Inc.）。这也是中国资本成功收购国际半导体设备公司的第一个案例。2020 年 12 月，中芯国际联手"亦庄国投"和国家集成电路产业基金二期共同成立合资企业"中芯京城"，计划投资 76 亿美元建设 12 英寸晶圆代工厂。亦庄国投成立于 2009 年 2 月，是北京亦庄开发区招商引资的主平台。亦庄国投母基金共参与设立芯片相关基金超 15 支，总规模超 2000 亿元。亦庄国投通过自主投资、支持合作基金、与实体运营公司合作等方式进行了十几起海外并购，包括 2015 年支持武岳峰资本等收购美国芯成半导体（ISSI），2016 年支持华创投资等收购豪威科技。亦庄未来计划投入 1000 亿元，努力培育 100 家龙头企业，打造 10 平方千米的集成电路生态产业园。

北京市海淀区的中关村集成电路设计园（IC Park）以设计为核心，聚集芯片产业上下游企业，形成一体化产业链条，并延伸到软件应用、智能硬件、互联网、物联网，构建"泛集成电路设计园"。海淀区的芯片设计龙头企业包括兆易创新、北京君正、寒武纪和龙芯中科等。兆易创新已建立起了以存储器、微控制器和传感器三大核心业务为主体的生态系统，并在 SPI NOR Flash 存储芯片领域进入了全球前三强。北京君正被誉为"中国 CPU 上市第一股"，2019 年通过并购美国 ISSI 形成"处理器 + 存储器"的技术和产品格局。寒武纪是人工智能芯片的先行者。龙芯中科依托中国科学院"龙芯"的研发技术，自主研发中央处理器指令构架和操作系统，意在形成完整的 LoongArch 生态体系。半导体测试系统龙头企业华峰测控也在海淀区发展壮大，公司产品主要用于模拟及混合信号类集成电路的测试，是为数不多进入国际封测市场供应商体系的中国芯片设备厂商。中国电子信息产业集团（CEC）旗下华大九天成立于 2009 年，一直聚焦于 EDA 工具的研发工作，是国内规模最大、技术实力最强的 EDA 龙头企业，可提供模拟 / 数模混合芯片设计全流程解决方案、数字 SOC 芯片设计与优化解决方案、晶圆制造专用 EDA 工具和平板显示设计全流程解决方案。

北京市顺义区是国家批准建设的第一个化合物半导体基地。围绕光电子、电力电子、微波射频三大应用领域，目前已聚集了 100 多家化合物半导体企业，初步形成了从装备到材料、芯片、模组、封装检测及下游应用的全产业链格局。

天津市曾经是摩托罗拉（Motorola）全球最重要的生产基地之一，摩托罗拉天津集成电路生产中心建于 2000 年，包括 8 英寸芯片前工序生产厂 MOS17 和封装测试厂 BAT3。该中心曾是中国最早的先进芯片生产中心，但随着摩托罗拉的没落，于 2004 年被中芯国际收购。天津市目前已形成设计、制造和封装测试三业并举，新型半导体材料与高端设备等支撑配套业共同发展，相对完整的芯片产业格局。滨海新区以芯片设计为主导，西青区主攻芯片制造和封装测试，津南区则聚焦高端设备和材料。芯片设计有唯捷创芯、飞腾公司和海光信息等知名企业，制造领域有中芯国际（天津），封装测试有恩智浦，材料和装备则有中环股份和华海清科等。2020 年，天津市芯片产业实现营收约 180 亿元。

唯捷创芯（Vanchip）由女企业家，天语手机创始人荣秀丽于 2010 年创办，主要产品为射频功率放大器（PA）模组，获得了联发科和华为哈勃的投资。2018 年开始向小米、OPPO 和维沃（vivo）等厂商大规模供货，2020 年实现营收约 18 亿元。飞腾公司成立于 2014 年，致力于飞腾（Phytium）系列国产微处理器（CPU）的设计研发和产业化推广，已有上千家生态伙伴，2020 年实现营收约 13 亿元。海光信息由中科曙光和超威半导体共同设立，是国内唯一一家获得超威半导体官方授权，设计和生产 ×86 服务器芯片的企业。

中芯国际天津厂拥有一条成熟工艺的 8 英寸芯片生产线，已实现 4.5 万片月产能。2016 年的 10 月，中芯国际正式启动投资额为

15 亿美元的中芯天津产能扩充项目，建成后有望成为世界上单体规模最大的 8 英寸芯片生产线，月产能为 15 万片。产品主要面向指纹识别、电源管理、数模信号处理、汽车电子等。欧洲芯片巨头恩智浦半导体天津集成电路测试中心项目于 2020 年 8 月在天津市启动。中环股份在半导体材料形成了深厚的技术沉淀，8 英寸硅片国内持续领先，12 英寸硅片客户认证稳步推进，已成为全球综合产品门类最全的半导体硅片供应商。2020 年 7 月，TCL 科技宣布斥资 110 亿元收购天津中环集团 100% 股权，将间接持有中环股份超过 25% 的股权。华海清科于 2013 年由天津市与清华大学联合投资成立，主要产品为化学机械抛光（CMP）设备，已为华虹和长江存储等客户交付了 100 台 12 英寸 CMP 设备。

天津市坚持以"信创产业"为主攻方向，在诸多细分领域实现了技术率先突破。规划在滨海高新区建设"中国信创谷"，计划实现硬件链化芯片设计、高端服务器制造等优势，补齐芯片制造、封装测试、传感器、通信设备等薄弱或缺失环节，实现全链发展。芯片是天津打造信息技术应用创新产业高地的重点发展产业之一，天津提出重点发展 CPU、5G、物联网、车联网等领域的处理器芯片设计，在系统级芯片（SoC）、图形处理器（GPU）、可编程逻辑门阵列（FPGA）等领域突破一批关键技术，做强芯片用 8—12 英寸半导体硅片制造，布局 12 英寸晶圆生产线项目。

河北省是老工业基地，从第一个"五年计划"时期就是重点建设的地区，有着坚实的工业和制造业基础。20 年前的经济总量曾经位列全国第 6 位，但近几年排名未能进入十强。2020 年 10 月，河北省出台了《关于落实国务院〈新时期促进集成电路产业和软件产业高质量发展的若干政策〉工作方案的通知》。提出要实施五大工程，做精做强专用集成电路、基础材料和嵌入式软件等特色优势产业，培育发展集成电路设计、封装测试和工业软件等新兴产业，提升产业创新能力和发展质量，为加快河北数字经济发展提供有效支撑和持续动力。

依托中电科 13 所、同光晶体、普兴电子等优势企业，扩大氮化镓、砷化镓、碳化硅晶圆加工能力，提升 4 英寸、6 英寸、8 英寸碳化硅、6—8 英寸硅外延材料品质，加快 6 英寸以上大尺寸碳化硅单晶、氮化镓外延片及 12 英寸硅外延量产化进程。依托中船重工 718 所，加快发展显示、集成电路用特种电子气体材料，建设国内领先的新型功能电子材料产业化基地。

中电科 13 所（又称"河北半导体研究所"），1956 年始建于北京市，1963 年迁至石家庄市，并于 20 世纪 60 年代末分别援建了四川固体电路研究所和南京电子器件研究所两个微电子所，是中国成立最早、规模最大、技术力量雄厚、专业结构配套的综合性半导体研究所，设有砷化镓集成电路和功率器件国家重点实验室、国家半导体器件质量监督检验中心，拥有先进完善的科研生产和质量检测手段，先后在"载人航天"等多项国家重点工程中承担重点任务。主要从事 MEMS、量子器件与纳电子、宽禁带半导体材料与器件、有机半导体与分子电子学 4 个前沿高技术领域的研究。中电科 13 所先后创造了包括第一只硅超高频晶体管、第一块硅集成电路、第一只砷化镓微波场效应晶体管和第一块砷化镓集成电路等在内的多项国内第一。

中船重工 718 所创立于 1966 年，总部位于河北省邯郸市。

2000 年组建特种气体工程部，于 2009 年成功开发出高纯三氟化氮。高纯电子特种气体是大规模集成电路、多晶硅、太阳能等先进制造业的重要原材料。718 所已建成国内最大的三氟化氮、六氟化钨及三氟甲磺酸系列产品研发生产基地。其中，三氟化氮国内市场覆盖率超过 95%，国际市场覆盖率达 30%；六氟化钨国内市场覆盖率达 100%，国际市场覆盖率达 40%。产品得到了中芯国际等芯片龙头企业的测试认证。

山东省是制造业大省，拥有较为健全的工业门类，在家电、汽车、高铁等领域拥有强大的制造能力。但山东省的芯片产业面临着基础薄弱和重大项目偏少等问题。《山东省新一代信息技术产业专项规划（2018—2022）》中提出，山东省大规模集成电路制造和显示面板生产等核心关键领域缺失，信息技术产业影响力不强，产业地位不够突出。青岛市正在强化顶层设计，加速构建芯片生态体系，围绕技术、人才、资金、市场、产业环境等要素引导产业聚势发展。把新一代信息技术"振芯铸魂"作为"制造强市"的重要引擎，致力于建设国家级集成电路产业基地。

青岛市的海信集团是国内较早涉足芯片研发的彩电厂商之一。2005 年 6 月，海信研发成功数字视频处理芯片"信芯"。2015 年，发布超高清画质引擎芯片，2017 年，收购整合日本东芝映像画质芯片设计团队，2018 年，迭代推出"信芯"H3 画质处理芯片。2019 年，海信将公司原有芯片部门整合，并与青岛微电子创新中心签约，共同投资 5 亿元成立青岛信芯微电子，继续深耕显示技术领域。另外，在光通信芯片领域，海信具备完整的芯片设计生产一体化能力，其产品应用在海信宽带公司的光模块产品上。

歌尔股份主要聚焦于声学、光学、微电子和精密结构件等精密零组件。2004 年开始布局 MEMS 传感器领域，是唯一进入全球 MEMS 厂商前 10 强的中国企业。歌尔具备"芯片＋器件＋模组＋系统＋封装"的一站式整体解决方案，在芯片开发、集成封装以及软件算法等领域已拥有多项专利。歌尔计划在青岛市建设微纳加工及分析测试、MEMS 芯片、智能传感器等研发平台，以芯片设计为引领，以芯片制造、封装测试为支撑，精准定位智能硬件、汽车电子、5G 等产业方向。

2018 年，中芯国际创始人张汝京在青岛西海岸新区创办了芯恩（青岛）集成电路有限公司，主导 CIDM（Commune IDM，即"共有 IDM"）模式。在 CIDM 模式中，由 10—15 个企业联合投资芯片的设计、研发、生产、封装、测试等，形成一个共有的芯片生产平台，不仅可以实现资源共享，还可以减少投资的风险。芯恩由青岛市的国有企业澳柯玛集团作为大股东进行投资建设，计划总投资 218 亿元。2020 年 8 月芯恩 8 英寸芯片开始试产。

济南市大力构建数字产业生态，加快打造"中国算谷"，建设北方集成电路产业基地。目前已经形成了以碳化硅衬底材料和多种 LED 外延片、传感器芯片为主的产业集群。烟台市在芯片细分市场也占有一席之地。艾睿光电的非制冷红外成像芯片在国内处于领先水平，德邦科技的高分子界面材料在国内占有重要地位。

3）粤港澳大湾区的芯片产业

粤港澳大湾区包括香港特别行政区、澳门特别行政区和广东省的广州市、深圳市、珠海市、佛山市、惠州市、东莞市、中山市、江门市和肇庆市，总面积约 5.6 万平方千米，总人口超过 7000 万。香港集国际金融、航运和贸易三大中心于一身；澳门是世界旅游休闲中心；广东省作为改革开放先行区和经济发展重要引擎，经济总量连续多年居全国第一位，正在构建科技、产业创新中心和先进制造业、现代服务业基地。粤港澳大湾区是中国开放程度最高、经济活力最强的区域，在国家发展大局中具有重要战略地位。

广东省拥有中国最大的消费电子市场，龙头企业包括华为、OPPO、大疆创新、传音控股、漫步者等。已形成新一代电子信息、智能家电等 7 个产值超万亿元的产业集群。5G 产业和智能手机等产品居全国首位，家电和电子信息等部分产品产量全球第一。粤港澳大湾区已成为中国芯片产业的最大应用市场，占比约 60%。2020 年广东省芯片产业营收约 1700 亿元。其中，设计业营收近 1500 亿元，占比约 88%。广东省芯片产业链的发展并不均衡，和设计领域的优势以及广阔的终端市场相对比，芯片制造、设备和材料方面短板明显，芯片相关的大学和科研院所数量较少，人才供需矛盾突出。综合来看，前期的产业投入不足，以及专项规划或政策的缺失，共同影响了广东省芯片制造业的发展。

2018 年 10 月，粤港澳大湾区半导体产业联盟成立，广州市、深圳市、珠海市、香港特别行政区和澳门特别行政区五地正式联手，将共建包括芯片测试、电子设计自动化、知识产权、人才培训和产业孵化在内的一系列服务支撑平台，构建粤港澳大湾区芯片产业生态，提升粤港澳大湾区芯片产业的整体竞争力。广深珠港澳已初步形成了各自在半导体产业上的优势。广州市的优势在应用和制造，拥有进入量产的 12 英寸晶圆制造厂；深圳市的芯片设计业规模多年来位居全国首位；珠海市强在产品和设计；澳门的模拟芯片科研水平亚洲领先，其中澳门大学的模拟与混合信号超大规模集成电路国家重点实验室是华南地区唯一的微电子国家重点实验室；香港历来是对接国际市场和科研交流的重要窗口，香港科技园的实验室可以提供封装测试、可靠性测试等服务。

2020 年，广东省首次提出实施"广东强芯"行动，加快构建芯片产业发展的"四梁八柱"，在基金、平台、大学和园区等支撑性方面打造产业"四梁"，从制造、设计、封测、材料、装备、零部件、工具和应用等专业领域构建"八柱"。

2021 年 8 月，广东发布《广东省制造业高质量发展"十四五"规划》，指出要着力解决"缺芯少核"卡脖子问题。明确到 2025 年，广东省的芯片产业营业收入要突破 4000 亿元，产业链包括芯片设计及底层工具软件、芯片制造、材料及关键元器件、特种装备及零部件配套，建成具有国际影响力的芯片产业聚集区。

在芯片设计方面，广州市重点发展智能传感器、射频滤波器、第三代半导体，建设综合性芯片产业聚集区；在芯片制造方面，广州市以硅基特色工艺晶圆代工线为核心，布局建设 12 英寸芯片制造生产线；同时，广州市要发展器件级、晶圆级 MEMS 封装和系统级测试技术。广州市从 2018 年开始专门出台加快发展芯片产业的若干措施，黄埔区、广州开发区已初步形成了芯片全产业链格局。高云半导体已成为国内领先的 FPGA 芯片企业；慧智微是全球第一家实现可重构多频多模射频前端技术并量产的芯片公司；安凯专注于智能物联网终端核心芯片；兴森快捷开启了先进封装基板和测试板生产。粤芯半导体自 2017 年 12 月成立以来，已吸引来自芯片设计、封装测试、终端应用等领域的 80 多家企业落户在广州开发区，加快了产业链上下游在广州市集聚。

粤芯半导体是一家新兴特色工艺晶圆制造厂商，以"定制化代工"为核心营运策略，基于 12 英寸生产线，主攻模拟芯片市场。在模拟芯片领域，美国的德州仪器、欧洲的英飞凌是目前的行业龙头。粤芯半导体起步于消费类芯片制造，而后逐步进入工业电子领域，有望在汽车电子领域形成差异化竞争优势。粤芯半导体项目计划分为三期进行，总投资 370 亿元。建成后将实现月产近 8 万片 12 英寸晶圆的高端模拟芯片制造规模。在资金方面，除了创业团队本身的投入，也得到了广东省当地相关机构的支持。粤芯半导体一期项目已于 2019 年 9 月建成投产，填补了粤港澳大湾区 12 英寸芯片制造的空白。2020 年，粤芯营收约 5.5 亿元，在国内晶圆代工厂位居第八名。

深圳市已经发展成为中国芯片设计第一城，2020 年设计业产值约 1300 亿元。除海思半导体位于龙岗区华为总部，中兴微电子、汇顶科技、芯海科技、国民技术、国微电子、江波龙、力合微、瑞斯康和中科蓝讯等知名芯片设计公司都坐落于深圳市南山区。海思半导体成立于 2004 年，前身是华为 ASIC（专用集成电路）设计中心。2014 年发布首款以"麒麟"命名的芯片"麒麟910"。经过数年优化，麒麟系列芯片开始在华为手机中放量使用，并帮助华为在 2019 年超过三星，位居全球 5G 手机出货量第一。但由于受美国制裁，台积电已宣布不再继续向华为供货，华为海思的麒麟系列芯片恐怕将成为绝唱。中兴微电子由中兴通讯 2003 年分拆芯片设计部门成立，累计研发并成功量产各类芯片 100 余种，是中国芯片产品布局全面的厂商之一。汇顶科技成立于 2002 年，是指纹识别芯片龙头和安卓手机阵营应用最广的生物识别解决方案提供商，2020 年实现营收超 60 亿元。芯海科技专注于中高端模拟芯片。国民技术 2010 年 4 月在创业板上市，产品涵盖安全芯片和 MCU 芯片。国微电子成立于 1993 年，是国内 FPGA 芯片领导者。江波龙是国内存储芯片领域的领军企业。力合微和瑞斯康是电力线载波通信领域芯片的先行者。中科蓝讯是 TWS 蓝牙耳机芯片的领军企业。

深圳市东部的坪山区 2018 年设立了第三代半导体（集成电路）未来产业集聚区，现已集聚了中芯国际、比亚迪半导体、基本半导体等核心企业，建立了材料、设备、设计、制造、封装测试及下游应用的完整产业链。中芯国际 8 英寸芯片生产线于 2014 年 12 月正式投产，完成投资超过 50 亿元。2021 年 3 月，中芯国际宣布与深圳市签订合作协议，联合投资约 23.5 亿美元建设 12 寸晶圆生产线，定位 28 纳米及以下先进制造工艺和射频、功率、传感器、显示驱动等高端特色工艺，推动现有生产线产能和技术水平提升。比亚迪半导体起步于 2004 年，前身为"比亚迪微电子"，2008 年以 2 亿元收购宁波中纬半导体。2015 年后，自研的 IGBT2.5 芯片诞生，比亚迪开始使用自己的芯片。比亚迪半导体已成为中国最大的 IDM 车规级 IGBT 厂商，集芯片设计、制造与封测于一身。青铜剑科技旗下的基本半导体成立于 2016 年 6 月，是国内第三代半导体行业领军企业，专业从事碳化硅功率器件的研发与产业化，于 2020 年 12 月获得闻泰科技的战略投资。

珠海市的芯片产业起步比较早。1993 年，由台商投资的芯片设计公司珠海亚力成立，33 岁的赵广民成为研发部经理。赵广民

1960 年出生于陕西省西安市，1977 年考入西安交通大学半导体专业，1988 年获清华大学无线电系半导体专业硕士。2001 年，珠海亚力重组为珠海炬力，赵广民任总经理，并和团队一起持有少量股份。2002 年，炬力推出 MP3 主控芯片，获得了市场广泛肯定。2004 年一跃成为 MP3 主控芯片的霸主，并带动了数十亿美元的 MP3 产业链在中国大陆的快速形成。低调务实的赵广民被媒体誉为"中国 MP3 之父"。2005 年 12 月，炬力正式登陆美国纳斯达克。2006 年成为全球 MP3 芯片最大供货商。2007 年，由于股权分配等问题，赵广民和张建辉等公司高管离开炬力，成立了全志科技。47 岁的赵广民不幸在 2007 年 7 月因车祸离世。2011 年，全志科技推出了第一颗平板处理器 A10，获得了市场的广泛认可。2012 年，销售额破 10 亿元，安卓平板处理器出货量全球第一。2015 年登陆 A 股创业板。在智能音箱领域，全志科技已经成为全球出货量最大的芯片供应商。2020 年，珠海市的芯片设计业产值近 90 亿元，拥有 4 家以上的上市企业，收入过亿企业超 8 家。艾派克是打印机芯片细分市场龙头。建荣半导体和杰理科技是 TWS 蓝牙耳机芯片的领军企业。炬力从美国退市后，重组为炬芯，已成为智能音箱芯片的主要供应商。2017 年 11 月，英诺赛科自主研发的中国首条 8 英寸硅基氮化镓生产线在珠海正式通线投产。

东莞松山湖高新技术产业开发区是广深港澳科技创新走廊十大核心创新平台之一，是东莞市创新驱动发展的引擎，具有良好的科技创新基础和新兴产业集聚优势。吸引了华为终端总部、OPPO 研发总部和顺丰科技创新总部多个项目在此落户。如今的"东莞制造"正在加快向"东莞智造"升级，包括建设国内富有竞争力的集成电路产业基地。松山湖中国 IC 创新高峰论坛自 2011 年设立以来已连续在松山湖高新区举办。每届重点推广多款代表中国先进芯片设计水平，且与年度最热门应用需求紧密结合的芯片新品，从而吸引了国内先进芯片设计企业、国内优秀系统厂商，以及产业链上下游关键的软件商等参会。

香港芯片产业起步于 20 世纪 60 年代，一度成为美国和日本芯片制造外移的首选地域，产业环节主要围绕制造、封装、组装和测试。香港是亚太区重要的电子元器件贸易枢纽，国外的芯片产品大都是经过香港转口到中国内地。20 世纪 80 年代，摩托罗拉开始在香港设立研发中心。由于香港政府缺乏资金政策扶持，电子制造环节逐步北上，导致芯片产业日渐式微。晶门科技于 1999 年在香港成立，创始团队来自摩托罗拉半导体部门，一直在显示驱动领域深耕，并于 2004 年在香港主板上市，后经过重组，华大半导体成为晶门科技的大股东。香港多所大学电子领域的科研水平在亚洲名列前茅，为芯片产业的发展奠定了人才基础。

澳门大学模拟与混合信号超大规模集成电路国家重点实验室专注于芯片研究，自 2011 年以来，其研究成果得到国际电气与电子工程师协会（IEEE）国际固态电路峰会认可的数量为亚洲机构之最。2018 年，澳门大学入选论文数量超过内地大学的总和。

2019 年 8 月，中国科学院集成电路创新（澳门）研究院在澳门成立。将聚集中国科学院在集成电路领域的优势力量，在前沿基础研究、重大任务攻关、科教融合，以及产业孵化等方面开展工作，形成体系化创新能力和系统性攻关能力。该研究院承接"大湾区国家集成电路技术创新中心"职责，旨在深化粤港澳合作、推进大湾区建设，立足于粤港澳大湾区完善的金融、市场及人才环境，借助澳门在国际专业人才方面的聚集优势，快速推进中国芯片产业布局研究及开发。创新中心计划在3年内总投资200亿元人民币，以"一个中心"定位于广州黄埔区创新基地，侧重于工艺研发、周边配套、产业聚集；同时发挥"二翼支撑"，包含澳门珠海集成电路设计生态支撑和深圳香港产业链应用支撑。

附 录

对话刘志翔：
大基金应旗帜
鲜明引导资本
进入半导体

本报记者　陈伊凡　上海报道　半导体产业近日消息连连，大基金（国家集成电路产业基金）二期的实质投资在 3 月底开始进行。中国规模最大的集成电路制造企业中芯国际，也在 5 月 5 日晚宣布申请科创板上市。

"大基金应该旗帜鲜明地引导资本投入半导体行业。"作为深圳市集成电路产业协会执行会长，刘志翔对清华校友和海归团队创办的新材料、人工智能和半导体等"硬科技"项目情有独钟。而过去 20 年在中美高新技术领域的创业、投资和操盘并购的经历，也打磨着他对半导体行业的认知和理解。最近，他就正忙着在微博上连载芯片发展史。

资本市场对半导体行业的引导，是刘志翔发来的一条条微信语音中的高频句。因为"只有科技行业形成财富效应，才能吸引到更多优秀的技术和管理人才，甚至包括世界一流的专家团队。"这个观点与此前清华大学经济管理学院教授魏杰提出的第三次"科技造富时代"不谋而合。

如今,大基金在"打方向灯",一期总规模1387亿元,最终撬动的社会投资5150亿元。而随着科创板的开板、创业板推出注册制,资本市场也确实在逐渐向适合科技企业发展的方向"转弯",但在这个过程也出现了"拥堵"、指标僵化等问题。

此前,国家集成电路产业发展投资基金股份有限公司总裁丁文武就曾公开指出,各地在发展集成电路(IC)产业时,要避免"遍地开花"开工厂,要避免低水平重复和一哄而上形成泡沫。

在刘志翔看来,中国芯片行业还处于群雄混战阶段,很多细分领域尚未出现霸主,但通过资本市场并购整合,可能经过30年的产业充分发展,市场上只剩下不超过十家芯片巨头。

尽管资本市场向科技企业倾斜是好事,但刘志翔认为在审核机制上还需要相关调整,如今大部分的审核中,财务指标占很大比重。而芯片项目的投资,不能简单靠市盈率和市值来衡量。由于市场空间巨大,赛道基本明确,尤其在目前被英特尔、三星、高通、台积电等半导体国际巨头所主导的细分领域,关键还是要看公司的技术实力,包括技术团队的专业背景、项目经验和知识产权等。

珠三角的机遇和挑战

珠三角作为改革开放后崛起的"世界工厂",其完整的供应链缩短了电子产品的迭代时间,国际化的专业分工与合作、开放和创新的氛围,与美国硅谷相似,并孕育出了华为、腾讯、迈瑞、大疆、中兴通讯等一批科技明星企业。这里是否有望成为未来中国半导体产业发展的重镇？

经济观察报：梳理大基金投资发现，投资主要集中在长三角，珠三角的投资越到后期越多，为什么会形成这样的投资格局？

刘志翔：这个现象和中国半导体产业的发展历程有很大关系，早期的半导体研发以国防应用为主。

1982 年，国务院成立大规模集成电路领导小组，并提出在京津地区建立北方基地和在长三角地区建立南方基地。

1986 年，电子工业部出台集成电路行业规划，开始在上海市和北京市建设南北两个微电子基地。当时，珠三角地区的产业还主要是"三来一补"的低端制造业。与北京市和上海市相比，珠三角地区长期缺乏半导体产业相关的科研院所、专业人才和制造基地。

早期，大基金投资的项目主要集中在长三角。1995 年，国务院开始在上海市实施加快集成电路发展的"909 工程"，并成立合资企业上海华虹 NEC 来承担芯片生产线建设。在北京市也成立了华虹集成电路设计公司。后续的"909 工程"升级改造建设也基本上以上海地区为主。上海市顺势把集成电路作为"聚焦张江"的重点产业。

随着国务院 18 号文件的发布，2000 年中芯国际在上海市建设芯片代工厂，2001 年展讯创始人武平和陈大同率领 30 多位海归芯片设计专家在上海市研发手机芯片，2004 年中微公司创始人尹志尧带领 30 多位半导体设备专家在上海市研发 65 纳米刻蚀设备，以上海市为核心的长三角逐渐形成了国内半导体产业链最完整的地区，并集聚了大量芯片公司和技术人才。

2001 年，中国加入世界贸易组织后，珠三角电子产业发展迅速，承接了很多跨国公司的定点生产代工订单，国际化程度较高。研发产品也逐渐从低端的消费电子向中高端的通信设备和终端提升，并成为世界电子产品制造的重镇。很多公司成为苹果手机或华为手机产业链的关键供应商。

相比长三角的芯片制造优势，珠三角具备明显的市场优势。华为、中兴通讯和比亚迪等整机厂商，都开始在内部成立芯片研发部门，一方面可以通过替代进口芯片节省采购成本，另一方面也可以设计新功能来提升产品竞争力。

华为的海思半导体现在已经成长为全球第五大芯片设计公司，带动深圳地区的芯片设计产业位居全国首位。珠三角以民营企业为主，以市场化和国际化为导向来布局产业，粤港澳大湾区对标美国硅谷，营造开放和创新的氛围，积极整合优势资源来促进自主创新和产业升级。

近期，广州市南沙区举行了海芯项目晶圆厂奠基仪式，项目发起人为原摩托罗拉中国区总经理陈永正，中芯国际创始人张汝京应邀参加，标志着珠三角正在加强半导体产业链的综合布局。深圳市有望出台对科技企业创始人更好保护的"同股不同权"政策，加强与国际接轨的灵活措施，来吸引国际化芯片项目团队。

经济观察报：您怎么看半导体地方项目的碎片化、同质化的问题？

刘志翔：近年来出现了"半导体投资热"，很多地方对芯片项目的招商情有独钟。但不同芯片项目的市场竞争和技术路线差异很大，有必要在国家层面进行一些规划和协调。

有些芯片项目虽然在技术上比较成熟，但市场已经饱和，如果几个地方同时上马，就会造成资源分散、同质化和低水平竞争。毕竟，我们在芯片管理和技术人才方面缺口还很大。

另外，有些地方的芯片项目是雷声大雨点小，在资金不到位和技术不成熟时就高调宣传，实际上项目很难落地。对半导体项目投资，需要专业团队的判断和投后服务。地方产业资本可以作为母基金成为专业风险投资基金的有限合伙人（LP）。LP要相信专业机构的普通合伙人（GP），不要盲目干预投资决策，造成不必要的麻烦。

目前，中国的芯片行业还处在群雄混战的早期阶段，很多细分领域尚未出现霸主，但将来会有通过资本市场并购整合的过程。

很可能经过30年，中国半导体产业充分发展起来后，市场上只剩下不超过十家芯片巨头存在。只有这样，我们才有实力与国际芯片巨头竞争。通信行业的两个巨头华为和中兴通讯、互联网行业的BATJ（指百度、阿里巴巴、腾讯、京东），都是行业整合的结果，芯片行业也不例外。

大基金的资本引导

梳理A股市场上大基金所支持的半导体上市公司发现，许多公司市盈率很高，这样的现象对发展半导体产业来说是否合理？市盈率或市值能否衡量科技公司的价值？

经济观察报：您怎么看"半导体企业要发展还是应该放到市场中历练"这个观点？大基金在产业发展中扮演什么角色？

刘志翔：芯片行业是一个对人才和研发要求非常高的行业。受限于巴黎统筹委员会和《瓦森纳协定》对中国的技术限制，一直到

20世纪90年代，中国大陆的半导体产业在人才和研发方面与发达国家差距仍然很大。

当时，国内的很多芯片项目是以逆向工程的方式来模仿国外的产品，工艺也比较落后。20世纪80—90年代，随着一批大陆留学生在美国、日本和欧洲从事半导体的学习、研究和工作，并在2000年后一批海归人才相继回国创业和工作，才极大地提升了中国大陆半导体产业的技术水平。

经过20年发展，中国半导体行业有了很大进步，但与发达国家相比，中国半导体产业链并不完整，在半导体设备和关键材料领域国产化程度较低。除了华为海思半导体，大部分中国芯片企业的产品处于中低端，技术含量低，缺乏自主知识产权，毛利较低，很难与国际巨头在市场上竞争。

随着2018年的中美贸易摩擦，大家逐渐意识到科技的短板和芯片自主可控的重要性，对于5G、人工智能、智能驾驶和新基建相关的科技产业，芯片就相当于"粮食"。各国对粮食安全都高度重视，很多国家都是通过巨额补贴来保障粮食安全。

半导体企业的成长壮大需要经过市场的历练，但早期的扶持也是非常关键的。很难想象没有华为的扶持，海思半导体能有今天的规模和竞争力。

大基金在中国半导体产业的发展中应该起到一个压舱石的作用，应该作为耐心资本，系统布局半导体全产业链的创新公司，并长期持有，在资本市场上形成赚钱效应，引领更多的社会资本投资半导体项目。

长期以来，中国在半导体领域的年度投资额甚至低于韩国三星一家公司。毕竟，半导体产业特点之一是资本密集，充足的资本投入是半导体产业发展的前提。国家一直强调要资本市场服务实体经济，要有效利用股票市场支持实体经济中科技企业的发展。

经济观察报：并购模式、政府大力支持模式和完全通过市场发展的模式，哪一个是未来比较合适中国半导体产业的发展路径？

刘志翔：其实，这几条路径并不冲突，企业可以根据自身的优势资源，来选择发展方式。

首先，并购的路径，对企业的管理层要求比较高，既要有并购整合的能力，又要能得到资本的支持。近几年快速崛起的通信芯片巨头博通，其实就是通过一系列并购交易，实现业务和规模的快速扩张。

紫光集团、闻泰科技、韦尔半导体和君正集成电路等近年来都有并购交易，资本市场也积极支持科技企业通过并购做大做强。当然，并购整合失败的案例也不少，需要管理层应对好风险，尤其要避免并购后核心技术人员的流失。

其次，如果能够得到政府支持，类似于京东方这种发展模式，适用于技术和资金密集、周期性比较明显的行业，如存储行业或者显示行业。武汉市的长江存储和合肥市的长鑫存储都得到了地方政府的产业基金大力支持。在行业低迷时，竞争也会非常惨烈，企业需要有充足的资本来抢占市场份额。

最后，半导体的众多细分领域是随着市场变化而不断创新迭代的。每一轮技术变革都会为芯片行业带来新的发展机遇，汇顶科技就是抓住了智能手机指纹识别的商机而异军突起。同时，"创新者窘境"也会让墨守成规的科技公司陷入困境。对市场机会的判断和技术创新能力对大多数芯片公司的发展至关重要。

经济观察报：去年是大基金一期收官之年，怎么理解其投资的上市公司中，有的公司市值在去年增加将近 4 倍之多？

刘志翔：对高科技行业，尤其是处在快速发展期的芯片企业，不应该用传统成熟行业的市盈率、市值来衡量。这方面我们应该学习美国资本市场对高科技企业的偏好。如果这个高科技企业所在的行业发展空间足够大，并且本身还在快速发展，就不应该简单用市盈率来衡量它。

中国半导体正面对重构全产业链的机会，发展空间很大，还有国家提出"举国体制补科技短板"的政策利好。在这样的大背景下，要引导社会资本投资二级市场的半导体企业，并且要理解和呵护科技股在二级市场有一定程度的泡沫，只有这样中国的芯片企业才会发展壮大。

回看美国在 2000 年前后在二级市场创造的互联网科技泡沫，的确极大地刺激了美国科技企业的发展。今天，美国的科技巨头都是 20 年前在那个时候发展起来的。因为在二级市场有赚钱效应，在一级市场的风险投资（VC）和股权投资（PE）才会去投资科技公司。

只有形成这样的财富效应，才能吸引更多高端技术人才、管理人才加盟，推动行业发展。这些人才大部分在美国、欧洲国家或者日本待遇就很高，如何吸引他们参与中国半导体行业，办法之一是给他们较高的回报。大基金应该旗帜鲜明地引导资本投入半导体行业。

国际经验的借鉴

如果看日本的半导体产业发展，政府牵头组建的技术联盟起到了关键作用，日本政府要求大公司和财团加入，并共享技术，极大地促进了日本半导体的发展。2000 年之前，中国半导体的技术水平和产业规模与美国、欧洲国家和日本等发达国家相比有很大差距。

2000 年 6 月 25 日，国务院发布 18 号文件，鼓励软件产业和集成电路产业发展，情况有所改观。以中芯国际和展讯为代表的海归技术团队提升了中国半导体的研发实力。但即使现在，中国国内仍未形成行之有效的半导体技术联盟，技术共享机制并不完善。

经济观察报：日本、美国、韩国等国扶持半导体的政策和产业发展路径有何异同？

刘志翔：美国是半导体的发源地。源头创新和知识产权保护是美国芯片产业的特点。美国国家科学基金会（NSF）和国防部高级研究计划局（DARPA）为芯片研究项目提供了资金支持。早期，美国芯片公司的产品主要用于政府推动的军事、航空和大型计算机行业。

后期，在硅谷风险投资和资本市场的助力下，美国芯片产品开始面向个人计算机、互联网和移动通信市场。1993 年，美国实施"信息高速公路计划"，催生了一批全球芯片行业龙头公司。同时，美国还会定期举办半导体行业的国际学术会议，吸引全球的专家学者发布最新的研究成果。

日本支持半导体发展的最重要政策是要求共享技术成果。1976

年，日本开始"动态随机存取存储器制法革新"国家项目，政府牵头，联合东芝等大企业设立 VLSI（超大规模集成电路）研究所，通产省投入巨额补助，要求共享技术成果。1986 年，日本半导体公司的动态随机存取存储器芯片市场份额超过 80%，实现了半导体设备国产化，并超过美国，成为全球最大的半导体生产国。当然，这也导致美日产生贸易摩擦。

在美日贸易摩擦期间，以三星为代表的韩国财团趁日本经济泡沫破裂、大幅降低半导体投资之际，加大力度高薪引进日本动态随机存取存储器技术专家，在研发上取得很大突破。三星凭借韩国政府支持和资金优势，采用"逆周期投资"的策略，在半导体行业低迷时加大投资抢占了动态随机存取存储器市场份额。

经济观察报：我们可以借鉴国外的哪些经验？

刘志翔：中国半导体产业要想实现弯道超车，就应该借鉴国外的发展经验。

学习美国的源头创新和知识产权保护。国家科研经费应该加大对半导体前沿技术的投入，同时应提供资金吸引更多的半导体国际学术会议在中国举办，提升从业人员的研发水平。学习美国的科技投资偏好，由大基金引导风险投资和引导资本市场关注优秀半导体项目，帮助半导体企业吸引创新所需的高端国际化人才和资金。

学习日本的 VLSI 国家项目，由政府牵头组织龙头企业和科研院所联合攻关半导体的核心技术，并要求研究成果共享，来全面提升中国芯片公司的技术竞争力。学习三星的"逆周期投资"策略，对周期性明显、资本和技术密集型的存储类芯片项目，应该敢于在市场低迷时投资，高薪聘请技术专家，抢占市场份额，培育出世界级龙头企业。

半导体是跨学科的高科技产业，我们要学习美国和日本的半导体全产业链布局，从系统设计、电子设计自动化工具、生产设备、封装和测试、材料制备和工艺开发，综合提升中国半导体的产业创新能力。借鉴美国的"信息高速公路计划"和韩国的 CDMA 移动通信策略，在 5G 和新基建的投资建设中，支持中国芯片公司做大做强，实现跨越式发展。

除了学习国外的成功经验，日本半导体产业由于日本房地产泡沫和经济泡沫破裂而导致的衰退也值得我们警惕。如果中国房地产价格居高不下，社会资本争相去炒房，则会推高半导体产业的运营成本，进而降低我国半导体产业的国际竞争力。

（本文来源：《经济观察报》，2020-05-11）

参考文献

［1］方兴东，王俊秀. IT 史记［M］. 北京：中信出版社，2004.

［2］约翰·马修斯，赵东成. 技术撬动战略［M］. 北京：北京大学出版社，2009.

［3］吉尔伯特·罗兹曼. 中国的现代化：第 2 版［M］. 南京：江苏人民出版社，2010.

［4］约翰·克雷斯勒. 硅星球［M］. 上海：上海科技教育出版社，2012.

［5］保罗·弗赖伯格，迈克尔·斯韦因. 硅谷之火［M］. 北京：中国华侨出版社，2014.

［6］约翰·奥顿. 半导体的故事［M］. 合肥：中国科学技术大学出版社，2015.

［7］徐祖哲. 溯源中国计算机［M］. 北京：生活·读书·新知三联书店，2015.

［8］张立恒，刘莲芹. 芯跳不止［M］. 北京：电子工业出版社，2015.

［9］朱贻玮. 集成电路产业 50 周年回眸［M］. 北京：电子工业出版社，2016.

［10］陈玉新. 倪光南：大国匠"芯"［M］. 北京：华文出版社，2016.

［11］杰拉尔德·斯特林费洛. 金属有机物气相外延：第 2 版［M］. 北京：北京大学出版社，2016.

［12］张汝京，等. 纳米集成电路制造工艺：第2版［M］. 北京：清华大学出版社，2017.

［13］陈少民. 战略高地［M］. 北京：中国商业出版社，2018.

［14］谢志峰，陈大明. 芯事［M］. 上海：上海科学技术出版社，2018.

［15］钱纲. 硅谷简史：通往人工智能之路［M］. 北京：机械工业出版社，2018.

［16］吴国盛. 科学的历程：第4版［M］. 长沙：湖南科学技术出版社，2018.

［17］温德通. 集成电路制造工艺与工程应用［M］. 北京：机械工业出版社，2018.

［18］王煜全. 科技前哨［M］. 北京：中信出版社，2018.

［19］王阳元. 集成电路产业全书［M］. 北京：电子工业出版社，2018.

［20］陈芳，董瑞丰. "芯"想事成［M］. 北京：人民邮电出版社，2018.

［21］吴文虎，李秋弟. 小小芯片万事通［M］. 长沙：湖南少年儿童出版社，2019.

［22］小田切宏之，后藤晃. 日本的技术与产业发展［M］. 广州：广东人民出版社，2019.

［23］吴军. 浪潮之巅：第4版［M］. 北京：人民邮电出版社，2019.

［24］魏志强，武鹏. 寻找中国制造隐性冠军［M］. 北京：人民出版社，2019.

［25］刘亚东. 是什么卡住了我们的脖子［M］. 北京：中国工人出版社，2019.

［26］王如志，等. 半导体材料［M］. 北京：清华大学出版社，2019.

［27］姚玉，周文成. 芯片先进封装制造［M］. 广州：暨南大学出版社，

2019.

［28］吴军. 全球科技通史［M］. 北京：中信出版社，2019.

［29］田民波. 图解芯片技术［M］. 北京：化学工业出版社，2019.

［30］戴瑾. 从零开始读懂量子力学［M］. 北京：北京大学出版社，2020.

［31］瑞尼·雷吉梅克. 光刻巨人：ASML 崛起之路［M］. 北京：人民邮电
出版社，2020.

［32］丹尼尔·南尼，保罗·麦克莱伦. 无厂模式［M］. 上海：上海科技
教育出版社，2020.

［33］冯锦锋，郭启航. 芯路［M］. 北京：机械工业出版社，2020.

［34］王向朝，等. 集成电路与光刻机［M］. 北京：科学出版社，2020.

［35］钱纲. 芯片改变世界［M］. 北京：机械工业出版社，2020.

［36］马克·拉叙斯，古文俊. 芯片陷阱［M］. 北京：中信出版集团，
2021.

［37］乔纳森·格鲁伯，西蒙·约翰逊. 美国创新简史［M］. 北京：中信
出版集团，2021.

［38］张臣雄. AI 芯片前沿技术与创新未来［M］. 北京：人民邮电出版社，
2021.

致　　谢

作为 20 世纪 80 年代考入北京大学和清华大学的大学生，我们感谢这个伟大而进步的时代。改革开放伊始，科技人才匮乏，"学好数理化，走遍天下都不怕"成为当时中国社会上的流行语。美籍华裔物理学家李政道利用他在国际物理学界的威望，推动美国 60 多所大学参加中美联合招考物理研究生项目（简称：CUSPEA），开启了中国学生赴美留学的热潮。通过在芯片发源地美国的学习和工作，我们亲历了芯片行业的风云变幻和成败兴衰。

我们感谢张汝京、吴汉明、陈大同、武平、袁岚峰、洪源、刘晓松、陈永正、周济、曾无非、叶慧明、黄国泰、李卫民、李文飙、郑柱子、王雨颢、李磊、汪开龙、胡学龙、罗德祥、石东、阮晓波、林昕、李峰、张恺华、杨君怡、成晓华、贾保军、裴少荣、赵自强、黄维旭、王爱阳、梁安辉、张涛、程农、高勇、范爱红、司宏伟、李杰山、郑现莉、高大明、刘强、张勤柯、蔡坚、顾威、宁健、孟虎、段哲明、易英姿、周南、潘敏驰、穆范全、邵华、袁璇、刘斌、沈励、赵滢、杨雪琴、关平、宋宇、陈兵洋和雷·劳（Ray Lau）等专家和朋友在本书的写作过程中给予的帮助和鼓励。

我们感谢中国科学技术出版社编辑出版团队的悉心付出，尤其感谢责任编辑王晓义，他为本书的策划和出版做出了辛勤的工作。

芯片风云

　　本书写作正值新型冠状病毒肺炎疫情肆虐全球，工作和生活时常受到影响。我们感谢家人的理解与支持，他们的默默付出是我们完成本书的重要保障。